TRISTAN SICARD
崔斯坦・希卡爾　著

l'atlas pratique des
FROMAGES
乳酪聖經

YANNIS VAROUTSIKOS
亞尼斯・伐洛茨科斯　插圖

韓書妍　譯

積木文化

不同的乳酪就像是不同的人生，值得細細體會

國立中興大學動物科學系助理教授　陳彥伯

一塊乳酪，從牧場到餐桌，到鼻前，那氣味，到舌上的味蕾，那風味，一直到吞入後，從內而外所散發出的後味，滋味無窮，源遠流長。

電影《阿甘正傳》中，阿甘的母親曾言道：「人生就像是一盒巧克力，你永遠不會知道將嘗到什麼口味」。其實，這樣的比喻，套用在乳酪身上，更適合不過。因為，每一種乳酪，都有它獨特的味道，而這味道，來自於令人驚奇的製作歷程。因此，放在你桌前的這塊乳酪，就像是一個活生生的人；產地的乳原料賦予它身體，乳酪師與製程賦予它靈魂，而產地環境的獨特條件與熟成中的微生物作用，則賦予它人生歷練的場域。最終，呈現了它的獨特，而這獨特，就像我們生命過程中所遇到的人們，參與著你的人生，增添路途中的風采，並陪著你哭，陪著你笑，陪著你度過人生中的每個重要時刻。

乳酪，就是如此有個性的食物。

因此當我獲知《乳酪聖經》一書即將付梓出版，十分的開心。因為這美妙的食物，值得品嘗與了解，就像人生中值得深交的好朋友。然而，目前大家對乳酪的認識，尚付之闕如。但當我閱讀完《乳酪聖經》時，深感這鴻溝將被填平，因為本書將乳酪做了完整且全面的介紹，可適當的引導讀者深入淺出的了解乳酪。我也體會到為何本書要取名為《乳酪聖經》，因為乳酪產品的豐富性，更顯乳酪書籍在介紹上的難度與複雜度。而《乳酪聖經》，則用完整的架構、豐富且具歷史深度的資料以及生活化的題材，加上淺顯易懂的文字與簡單清楚的插圖來呈現。可見作者以及插圖繪者，在乳酪的專業度上有極深厚的功力。此外，在中文版中，內容的翻譯也是一絕，文字的流暢度以及對學術專有名詞解釋的精準度，彷彿像在閱讀中文作家所寫的書，完整的表達了作者的原意，非常適合中文讀者。

本書從乳酪的歷史開始介紹，從歷史的脈絡，鑑古知今，繼往開來地讓讀者了解乳酪的起源與發展。接者，介紹用於製作乳酪的各種不同乳源動物與品種，從常見的乳牛、乳羊、綿羊到水牛，以及較特殊的驢子、駱駝與氂牛等，讓讀者知道不同品種乳汁的特色以及在不同種類乳酪中的重要性。接下來介紹泌乳動物如何從採食進而生產乳汁，以及乳汁中的主要成分，並介紹不同的乳汁殺菌與加工過程。而以上的內容都是在為本書的主角——乳酪——進行鋪陳與暖場，因為知道了更多的背景知識，就更能清楚了解本書後續要介紹的乳酪製作過程、原理以及不同乳酪的種類與特色。

乳酪的種類，推斷有數千種以上，要能夠有系統的介紹各自的特色，是一件不容易的大工程。而在本書中，精選超過 400 種的代表性特色乳酪，且按照其規格與特色，做了良好的分類，並仔細介紹了產地、風味等，還搭配精緻的插圖，更能全面了解乳酪的樣貌與特色。而在具有特殊歷史意義的乳酪中，更是用了許多小故事，或是坊間佚事，增添閱讀上的趣味性，以及提升讀者對這些乳酪的好奇心。此外，書中亦介紹了一些新興且結合了現代畜牧生產趨勢的乳酪製作方式，例如有機生產的乳酪，或是使用高度動物福利概念生產的動物友善乳酪等。

因為我這個人，愛吃又愛玩，所以私心覺得本書另一個很棒的地方是，不同乳酪的食用指南以及乳酪地圖。在吃的部分，除了在介紹不同乳酪時，仔細地描述了它的顏色、風味以及氣味等，更在書中另闢章節，介紹在餐桌上享用不同乳酪時，會用到的切割工具、承接餐盤、享用時機與順序、切割或磨碎等食用方式、乳酪盤的擺設與乳酪種類配置，以及吃不完時的包裝與保存等，更重要的是，當要搭配酒類時，本書會推薦你，紅酒、白酒、啤酒、氣泡酒或是威士忌應該要配什麼乳酪來吃最適合、最能夠調和，讓酒與乳酪在口腔與鼻腔中，譜出美麗的樂章，讓讀者更能夠藉此同時品嘗好酒與好乳酪，提升生活品味。

此外，在乳酪地圖中，從歐洲、美洲到紐澳等地的特色乳酪皆清楚的標示其上，還貼心的附上書中的頁數指引。閱讀至此，腦海中也同時開始勾勒我自己心目中的乳酪地圖，希望未來到當地旅遊時，能夠帶著本書，按圖索驥，品嘗各地的特色乳酪。

在現代人的生活中，常常是吃了什麼，但是又不知道吃了什麼。我的意思是，人們在忙碌的生活中，往往忽略了停下來好好的享受與體會桌上的食物，失去了與食物之間的交流，而食物卻是我們每天賴以生存的能量與營養來源。了解與探究所吃的食物之來源背景以及生產與加工過程，是培養有溫度的飲食文化的第一步。你要去了解這些食物，才知道如何選擇所需要的飲食概念，讓它們不只是可以吃而已，而是成為餐桌上情感與溫度的一部分。而本書，極度適合不管是入門者或是老饕們，深度了解乳酪如此迷人的美食，更可讓乳酪的飲食文化，深植心中。

最後回到本文一開始所說，不同的乳酪就像是不同的人生，值得細細體會。而本書，正可帶領我們品味乳酪，並豐富你我的人生。

別猶豫，帶上這本書，踏上你的乳酪人生吧。

Sommaire

6-39 頁

乳酪的起源：歷史與製造

追溯到乳酪的源頭和農場，了解製造乳酪的所有步驟，並認識十一個各有特色的乳酪大家族。

40-191 頁

世界各地的乳酪

全歐洲所有具標章（AOP、IGP、STG）的乳酪全都在這裡，並搭配精選的世界各地乳酪，共有超過四百種乳酪等著你發現與重新認識。

192-233 頁

風土與產區

第二章中描述的所有乳酪，它們究竟來自何處？具標章的乳酪又來自哪些地理區域呢？就讓我們用二十張地圖，來趟乳酪的環遊世界之旅吧！

234-261 頁

品嘗乳酪

乳酪的味道、氣味和口感從何而來？何時以及如何品味乳酪呢？依照不同的乳酪家族，哪些組合才是最適切的？該如何準備經典或創意乳酪盤呢？本章將揭開所有品嘗乳酪的祕密。

①

Les origines du fromage histoire et fabrication

乳酪的起源：
歷史與製造

008-009 頁　　乳酪簡史

010-017 頁　　乳源動物品種

018-019 頁　　乳源動物吃什麼？

020-021 頁　　乳汁，最重要的原料

022-025 頁　　乳酪的製造

026-037 頁　　十一個乳酪家族

038-039 頁　　標籤與標章

乳酪簡史

乳酪是千年歷史的產物，反映了人類向自然學習的一面。液體（乳汁）究竟如何變成固體（乳酪）呢？從無意中發現此現象的那一天起，人類就思考著這個問題。然後，經過無數個世紀，人類掌握了技巧並加以改良。以下就是幾個重要的時間點……

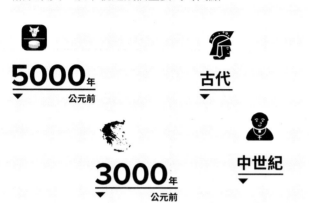

5000年 公元前

3000年 公元前

古代

中世紀

1135年

1273年

公元前5000年

無數考古發現，證實了乳酪可追溯至上古時期：美索不達米亞的馬賽克拼貼（公元前5000年）和蘇美文獻（公元前3000年）表示當時已有二十多種乳酪存在。埃及也找到工具殘骸（公元前2000年），明顯來自製乳中心。這些氣候乾燥酷熱的地區，當時出產的乳酪味道應該偏鹹酸。

公元前3000年

希臘和西西里發現公元前3000年的乳酪瀝水器。

古代

古代時，希臘人及羅馬人在宴會和作戰時都會享用乳酪。乳酪是士兵的配給糧食（每人約30公克）。公元前200年，老加圖（Caton l'Ancien）出版著作《農業》（*De agri cultura*），其中就有使用乳酪的食譜。公元一世紀，農學家柯魯邁拉（Columelle）在他的著作《論農業》（*De re rustica*）中解釋如何製作乳酪，並詳解主要步驟：凝乳、壓製、抹鹽、熟成。他也強調鹽在構成風味與乳酪保存中的重要性。另外一位作者老普里尼（Pline l'Ancien）在著作《博物誌》（*De diversitate caseorum*）敘述巴拔勒地區（pays des Babales，現今的洛澤爾 [Lozère]）或哲沃東（Gévaudan）的羅曼人喜愛的某些乳酪，令人聯想到現今的洛克福（見180頁）和康塔爾（見104頁）。

中世紀

日耳曼人、蒙古人和薩拉森人入侵使得許多羅曼乳酪消失。不過部分配方和製作方法在修道院中心或孤立的河谷中保留下來。多虧修士們的努力，瑪華（見88頁）、艾普瓦斯（見84頁）、庫洛米耶（見75頁）、傑克斯藍紋乳酪（見168頁）、主教橋（見91頁）以及其他許多乳酪得以流傳下來。

1135年

首次出現 formaticus 一字的書寫，後來演變成「fourmage」（十四世紀）、「fromaige」（十五世紀），最後變成「fromage」（乳酪）。

1273年

法國在杜省（Doubs）的德瑟維耶（Déservillers）誕生全世界最早的合作社。起初是提供新資源，讓農民以乳製品互助，後來合作社演變為乳酪製造合作社（fruitière，來自拉丁文 fructis，意即「出產」），人們在侏羅和阿爾卑斯山區的合作社製作並／或熟成乳酪。不過直到十五世紀，法國才首度出現乳酪專賣店，主要在法蘭什－康堤（Franche-Comté）。

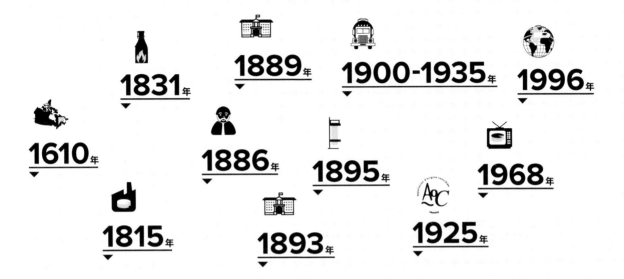

1610 年

山謬·夏普蘭（Samuel de Champlain）和他的牛隻達魁北克（加拿大）後，美洲大陸開始製作乳酪。

1815 年

由於科學和工業化起飛，十九世紀的乳酪有了重大轉變。1815 年，瑞士伯恩山區出現第一個工業化乳酪廠。

1831 年

法國人尼可拉·阿培爾（Nicolas Appert）發現，將牛奶裝在密封容器中加熱對保存有益。這道手續稱為「密封加熱滅菌法」（appertisation），是巴斯德殺菌法（pasteurisation）的前身。

1886 年

德國農學家法蘭茨·馮·索克列特（Franz von Soxhlet）正式奠定乳汁的巴斯德殺菌法。

1889 年

法蘭什－康堤的坡里尼（Poligny）成立第一所國立乳業學院（École nationale de l'industrie laitière）。

1893 年

北美在加拿大魁北克的聖亞桑特（Saint-Hyacinthe）成立第一所乳品學校。

1895 年

路易·巴斯德（Louis Pasteur）的徒弟艾米·杜克洛（Émile Duclaux）將巴斯德殺菌法引進乳酪製程。

1900-1935 年

集乳從大桶改成恆溫儲乳槽車，農場增加擠奶工，乳汁冷藏普及化，增加巴斯德殺菌法乳汁製作的工業化乳酪發展。

1925 年

洛克福藍紋乳酪成為第一個 AOC 乳酪（原產地命名控制），後來改為 AOP（原產地命名保護）＊。

1968 年

第一個乳酪的電視廣告：伯森®（Boursin®）。

1996 年

多虧法國太空人尚－賈克·法維耶（Jean-Jacques Favier），皮科東（見 63 頁）是第一個繞行地球的乳酪。登上美國太空船哥倫比亞號時，他帶了十四個皮科東乳酪。

＊參見第 39 頁。

乳源動物品種

由於綿羊個性溫順，極有可能是最早被人類馴化的產乳動物。綿羊主要分布在河谷和高度中等的山區，生產營養最豐富也最適合製作乳酪的乳汁。讓我們來回顧法國幾個最主要的產乳綿羊品種吧。

巴斯克－貝亞尼斯羊（basco-béarnaise）：代表性的螺旋狀羊角

此品種綿羊的頭部挺直，鼻樑高高隆起，擁有兩隻在耳朵周圍呈螺旋狀的巨大羊角。羊毛雪白細捲，平均體重為 60 公斤。

乳汁優點

每頭每年可產 180 公升羊乳，產乳日達 145 天。一如其他品種綿羊，此品種生產的乳汁非常適合製作乳酪[*]。乳蛋白含量[*]為 54 公克／公斤，乳脂含量[*]為 74 公克／公斤。

[*]見專有名詞 p.262-263

在哪裡？

一如牠們的名字，巴斯克－貝亞尼斯羊放牧在法國西南方的貝亞恩河谷和巴斯克地區，就在庇里牛斯山腳下。

乳酪

歐索－伊拉提（見 120 頁）、庇里牛斯乳酪（見 147 頁）。

拉孔恩羊（lacaune）：法國數量第一的品種

此品種的頭型長，長滿擁有銀色光澤的白毛，長長的耳朵呈水平狀，有些許細絨毛。身體其餘部位僅有上方長有一層薄薄的羊毛。拉孔恩羊約為 70 公斤。

乳汁優點

法國產乳效率最高的綿羊品種，每頭每年可產 260 公升羊乳，產乳日達 167 天。乳蛋白含量為 54 公克／公斤，乳脂含量為 72 公克／公斤。

在哪裡？

此品種綿羊分布在朗格多克－胡西雍的南部中央山脈和（阿維隆、塔恩）科西嘉島。

乳酪

當然是洛克福藍紋乳酪！不過此綿羊乳也用於製作賽維哈克藍紋乳酪（見 169 頁）、皮楚內（見 125 頁）、瑞克特（見 54 頁）、阿維隆瑞克特（見 54 頁），或是佩雷卡巴斯（見 63 頁）。

黑面馬內克羊（Manech à tête noire）：爬山高手

此品種綿羊的臉是……黑色的！體重中等（55 到 60 公斤），羊毛帶黑、灰、白色光澤，長度可達 30 公分。頭部的鼻樑額部細窄，羊角和耳朵下垂，羊蹄之於其體型偏大，覆滿羊毛。

乳汁優點

每頭每年生產 110 公升羊乳，產乳日為 133 天。乳蛋白含量為 55 公克／公斤，乳脂含量 75 公克／公斤。

在哪裡？

這是最適合山居的綿羊，主要分布在庇里牛斯山地形陡峭的巴斯克地區，像是阿爾杜德河谷（vallée des Aldudes）或伊拉提森林（forêt d'Iraty）。

乳酪

歐索－伊拉提（見 120 頁）、伊查蘇（見 177 頁）。

紅面馬內克羊（Manech à tête rousse）：羊乳濃郁豐盈

紅面羊的臉部和足部都是紅色的。披覆白色略呈條狀的羊毛。頭部沒有角，鼻額細窄，有著長長的耳朵。

乳汁優點

每頭每年生產 150 公升羊乳，產乳日達 167 天。乳蛋白含量為 55.8 公克／公斤，乳脂含量 76 公克／公斤。

在哪裡？

紅面馬內克羊大多在巴斯克的河谷和山坡地，如下納瓦爾（Basse-Navarre）或下蕭勒(Basse-Soule)。在阿列日省（Ariège）也可見到。

乳酪

歐索－伊拉提（見120 頁）、邱比特（見 83 頁）。

山羊一如牠們的近親綿羊，是體型小的反芻動物，產乳量遜於乳牛，不過乳汁含較多礦物質與維生素，而且也較容易消化。以下是法國製作乳酪的五大產乳山羊品種。

阿爾拜因山羊（Alpine chamoisée）：法國數量第一

體型中等（肩高 80 公分，體重 60 公斤），毛短且色澤黃褐，背上有一道黑線。胸口高挺，骨盆寬大；乳房渾圓，便於手工或機器擠乳。

乳汁優點

每頭每年生產 800 公升羊乳。乳蛋白含量為 32.4 公克／公斤，乳脂含量 37.3 公克／公斤。

在哪裡？

不只在阿爾卑斯山，牠們主要分布在法國西部沿海（羅亞爾、普瓦圖、杜蘭、利穆贊、柯瑞茲）。在隆河谷地或阿維龍也可見到。

乳酪

杜蘭聖莫爾（見 66頁）、普里尼－聖皮耶（見 63 頁）、德隆皮科東（picodon de la drôme）。

普瓦圖羊（Poitevine）：漂亮的被毛

普瓦圖羊的體型中等：肩高 70 公分，體重 60 公斤。腹部、尾巴和四肢內側為白色，頸部修長柔和。被毛是牠們與其他山羊最不一樣的特色：長有黑色或褐色的長毛。

乳汁優點

每頭每年生產 538 公升羊乳，產乳日達 239 天。乳蛋白含量為 30.7 公克／公斤，乳脂含量 35.9 公克／公斤。

在哪裡？

在普瓦圖當然可以見到此品種，不過在杜蘭、布列塔尼南部，里昂和聖艾提安一帶也能見到。

乳酪

普瓦圖夏畢舒（見59 頁）、葉片莫泰（見 62 頁）、謝爾塞勒（見 68 頁）。

庇里牛斯羊（Pyrénéenne）：忠於產地

體型偏大（肩高 75 公分，平均體重 70 公斤），羊角向後方呈拱形，長有典型的垂直瀏海和山羊鬍鬚。羊毛粗硬，長度中到長，毛色從白到黑，過度色為栗色、褐色或黃褐色。

乳汁優點

產乳量略遜於其他山羊，每頭每年平均產 315 公升，產乳日為 228 天，但是乳蛋白和乳脂豐富許多，各為 30.4 公克／公斤和 38.5 公克／公斤。

在哪裡？

不同於「不忠於產地」的阿爾卑斯羊和普瓦圖羊，幾乎只能在庇里牛斯山見到此品種。

乳酪

庇里牛斯乳酪（見 147 頁）、庇里牛斯克魯坦（crottin des pyrénées）、亞斯普乳酪（tomme d'aspe）。

洛夫羊（Rove）：須受保護的罕見品種

此品種由於產量少，因此非常罕見，一度近乎滅絕。體型高（肩高 75 公分），但是體重「輕如鴻毛」，平均 50 公斤。長長的羊角有時會捲起。細長的大耳朵往前長。羊毛呈紅色，帶有些許米色、黑色或白色。腿偏短，身體強健。

乳汁優點

此品種產量極低（平均每頭每年產 250 公升），但是其乳汁無疑非常適合製造乳酪，乳蛋白含量為 34 公克／公斤，乳脂含量 48 公克／公斤。

在哪裡？

分布在整個法國東南部，尤其適合中央山脈和普羅旺斯－阿爾卑斯－蔚藍海岸大區。

乳酪

巴儂（見 56 頁）、佩拉東（見 62 頁）、百里香洛夫（見 66 頁）、洛夫布魯斯（見 43 頁）。

薩能羊（Saanen）：世界各地都可見到

由於個性溫和，容易飼養，是全世界分布最廣的產乳山羊（法國排名第二）。雪白的短羊毛非常顯眼，薩能羊源自瑞士的薩那（Saane）河谷。額頭和吻部直挺，胸口和肋骨深陷，相當好認。此品種有圓鼓鼓的乳房，較寬大而非呈長形。

乳汁優點

產乳量極豐，每頭每年平均產 800 公升，產乳日達 280 天。唯一較不足的是乳蛋白和乳脂，各為 29 公克／公升和 32 公克／公斤。

在哪裡？

從莫爾比昂（Morbihan）、東庇里牛斯（Pyrénées-Orientales）、盧瓦雷（Loiret）到瓦爾（Var）都有分布。在上法蘭西大區也可見到其身影。

乳酪

瓦倫賽（見 69 頁）、謝爾塞勒（見 68 頁）、黑古爾（見 61 頁）。

牛隻在牧場上靜靜地吃草，是法國典型的鄉村景緻……想當然，比起綿羊和山羊，法國各地都能見到乳牛的身影。讓我們來看看製作乳酪中最普遍的十一個乳牛品種吧。

阿邦登斯牛（Abondance）：堅韌強壯

此品種可以忍受極大溫差（高山牧場的早晨 -10℃ 到晚間的 35℃），適應各種山區地帶。其眼周和雙耳的桃花心木毛色是最大特色，可以減少光線反射，保護眼睛免受眼疾。阿邦登斯牛肩高平均 145 公分，體重從 550 到 800 公斤。

乳汁優點

其大部分的乳汁都用於製作 AOP 或 IGP 乳酪。為期 305 天的產乳日中，可生產 5550 公升的牛乳。乳蛋白含量為 33.1 公克／公斤，乳脂含量 37 公克／公斤。

在哪裡？

主要在隆河－阿爾卑斯和中央山脈，不過在瑞士和義大利的阿爾卑斯山區，甚至埃及、阿爾及利亞、葉門、伊朗或越南都可見到。

乳酪

薩瓦艾曼塔（見 157 頁）、博日山乳酪（見 145 頁）、博佛（見 154 頁）、侯布洛雄（見 136 頁）、阿邦登斯（見 152 頁）。

褐牛（Brune）：國際品種

這是瑞士東部的乳牛混種品種，體型中等（肩高 150 公分，體重 700 公斤），褐牛的額頭寬大，尖長的牛角向上揚起，蹄部強健有力。

乳汁優點

305 天的產乳日中，可生產略多於 7000 公升的牛乳，乳蛋白（34.3 公克／公斤）和乳脂肪（41.1 公克／公斤）也相當豐富。

在哪裡？

法國和世界各地（西班牙、義大利、瑞士、德國、英國、奧地利、斯洛維尼亞、加拿大、美國、哥倫比亞、澳洲）都可見到。

乳酪

艾普瓦斯（見 84 頁）、朗格勒（見 86 頁）、康塔爾（見 104 頁）、莫城布里（見 71 頁）。

娟姍牛（Jersiaise）：體型小，乳量大

娟姍牛的體型嬌小（肩高 128 公分，體重平均 430 公斤），源自澤西島（Île de Jersey），毛皮整體是淺黃褐色，頭部毛色較身體深，鼻腔為黑色。吻部周圍為白色，牛角平直向下。

乳汁優點

每頭每年生產 5100 公升，產乳日 324 天，乳蛋白和乳脂居冠，各為 54.5 公克／公斤和 37.8 公克／公斤。

在哪裡？

主要在布列塔尼和諾曼地，不過在羅亞爾地區、中央山脈也可見到；世界各地從加拿大到紐西蘭亦有其身影！

乳酪

康堤（見 156 頁）、莫比耶（見 117 頁）、金山乳酪（見 88 頁）、聖涅克塔（見 137 頁）。

蒙貝李亞牛（Montbéliarde）：遍及五大洲

蒙貝李亞牛是法國產乳量第二高的品種，源自法蘭什－康堤，不過遍布法國山區，體型高大（肩高 145 公分，750 公斤），毛色為白底紅斑，身體下方主要為白色。

乳汁優點
產乳期達 305 天，平均每頭每年生產 7800 公升，可製作高品質乳酪，乳蛋白 32.7 公克／公斤，乳脂肪 38.4 公克／公斤。

在哪裡？
幾乎法國各地皆有！不過在比利時、荷蘭、瑞士、波蘭、羅馬尼亞、俄國、摩洛哥、哥倫比亞、墨西哥，甚至澳洲也可見到。

乳酪
康堤（見 156 頁）、莫比耶（見 117 頁）、金山乳酪（見 88 頁）、聖涅克塔（見 137 頁）。

諾曼地牛（Normande）：「眼鏡」牛

諾曼地牛是該地區的象徵，因而得名。擁有極具特色的「眼鏡」花紋和毛皮上的褐色或黑色圓點，辨識度很高，個性溫馴，繁殖容易。體型高大（肩高 145 公分，體重平均 800 公斤），身體長且大。

乳汁優點
產乳期 322 天，平均可生產 6500 公升。牛乳豐盈，乳蛋白 34.5 公克／公斤，乳脂肪 42.9 公克／公斤。

在哪裡？
當然在諾曼地啦，不過法國其他地方（北方、布列塔尼，亞登、西部海岸線、中央山脈）和世界各地（美洲、西非、馬達加斯加、北歐、中國、日本、蒙古、澳洲）也可見到。

乳酪
諾曼地卡蒙貝爾（見 74 頁）、主教橋（見 91 頁）、立伐洛（見 87 頁）、新堡心形乳酪（見 78 頁）。

白底紅斑牛（Pie rouge）：歐洲數量第二的品種

白底紅斑（淺栗色）的毛皮極具辨識度，較其他牛隻品種嬌小（肩高 147 公分），不過通常體重較重（平均 750 公斤），身體長，骨盆寬大。頭部細窄，吻部寬。至於產量，白底紅斑牛是歐陸數量第二的品種。

乳汁優點
產乳期為 305 天，平均可生產 7800 公升，乳蛋白 32.6 公克／公斤，乳脂肪 41.9 公克／公斤。

在哪裡？
在布列塔尼、諾曼地、中央地區和中央山脈都可見到。德國、荷蘭和瑞士也有其蹤影。

乳酪
波爾莎路（port-salut）、提馬德克（timadeuc）。

荷斯坦牛 (Prim'Holstein)：產乳高手

這是最完美的產乳品種，產量大，集乳量佔全法國80%。白底黑花（斑點）的毛皮非常好認，肩高平均145公分，體重達600至700公斤。乳房對於手工或機器擠乳都很適合。

乳汁優點
產乳期達348天，平均產量9350公升。乳蛋白31.8公克／公斤，乳脂肪39公克／公斤。

在哪裡？
除了普羅旺斯和科西嘉島，法國各地都有其身影。波蘭、德國、英國、美國或紐西蘭也可見到。

乳酪
米摩雷特（見116頁）、高達（gouda）、切達（cheddar）。

紅毛法蘭德斯牛 (Rouge flamande)：古老品種

這是法國最古老的乳牛品種之一！毛皮呈深褐桃花心木單色，若長有牛角，形狀如號角向前伸。此品種身材高大壯碩，肩高145公分，體重平均700公斤。

乳汁優點
產乳期305天，可生產5700公升。乳蛋白32.4公克／公斤，乳脂肪39.5公克／公斤。

在哪裡？
此品種在法國極北邊培育（上法蘭西、諾曼第、亞登）。法國境外，則在比利時、巴西、澳洲或中國可見到。

乳酪
瑪華（見88頁）、米摩雷特（見116頁）、卡特山（mont des cats）、貝爾格（bergues）。

席蒙塔牛 (Simmental)：國際品種

這是五大洲都可見到其身影的少有品種。毛色為白底紅斑，有時也有「咖啡牛奶」色的變化。席蒙塔牛骨盆又大又深，體型標準（肩高150公分），體重平均800公斤。

乳汁優點
產乳期305天，可生產6300公升。生產的乳汁很適合製作乳酪，乳蛋白33.6公克／公斤，乳脂肪39.8公克／公斤。

在哪裡？
席蒙塔牛生長在布列塔尼、中央山脈，和整個法國東部。全世界各大洲皆有其身影，總數達四千萬頭！

乳酪
拉吉歐（見114頁）、艾普瓦斯（見84頁）、蘇馬特朗（見94頁）。

塔林牛（Tarine）：行走高手

塔林牛又稱「塔朗茲牛（tarentaise）」，是體型最嬌小的乳牛品種之一（肩高135 公分，平均體重 550 公斤）。淺黃褐的毛皮相當好認，身形纖細，牛蹄又硬又黑，善於行走。頭部短，側面筆直，若長有牛角，為里拉琴狀，尖端為黑色。

乳汁優點	**在哪裡？**	**乳酪**
每頭每年生產 4500 公升（產乳期為 305 天）。乳汁並非最適於製作乳酪，乳蛋白 32.1 公克／公斤，乳脂肪 35.9 公克／公斤，不過卻適合製作四種 AOP 和兩種 IGP 乳酪。	在法國，主要在中央山脈和阿爾卑斯山。世界各地在加拿大、美國、阿爾巴尼亞、埃及、伊拉克、越南，甚至喜馬拉雅山脈都可見到。	博佛（見 154 頁）、博日山乳酪（見 145 頁）、侯布洛雄（見 136 頁）、阿邦登斯（見 152 頁）、薩瓦乳酪（見 147 頁）、薩瓦艾曼塔（見 157 頁）。

弗日牛（Vosgienne）：神祕但珍貴

此品種個頭不高（肩高 140 公分）但體重頗有分量（650 公斤）。吻部有黑邊，身體充滿肌肉，不過腿短。毛皮為黑白相間，從頭部到後腿有寬帶狀黑毛，為其特色。背部和腹部的白毛為較規則的帶狀。

乳汁優點	**在哪裡？**	**乳酪**
產乳期 305 天，平均可生產 4300 公升。乳蛋白含量為 31.7 公克／公斤，乳脂肪 37.4 公克／公斤。	洛林、阿爾薩斯、法蘭什－康堤、布根地、侏羅山、阿爾卑斯山和中央山脈。羅亞爾河一帶也可看見。此品種並不多見，幾乎只存在於法國境內。	芒斯特（見 89 頁）、小格雷斯（見 90 頁）。

法國的其他產乳牛

北方藍牛（**Bleue du Nord**）	波爾多牛（**Bordelaise**）	布列塔尼黑白花牛（**Bretonne pie noir**）	費朗戴茲牛（**Ferrandaise**）	雷昂黃牛（**Froment du Léon**）	維亞－朗斯牛（**Villard-de-Lans**）
只存在於法國北部，現今僅生產一種乳酪：藍磚（pavé bleu）。	波爾多牛源自波爾多而得名，供應短食物生產鏈的鮮奶油和奶油。	此品種放牧在貧瘠多花崗岩的土地上。乳汁用於製造鮮奶油、奶油和酪乳。	源自中央山脈，生產的牛乳用於製作法定產區乳酪，如聖涅克塔或昂貝爾圓柱藍紋乳酪（見 175 頁）。	來自布列塔尼北部。牛乳用於製作鮮奶油和奶油，製品帶橘色，風味強烈。	維亞－朗斯牛是山區品種，極具韌性，乳汁用於製作法定產區維柯爾－桑那芝藍紋乳酪（見 170 頁）。

綿羊、山羊和乳牛的乳汁並不是唯一可以製作乳酪的反芻動物。雖然水牛不可或缺,但其他乳牛以外的品種卻僅佔全世界集乳量的 1%,而且這些乳汁還未必全部做成乳酪呢!

水牛(Bufflonne):全球第二大產乳動物

水牛是全世界產乳量第二大的動物,僅次於乳牛。水牛的集乳量佔全球 13%,(乳牛 83%,山羊 2%,綿羊 1%,其他產乳動物品種 1%)。歐洲養殖水牛是為了製作紡縐乳酪,如莫札瑞拉(mozzarella)、斯卡莫札(scamorza)或卡喬卡瓦洛(caciocavallo)。此外,水牛乳是印度、巴基斯坦和中國的主要消費乳品。水牛肩高約 140 公分,身長 250 公分,平均體重 500 公斤,全身長滿黑色被毛,往上翹的大大牛角和寬厚的頭部相當好認。

乳汁優點

產乳期 9 個月,可生產 2700 公升,乳蛋白含量為 48 公克／公斤,乳脂肪 85 公克／公斤。

在哪裡?

水牛主要生長在沼澤地帶,因此義大利南部、埃及、巴基斯坦、印度、尼泊爾和中國都很適合水牛生長。

乳酪

坎佩納水牛莫札瑞拉(見 185 頁)、布拉塔(見 184 頁)、卡丘卡瓦洛(見 184 頁)。

世界上的其他產乳動物

除了綿羊、山羊、乳牛和水牛等主要產乳動物外,其他動物即使產量微不足道,依舊可飼養產乳,製造乳酪。

驢子

驢奶由於營養成分幾乎和母奶相同,因此到二十世紀初期為止一直作為替代品,驢奶(1 天約產 5 公升)比起牛乳,乳糖含量較高,脂肪較低,因此過敏兒喝驢奶較適合。驢奶主要應用於美容產品,酪蛋白和乳脂肪含量極低,難以用於製作乳酪。不過製作而成的乳酪是全世界最昂貴的乳酪之一,1 公斤要價 1000 歐元。塞爾維亞有一座農場生產名為普勒(pule)的驢奶乳酪。

駱駝

駱駝奶(每日平均生產 20 公升)比起牛乳,蛋白質含量極豐但脂肪含量低,富含礦物質和維生素,營養豐富。事實上,駱駝奶非常適合營養不良的嬰兒。駱駝奶主要產於非洲、阿拉伯半島和亞洲(阿富汗、蒙古)。

氂牛

氂牛適應亞洲高原的地勢,產乳量低(產乳期 200 天,每年產 300 公升),不過卻能讓居住在環境嚴峻地區的人們製作奶油和乳酪,如西藏和中國的喜馬拉雅地區就有氂牛奶製成的乾乳酪,如 aarul、eezgii 或 tarag 等氂牛乳製品。

乳源動物吃什麼？

食物的變化和豐富度會直接影響乳源動物生產的乳汁，因此對乳酪也有影響⋯⋯

綿羊：鹽分吃到飽

綿羊的食物主要為牧草，不過也有禾本科乾草、豆類乾草和青貯乾草，以及玉米乾草。飼育者還會為綿羊準備鹽——吃到飽的鹽，因為這些飼料中缺乏鹽分。鹽分可以增加食慾，讓綿羊分泌口水並喝水，促進消化。綿羊也是非常會喝水的動物。

山羊：最喜歡牧場

春天到秋天，山羊主要的食物就是牧場上的牧草。冬天時，山羊吃乾草、乾苜蓿、玉米粒、小麥、大麥。一如綿羊，山羊也有吃到飽的鹽塊，尤其天熱時更需要。

食物：每日約2公斤。
水：每日5至10公升。

食物：每日約2公斤乾草，或12公斤青草料。

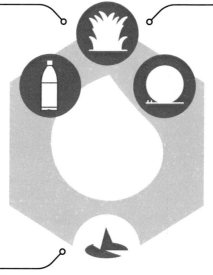

乾草

乾草是盛產季節割下的新鮮青草製成，在戶外草原上曬乾後就成為乾草，接著收集成70公斤的大圓筒狀乾草堆，做為牲口們冬季的存糧。

青貯料（silage）

青貯是切碎的新鮮青草，成堆裝進農場上蓋著防水布的倉儲，任青草發酵，如此便可保存至春天，冬天時可用來餵食牲口。不過青貯可能導致鉛中毒、感染肉毒桿菌和李斯特菌，因此並非牲口的最佳選擇⋯⋯

食物：每日約70公斤。
水：每日約90公升。

牛：每天200公升口水！

牛與綿羊和山羊一樣，都是反芻草食動物，也就是說，牛隻既吃草料也吃穀物、甜菜或樹籬的葉子。牠們每天啃食8小時，然後繼續反芻10小時。由於每天分泌200公升唾液，牛隻非常會喝水，而且食量奇大無比。牠們的食物主要為青草料（青草、苜蓿、油菜），特別是在盛產季節。夏天時，部分牛隻會到高山牧場進行山地放牧，其他則在谷地的牧場。冬天時他們主要吃乾草料、豆類、穀類，甚至青貯料（即使不太受推薦）。

反芻

這些產乳動物也是反芻動物。牠們進食青草後會長時間咀嚼數次，將之變成漿狀，便於消化：這就稱為反芻。

青草會在動物的瘤胃和口中來回多次，直到變成漿狀為止。為了達到這一點，反芻動物擁有四個胃。

瘤胃

瘤胃（又稱草肚）有如存放青草的倉庫，無數微生物讓青草得以發酵。青草反芻變成漿狀後，就前往蜂巢胃（又稱網胃）。

蜂巢胃

蜂巢胃有如篩子，過濾青草小分子至重瓣胃，並將較大的分子送回瘤胃，再度進行反芻。

重瓣胃

此處會將經反芻的青草脫水，接著送往皺胃。

皺胃

皺胃以胃液消化汁液和乾燥的青草。接著青草終於通往腸子，和人類一樣。

① 食道	③ 瓣胃	⑤ 瘤胃
② 蜂巢胃	④ 皺胃	⑥ 腸

乳汁，最重要的原料

乳汁是最重要的元素，沒有乳汁，就沒有乳酪！此外，由於乳汁和乳酪的關係密不可分，還受法國法律（1988 年）和歐盟法規（2007 年）保護呢。但是乳汁究竟是什麼？

乳汁的來源

乳汁是綿羊、山羊、牛或水牛等反芻動物的產物。不過這些動物是如何將入口的青草變成乳汁的呢？

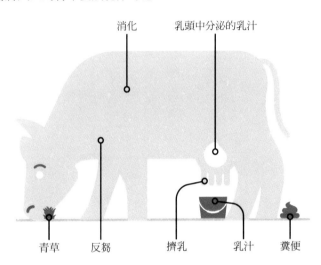

消化　　乳頭中分泌的乳汁

青草　　反芻　　擠乳　　乳汁　　糞便

乳汁由每個乳頭（乳牛和水牛的乳房有四個乳頭，綿羊和山羊則有兩個）中的小葉（類似某種小「囊袋」）形成。血液供應至這些「囊袋」，細胞接著將血液轉換成乳糖、脂肪、礦物質、維生素和水分的混合物，也就是乳汁。「囊袋」滿了之後，就會裝進另一個較大的袋子，稱為乳房。經反芻動物的幼獸吸吮或飼育者擠乳後，這些液體就會流出。飼育者以兩種方式擠乳：手工或擠乳機。

 法律最大

在法國，「乳酪」一名嚴格指稱「由乳汁、鮮奶油或兩者之混合物凝乳瀝水後，無論發酵與否而成之製品」（2007 年 4 月 27 日頒發，2007-628 條）。在歐盟，「乳酪」一名僅指「由乳汁衍生之產物，製作過程中可添加必要原料，但此原料不可用於取代全部或部分之乳汁」（2007 年 10 月 22 日，法規 1234-2007）。
因此食品產業用於熟食產品，或是純素食者喜愛的「人工乳酪」、「類乳酪」或「代乳酪」，皆不能單純稱之為「乳酪」。

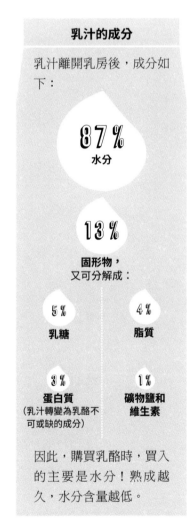

乳汁的成分

乳汁離開乳房後，成分如下：

87%
水分

13%
固形物，
又可分解成：

5%
乳糖

4%
脂質

3%
蛋白質
（乳汁轉變為乳酪不
可或缺的成分）

1%
礦物鹽和
維生素

因此，購買乳酪時，買入的主要是水分！熟成越久，水分含量越低。

你知道嗎？

乳牛的乳頭必須過濾 400 公升的血液，才能生產 1 公升牛乳。

為什麼乳汁是白色的？

乳汁主要是大量水分和少許其他物質（脂質、醣類、蛋白質）構成。這些物質不溶於水，以極微小、肉眼不可見的分子狀態懸浮著。光線穿過乳汁時，這些分子會往各個方向折射光線，使光線散射。由於這些分子沒有吸收任何顏色，折射的光線變成白色，因此乳汁是白色的。這也是全脂、低脂或脫脂乳汁的顏色不同的原因，因為其中所含的脂肪比例不相同。脫脂乳汁的脂肪較少，因此略呈藍色。結論：乳汁脂肪含量越高，顏色也越白！

牛乳的各式加熱處理方式

生乳

生乳未經任何高於 40℃ 的加熱處理，保留了負責風味的微生物。因此生乳製的乳酪較其他乳酪更有滋味。

微過濾

微過濾的乳汁保存時間較生乳長，滋味比巴斯德殺菌法的乳汁更鮮明。但是這道程序所費不貲，最常見於大型工廠製作乳酪。

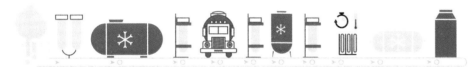

熱化殺菌法

乳汁以 57 到 68℃ 之間加熱 15 秒，目的是殺死部分病原體細菌，同時保留乳汁的風味特質。熱殺菌乳汁製成的乳酪風味介於生乳乳酪和巴斯德殺菌法乳酪之間。

巴斯德殺菌法

乳汁以 72 到 85℃ 之間加熱 15 秒，殺死部分具有風味和口感的微生物，殺死超過 90% 的菌叢。風味方面而言，此殺菌法追求的是穩定的品質，風味較中性、中庸，不那麼強調「風土」。

超高溫殺菌法

乳汁以 140 到 150℃ 之間加熱 2 至 5 秒。這項手續稱為 UHT（ultra haute température，超高溫殺菌法），殺死所有的微生物，因此極難（甚至不可能）以這類乳汁製作乳酪！

乳酪的製造

從農場集乳到熟成，以下是製作絕大多數乳酪不可或缺的六大步驟。

① 擠乳和集乳

此步驟有兩種做法。

可以用手工或擠乳器擠乳，接著直接到乳酪坊製作乳酪。

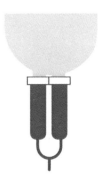

或者用擠乳器擠乳，然後送至儲乳槽車，（保存的）大槽溫度在 3 至 4℃。接著乳汁就上路前往乳酪坊。

② 凝乳

乳汁是液態的，乳酪則是固態。要從液態轉為固態，乳汁必須凝結，成為凝乳。凝結有三種方式，可形成三種不同的凝乳。

液體　　　　凝乳　　　　固體

8 至 36 小時

乳酸凝乳
製造者加入較多乳酸發酵劑，較少凝乳酶。凝乳需靜置 8 到 36 小時成形。味道較酸。

45 分鐘至 4 小時

混合凝乳
製造者加入等量的乳酸發酵劑和凝乳酶。凝乳需 45 分鐘至 4 小時成形。味道平衡，介於酸和柔和之間。

20 分鐘至 45 分鐘

凝乳酶凝乳
製造者加入較多凝乳酶，較少乳酸發酵劑，因此乳汁凝固快速（20 至 45 分鐘）。凝乳風味較溫和。

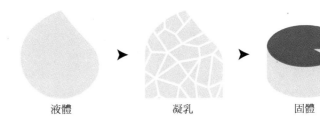

什麼是凝乳酶？

凝乳酶是尚未斷奶的反芻動物幼獸皺胃的分泌物，含有蛋白質（凝乳酶），可讓乳汁凝結，也就是讓乳汁從液態轉為膠狀。

③ 入模

這是乳酪成形的階段，生成其獨有的形狀。依照不同的乳酪家族和凝乳的脆弱程度，使用的模具也有所不同。

圓木框麻布模

這種成形法最常用於壓製乳酪（生或熟乳酪），如康堤、博佛或阿邦登斯。凝乳通常較其他乳酪家族堅實。

勺子入模

此方法為手工，使用勺子。工廠也使用此方法（但是需要很多勺子！），此方法用於乳酸凝乳和部分白黴乳酪，如卡蒙貝爾。

模具成形

這是將模具直接沉入凝乳中的方法。這麼做，凝乳必須相對堅實，才不會破碎。

以凝乳分裝器入獨立模

使用多孔模板，將乳酪分別裝入獨立模具中。將凝乳直接倒在模板上，使之滑入下方模具。

以凝乳分裝器入多模

此方法的原理和前者入模方式相同，不過一次不只一層，而是有數層模具。

反轉成形（又稱反轉法）

凝乳放進盤中，上方放有凝乳分離器，然後擺上多孔模板，接著反轉整體。

④ 瀝水

瀝水可以分離凝乳中的水分。這個步驟非常重要，因為將決定乳酪中的水分含量，並會影響接下來的製程。瀝水有兩種方式，一種是重力法（讓凝乳以本身重量瀝乾水分），一種是多少持續一段時間的加壓法。依照不同的乳酪類型和所要製作的質地，選用不同的瀝水法。

乳酸凝乳

瀝水自然完成，仰賴地心引力。乳清（乳酪流出的水）會慢慢瀝出。

加壓乳酪（例如康堤）

加壓以排去水分。

卡蒙貝爾類軟質乳酪

凝乳切塊放入有孔的模具中，幾乎自然瀝乾水分。

藍紋乳酪

瀝水緩慢，歷時數日，會定時翻面以便排出乳清。

⑤ 抹鹽

完成瀝水後，乳酪就脫模了。在進入地窖之前，乳酪必須抹鹽。因為沒有鹽，就沒有乳酪！鹽是製作乳酪中的主要元素。但是為什麼乳酪要抹鹽呢？因為鹽有多種特性……

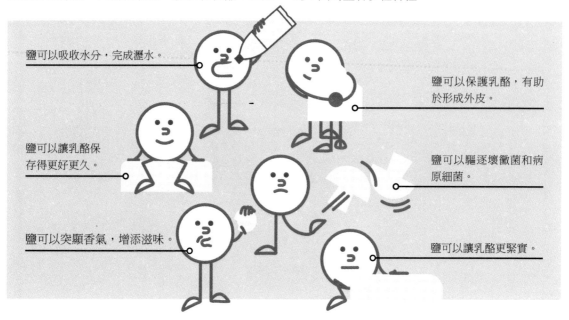

鹽可以吸收水分，完成瀝水。

鹽可以保護乳酪，有助於形成外皮。

鹽可以讓乳酪保存得更好更久。

鹽可以驅逐壞黴菌和病原細菌。

鹽可以突顯香氣，增添滋味。

鹽可以讓乳酪更緊實。

乳酪在脫模後24小時內有兩種抹鹽方式。

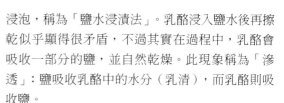

抹在表面，稱為「乾式抹鹽」。乳酪製造者會在乳酪表面和側面滾滿鹽巴，然後塗抹鹽。隔天再度進行表面和側面的滾鹽和抹鹽手續。這種抹鹽法可以自然吸收乳酪的水氣。依照不同的乳酪家族，抹鹽時間有長有短：小型乳酪的抹鹽時間較短；壓製乳酪由於需要較長的熟成時間，抹鹽時間也較長。

浸泡，稱為「鹽水浸漬法」。乳酪浸入鹽水後再擦乾似乎顯得很矛盾，不過其實在過程中，乳酪會吸收一部分的鹽，並自然乾燥。此現象稱為「滲透」：鹽吸收乳酪中的水分（乳清），而乳酪則吸收鹽。

凝乳抹鹽

某些乳酪，如蒙布里松圓柱藍紋乳酪、費塔或西部鄉下農舍切達乳酪是整體加鹽（凝乳便已加鹽）。這項手續可以在入模之前排出乳清，賦予乳酪獨特的質地和滋味。

⑥ 熟成

這是製作乳酪的終極步驟，賦予乳酪色澤、外皮、質地、香氣與風味。熟成過程中，受熟成師監控、放在通風處的乳酪，受到微生物（細菌、酵母菌、黴菌）影響而產生變化。依照不同類型的乳酪（除了不需熟成的新鮮乳酪和乳清乳酪），最重要的溫度和濕度結合也各有不同。乳酪的個性正是來自於熟成。

色澤／外皮／質地／香氣／滋味

什麼是熟成師？

熟成師是負責照顧乳酪的人，讓乳酪達到最適合的成熟度。熟成師必須控制三大要素：空氣、溫度、濕度。他們每天時時刻刻精心照料乳酪，摩擦、清洗、翻面……這項職業講究精確度、重複性、耐心，還有熱情。

人與地

熟成師擁有三到五個地窖，達到最精確嚴格的熟成。每個地窖皆有各自的濕度、溫度和空調。熟成師有助手以手工或機械幫忙其工作，尤其是大型乳酪。熟成可是非常一絲不苟的呢！

木頭，最完美的材料

木頭擁有天然孔隙，可以鎖住細菌、黴菌和酵母形成的生物膜。這層生物膜會「裹住」乳酪，保護乳酪免受討厭的微生物侵擾。科學研究也證實，木頭能夠抑制李斯特菌的生長，並消滅其他病原體，因此對乳酪而言，木頭就像某種殺菌劑。

熟成的工具面面觀

除了感官，針對不同類型的乳酪，熟成師也需要不同的工具。

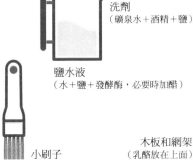

洗劑
（礦泉水＋酒精＋鹽）

鹽水液
（水＋鹽＋發酵酶，必要時加醋）

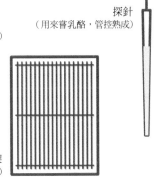

探針
（用來嘗乳酪，管控熟成）

木板和網架
（乳酪放在上面）

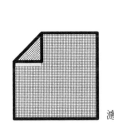

毛刷

濾布

小刷子

兩種熟成類型：表面和整體

整體熟成是由乳酪內部開始向外進行，主要為藍紋乳酪（洛克福藍紋乳酪、傑克斯藍紋乳酪、愛爾蘭的克羅奇耶藍紋乳酪〔CROZIER BLUE®〕）和蠟封乳酪，如荷蘭的高達乳酪。

表面熟成是由乳酪外部逐漸向內，大部分的天然外皮乳酪皆是此熟成法（康堤、列提瓦）。偶爾會加入微生物幫助熟成（卡蒙貝爾、艾普瓦斯等等）。

十一個乳酪家族

走進乳製品店有如一場感官之旅。色彩、氣味、觸覺、味覺，甚至聲響（只要在切割某些乳酪的時候豎起耳朵就能聽見），五感全都醒了過來。乳製品店以乳酪種類做規劃：退一步，就能注意到不同顏色的區域，對應各大乳酪家族。這些色彩從雪白、黃色、褐色、紅色、橘色或米色，直到灰綠色。

01
新鮮乳酪
費塔、洛夫布魯斯、地中海草原洛夫……

p.27, 42-51

02
乳清乳酪
布洛丘、塞哈克、羅馬諾瑞可塔……

p.28, 52-55

03
天然外皮軟質乳酪
杜蘭聖莫爾、普瓦圖夏畢舒、瓦倫賽……

p.29, 56-69

04
白黴外皮軟質乳酪
諾曼地卡蒙貝爾、莫城布里、夏烏斯……

p.30, 70-79

05
洗皮軟質乳酪
立伐洛、艾普瓦斯、芒斯特……

p.31, 80-97

06
壓製生乳酪
博日山乳酪、薩勒、莫比耶……

p.32, 98-151

07
壓製熟乳酪
康堤、博佛、瑞士格律耶爾……

p.33, 152-165

08
藍紋乳酪
洛克福藍紋乳酪、奧維涅藍紋乳酪、昂貝爾圓柱藍紋乳酪……

p.34, 166-183

09
紡絲乳酪
坎佩納水牛莫札瑞拉、修士普沃隆、布拉塔……

p.35, 184-187

10
融化乳酪
康庫約特、貝蒂訥強勁乳酪、科西嘉乳酪缽……

p.36, 188-189

11
再製乳酪
奧維涅加佩隆、阿維訥小球、卡努之腦……

p.37, 190-191

01

新鮮乳酪

這些乳酪外表雪白，在口中散發無與倫比的清爽風味⋯⋯新鮮乳酪家族當然包含了全世界最古老的乳酪，因為這正是以天然凝乳製成。製作過程中無須添加任何東西，只要有原料——優質乳汁——就夠了！

代表性乳酪

費塔、洛夫布魯斯、地中海草原洛夫、草蓆乳酪、科西嘉風味⋯⋯

切盛工具

新鮮乳酪通常以尖嘴湯勺盛裝。

色澤

這類乳酪沒有外皮，呈象牙白。

質地

大多光滑柔潤，而且這些通常也是孩童首度接觸的乳酪，茅屋（卡達）乳酪和小瑞士（petite suisse）也屬於新鮮乳酪家族！

小瑞士（petite suisse）來自諾曼地！

這些乳酪頗受諾曼地出生的孩子們的喜愛。根據歷史，某位在瓦茲的奧希河畔維耶（villers-sur-auchy[oise]）乳品店工作的瑞士人建議他的老闆艾洛爾女士（madame Hérould）在準備製成新堡（neufchâtel）糖果的牛奶中加入鮮奶油。這位女士聽了他的話，把這些小乳酪包在吸水的薄紙中，並將乳酪取名為「小瑞士」，紀念他的員工。由於產品大受歡迎，艾洛爾女士決定經由一位仲介商將小瑞士賣到巴黎的雷阿勒市場（les Halles）⋯⋯這位仲介商就是夏勒·哲爾維（Charles Gervais）！

＊譯註：Gervais 現在是法國知名的小瑞士品牌。

02

乳清乳酪

乳清乳酪水分含量極高（82%），在光線下閃閃發亮；由於製作過程特殊，又被稱為「假乳酪」：乳清乳酪是新鮮乳酪或其他乳酪瀝出的水——也就是乳清——經過加熱而成的製品，通常會放入乳酪瀝水器繼續瀝乾。

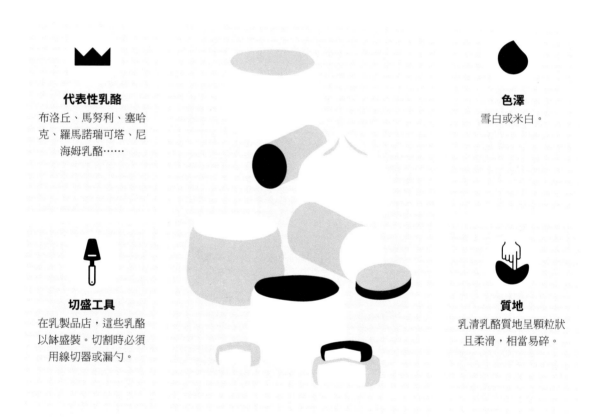

代表性乳酪
布洛丘、馬努利、塞哈克、羅馬諾瑞可塔、尼海姆乳酪……

色澤
雪白或米白。

切盛工具
在乳製品店，這些乳酪以缽盛裝。切割時必須用線切器或漏勺。

質地
乳清乳酪質地呈顆粒狀且柔滑，相當易碎。

一種乳酪，多種名字

這些乳酪誕生於山區和偏僻地區，因為在這裡，任何可以養家活口的食材都不能浪費，這點非常重要（甚至關乎性命！）。不同地區，這些乳酪也有不同名字，但是成品都是相同的。產乳牲口是唯一的不同點。因此在巴斯克地區有greuilh（綿羊乳）；在阿維隆，相同的乳酪叫做recuite（綿羊乳）；在法蘭什－康堤稱之為sérac或serra（牛乳）；科西嘉島叫做布洛丘（brocciu，綿羊或山羊乳）；加拿大深受喜愛的綿羊之雪（neige de brebis）亦是，希臘則叫做馬努利（manouri，綿羊或山羊乳）。

03

天然外皮軟質乳酪

這類乳酪最常見於山羊乳酪，內外都沒有任何黴菌。除了外皮抹炭灰的乳酪，其餘的表皮都是自然形成的。這些乳酪尺寸小，幾乎皆整塊販售，有各式各樣的造型，並且必須盡快食用完畢，避免因乾燥而使味道過於強烈。

代表性乳酪

杜蘭聖莫爾、普瓦圖夏畢舒、瓦倫賽、佩雷卡巴斯、珠寶……

切盛工具

這類乳酪尺寸小，因此整塊食用。建議使用小型線切器切割，以免破壞內芯。

色澤

從米白到雪白，偶爾帶點極淺的米色調。炭灰軟質乳酪則為淺灰和鐵灰色。

質地

依照熟成時間長短，質地從柔軟、綿滑、半乾燥或乾燥（陳放最久的甚至極乾）。

造型多樣！

杜蘭聖莫爾、謝爾塞勒或瓦倫賽的外皮有植物炭灰粉，非常好認。普里尼－聖皮耶或魁北克的柯諾比克是白色的，外皮為所謂的「曲紋」狀（有密集的紋路、皺紋）。

這個乳酪家族形狀相當不尋常。事實上由於尺寸小，製造商競相推出各種天馬行空的造型，如圓柱形、金字塔型、方塊形、小方形、長方形，甚至環形……想像力無邊無際！

04

白黴外皮軟質乳酪

這個乳酪家族極具代表性，帶絨毛或絲滑的外皮是最大特色，來自在凝乳上散播的黴菌——青黴菌。法國不是唯一有白皮外皮軟質乳酪的國家。愛爾蘭一位農夫製造戈爾那莫納乳酪；澳洲有地平線乳酪，紐西蘭則有火山乳酪。

代表性乳酪

諾曼地卡蒙貝爾、默倫布里、莫城布里、夏烏斯、邦切斯特……

色澤

這些軟質乳酪有各式各樣的白：灰白、米白、亞麻白、雪白……

切盛工具

依照不同大小，這些乳酪可整塊或切塊食用（使用布里專用刀或有孔的刀子，避免沾黏內芯）。

質地

成熟時，這些乳酪質地通常柔軟綿滑。較年輕時，其內芯為「白堊」狀，是這類乳酪的特徵。

從綠到白

白黴外皮軟質乳酪並非一直都是白色的。例如諾曼地卡蒙貝爾、新堡心形乳酪、夏烏斯和其他乳酪，最初是介於灰藍和灰綠色之間，某些地方還有少許褐色和／或紅褐色斑點。直到二十世紀，由於青黴菌（或白地黴）的發展，這些乳酪才慢慢轉變為白色。

05

洗皮軟質乳酪

這是氣味最濃烈的乳酪家族！原因在於洗皮，而濕度有助於發散氣味。不過別誤會了，這些濃烈的氣味背後，經常隱藏著細緻清爽，有時濃郁（當然囉）的滋味！

仔細嗅聞欣賞朗格勒、瑪華、克雷基啤酒大人物或魁北克的風之腳！至於美國的哈比松和波薩，其色澤和氣味較屬於此家族。

代表性乳酪

立伐洛、艾普瓦斯、芒斯特、朗格勒、風之腳……

色澤

此家族的顏色從橘色、褐色、黃銅色或紅色皆有，非常好認。

切盛工具

完整或切片食用（視乳酪質地的緊實程度，使用帶孔刀具、線切器或奶油線切刀）。

質地

此乳酪家族的質地主要為柔軟，甚至為膏狀。

為什麼是紅色的？

此乳酪家族的特殊紅色來自一種叫做亞麻短桿菌（又稱紅酵母）的細菌。水中加入此細菌，在乳酪熟成過程中，定時擦洗其表皮。因此紅色只出現在表面，內芯色澤淺淡許多。有時候外皮的紅色也可能是使

用紅木樹皮擦洗而形成。這種植物來自拉丁美洲，富含胡蘿蔔素（橘紅色色素或黃色色素），因而讓乳酪染上天然的顏色。

06

壓製生乳酪

以種類而言，壓製生乳酪是最龐大的乳酪家族，多為中等尺寸的乳酪（介於 1 至 5 公斤），不過部分可達到 15 公斤，甚至 20 公斤。這些乳酪在製作過程中經過壓製但沒有加熱。不同於其他乳酪，壓製生乳酪在山區和平地都有生產，因此尺寸和質地豐富多樣。

代表性乳酪

博日山乳酪、薩勒、莫比耶、曼徹格乳酪、羅馬諾佩科里諾……

色澤

此乳酪家族極為龐大，色澤也非常多樣，從淺米色、橘色、赭黃或褐色，到炭灰色皆有。

切盛工具

必須用切割鋼線才能切開最大型的乳酪，然後再以方形刀尖的刀具切出工整俐落的乳酪塊。

質地

大家通常認為這類乳酪質地緊實，不過其實此家族的質地從柔軟、緊實、乾燥甚至柔滑都有呢！

tome 還是 tomme？

兩種拼法各有不同的意思……

「Tome」一字主要（但並非僅限）用於 tome des bauges（博日山乳酪），這是一種 AOP 乳酪，規格中指出：「『tome』或『tomme』來自『toma』一字，後者是薩瓦土話，意指『在高山牧場製作的乳酪』。」生產者偏好「tome」一字以區別自家的 tome 乳酪和同產區的其他 tomme。至於「tomme」，在文學世界中則用於和陽性的「tome」一字區別。

07

壓製熟乳酪

這類大型乳酪最多可達 110 公斤！其中大多數是可長期保存的山區乳酪。最高級的壓製熟乳酪，質地中可見到酪氨酸的結晶，常被誤認為是「鹽」。事實上這是包圍帶有鹹味的麩氨酸鈉的氨基酸。這些乾酪不僅尺寸巨大，香氣和入口即化的口感也非常迷人……總之極為美味！

代表性乳酪

康堤、博佛、瑞士格律耶爾、先鋒、海蒂……

色澤

外皮顏色介於赭黃、米色和褐色。內芯色澤則介於黃色（淺黃到金黃）和乳白色。

切盛工具

可用乳酪切線將這些大型乾酪一切為二，接著切成四分之一，再切成八分之一。再用雙柄乳酪直刀或彎刀切割。

質地

這些乳酪的質地緊實且入口即化。

為什麼這些乳酪這麼大？

這些乳酪發源於山脈地帶，距離牧場和農場偏遠，飼育者不得不將大量乳汁轉變成乳酪，盡可能減少原料的損失。擁有小群家畜的家族會結盟，讓每個人都能有一口飯吃，特別是在冬季。飼育者集合所有乳汁，在高海拔地區製成乳酪，以便能夠以人力背著帶下山，回到山谷後，家族再分享乳酪。

08

藍紋乳酪

這是最讓人害怕的乳酪家族！因為發霉的模樣一清二楚，有時候被誤解為濃烈刺鼻的乳酪⋯⋯這些是在凝乳入模後，加入稱為「洛克福青黴菌」或「藍色青黴」的黴菌所形成。也有不加菌種的藍紋乳酪：其製作過程適合天然的黴菌生長。

代表性乳酪

洛克福藍紋乳酪、奧維涅藍紋乳酪、昂貝爾圓柱藍紋乳酪、史提頓藍紋乳酪、戈貢佐拉 dolce⋯⋯

色澤

乳酪為象牙白，帶有藍色、黑色或綠色斑紋。

切盛工具

最理想的工具是線切器（各種尺寸）或是乳酪斷頭台（roquefortaise），皆能不損及內芯，精準俐落地切割乳酪。

質地

通常為入口即化、帶顆粒感，或是如奶油般絲滑。

為什麼藍紋乳酪要「打針」？

十九世紀中葉，洛克福藍紋乳酪製造者的孫子、農民的兒子安東．胡塞爾（Antoine Roussel）經過許多經驗，得出結論，認為在凝乳上撒「洛克福青黴菌」能夠促進乳酪生長藍紋。他也強調，與空氣接觸的黴紋會生長更快。為了讓藍紋容易生成，他採用乳酪注射系統，注射器上布滿編織用的細小針頭。這個步驟能夠讓黴菌均勻生成。

09

紡絲乳酪

紡絲乳酪因為歷史因素,在法國鮮為人知,然而卻是全世界最暢銷的乳酪之一,因為食品工業經常將之用於即食食品中。水牛莫札瑞拉無疑是此家族中的明星,經常被(錯誤)仿造。義大利是紡絲乳酪的搖籃,不過其他地方也有生產。

代表性乳酪

坎佩納水牛莫札瑞拉、修士普沃隆、布拉塔、乳房乳酪……

色澤

顏色從白色、象牙色到米色,經過煙燻的乳酪甚至呈金黃色。

切盛工具

紡絲乳酪最常完整食用。尺寸最大的乳酪,則要使用乳製品專用、末端尖銳的刀具切割。

質地

理想的質地必須是柔軟中帶有纖維感(有點像雞胸肉),而非有橡皮般的彈性。

幸運的意外

根據傳說,莫札瑞拉是意外的產物,因為一位乳酪學徒不小心將凝乳掉入熱水中。取出時,他發現凝乳可以拉長數次都不會斷裂,因此能製作成各式形狀。莫札瑞拉和它的表親們就此誕生!關於莫札瑞拉最古老的文獻記載於十二世紀。十六世紀時甚至與 bourse de naples 和 capoue 相提並論!現今坎佩納水牛莫札瑞拉當然是在坎帕尼亞(Campanie)製造,不過普利亞(Pouilles)、巴西里卡塔(Basilicate)和拉吉歐(Latium)大區也有出產。

10

融化乳酪

這個乳酪家族經常受到孩子們的喜愛，少見於傳統乳製品店，而多見於超市貨架。這種乳酪的主要製法，是融化數種乳酪之後，製造一種新的乳酪。大部分的融化乳酪為工業產品，不過在這片乳酪森林之中，卻藏有少許美妙的手工製品。一如乳清乳酪，融化乳酪也可以使用乳汁凝固時留下的乳清製造。

代表性乳酪

康庫約特、貝蒂訥強勁乳酪、科西嘉乳酪缽、梅真、料理乳酪……

色澤

大部分的融化乳酪帶有白色、綠色或黃色光澤。

切盛工具

由於尺寸小巧，幾乎都放入盒中，這類乳酪大多完整食用。

質地

一如其名稱所示，這些乳酪的質地入口即化，略為濃稠。部分融化乳酪入口後甚至會帶點顆粒感。

微笑牛（La Vache qui rit®）的創始

第一次世界大戰期間，某位名叫里昂・貝爾（Léon Bel）的人受到「新鮮肉品配給」軍隊的影響。為了能夠輕易辨識每輛法國車的用途，參謀決定舉辦畫畫比賽。與貝爾同班車的班傑明・哈比耶（Benjamin Rabier）奪冠，他畫的正是一頭微笑的牛。很快的，這張插畫便被暱稱為「牛武神」（Wachkyrie），刻意搞笑模仿德國軍隊卡車的象徵「女武神」。1921 年，里昂・貝爾發明了一種融化乳酪，他便選擇「微笑牛」（La Vache qui rit）紀念這幅知名的圖畫……

11

再製乳酪

歷史上而言，這類乳酪通常較像「仿乳酪」，由貧窮地區的家庭發明，他們不會丟棄或浪費食物，而是將之收集起來，轉變成美味的食品。因此每一款乳酪製品都相當獨特，由各種乳酪的剩餘物拼湊再加以點綴而成。

代表性乳酪

奧維涅加佩隆、阿維訥小球、卡努之腦、亞弗嘉比圖、賈努乳酪⋯⋯

色澤

由於可以加入各式各樣的材料，這些乳酪形形色色，沒有限制。

切盛工具

視乳酪類型，可以完整食用或以勺子盛裝。

質地

這些乳酪的質地多半緊實，易碎或入口即化，某些甚至相當柔滑。

形形色色的乳酪

奧維涅加佩隆（加入大蒜和胡椒）是由酪乳（攪乳器中攪拌鮮奶油和／或牛奶後剩下的液態物）製成。阿維訥小球是以瑪華的凝乳製作，加入新鮮乳酪、胡椒和龍艾蒿重新製成。還有一種稱為「強勁乳酪」（fromage fort）的乳酪，質地為膏狀、乳霜狀或液態，是由新鮮凝乳和剩餘的乳酪製成。不同地區，會加入白酒、鹽、辛香料、胡椒⋯⋯從剩下的乳酪到鮮奶油或酪乳，甚至乳汁都能使用，人人都能創造自己的食譜！

標籤

為了提供資訊讓人們能夠公正客觀地選擇乳酪，乳酪賣家必須遵守一些必要標示和衛生法規。如果你的乳酪店沒有這些標示，那就換一家店吧！

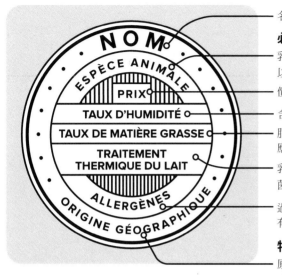

名稱

必要標示

乳源品種：標籤上若沒有明確標示動物，按規定該乳酪是以牛乳製作。

價格

含水量：只有白乳酪會標示。

脂肪含量：完成品上會標示。若標籤上未標示脂肪含量，那應該標示「脂肪含量不明」（MGNP）。

乳品殺菌法：生乳、熱化殺菌法、巴斯德殺菌法、超高溫殺菌法……

過敏原：通常過敏原會標註在標籤以外，乳酪店家也必須要有過敏原列表。

特殊狀況

原產地：AOP 和 IGP 乳酪僅需標註名稱、乳汁殺菌法、標章種類和價格。同時也必須貼上標籤貼紙（AOP、IGP、STG）。

其他選項

法律並沒有強制乳酪必須強調來自農場製造、手工製造、乳製品者、乳酪專門製造者或是工業生產。

農場乳酪

此類乳酪的乳汁來自單一農場，並且依循傳統技法製造。這類乳酪的製造地點必須與擠乳處相同。至於熟成，可以在相同地點或是在農場以外，讓手工熟成師進行。一般而言，這些乳酪的產量極低，但是極具特色與風土特性。

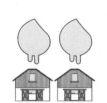

手工乳酪

在登記為手工乳酪製作的公司內進行，遵循傳統技法的法規。製造商從乳酪工坊附近選擇製造乳酪的乳汁農場。這類乳酪的特色略遜於農場乳酪。

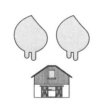

乳品商乳酪

這類乳酪在乳品商人處或合作社製造，乳汁來自附近農場的不同畜群。這類乳酪只存在於某些AOP乳酪，遵循法規文件（例如阿邦登斯，聖涅克塔，侯布洛雄）。比起農場乳酪或同等級的手工乳酪，乳品商乳酪的滋味特色較不鮮明。

乳酪製造商乳酪

這類乳酪以傳統技法製成，使用的乳汁必須為當地生產、不超過連續兩次的擠乳之生乳。接著這些乳汁在半天之內會殺菌處理，加入凝乳酶。乳酪製造商的乳酪多為壓製熟乳酪（圓盤狀乾酪）。

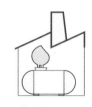

工業乳酪

這些乳酪來自工業乳廠，使用的乳汁大部分為巴斯德殺菌法，在微生物方面較生乳穩定。風味沒有太大特色。一般而言，這類乳酪絕少出現在傳統乳品店的櫃內。

標章

乳製品店的部分乳酪帶有標章，強調地理方面的產地中心。這些標章突顯出歷史、風味、傳承……

AOP（APPELLATION D'ORIGINE PROTÉGÉE，原產地命名保護）

此標章保障乳酪，防止仿冒。AOP 乳酪必須在嚴格限定的地理區域中生產製造，並且擁有鮮明的歷史傳承手藝。AOP 事實上就是法國的法定產區控制（AOC）之歐洲變化。然而依照法律條文，部分 AOP 乳酪的品質可能落差極大。各種康塔爾、普瓦圖夏畢舒或聖涅克塔的風味水準皆不盡相同……

IGP（INDICATION GÉOGRAPHIQUE PROTÉGÉE）

此標章意指與某地理區域有緊密關係的農產品和食品，至少其生產或製造過程必須在該地進行。事實上，比起 AOP 規章，IGP 規章的限制較少。

STG（SPÉCIALITÉ TRADITIONNELLE GARANTIE）

此標章強調產品的傳統原料或製造方式的歷史。此標章比起 IGP，限制較少。

LABEL ROUGE

這是法語區和法國的標章，專指因生產條件或獨特製造方式而風味品質優良的食品。Label Rouge 未必和風土定義有關。

AB ／ BIO 有機農產／有機

有機標章可以和上述標章同時出現：例如 AOP 康堤也可以是有機的。此標章表示農產品的製程遵循環境和動物友善的法規，養殖家畜和製作乳酪全程禁止使用合成化學和基因改造的成分。

Les fromages du monde

世界各地的乳酪

042-051	頁	新鮮乳酪
052-055	頁	乳清乳酪
056-069	頁	天然外皮軟質乳酪
070-079	頁	白黴外皮軟質乳酪
080-097	頁	洗皮軟質乳酪
098-151	頁	壓製生乳酪
152-165	頁	壓製熟乳酪
166-183	頁	藍紋乳酪
184-187	頁	紡絲乳酪
188-189	頁	融化乳酪
190-191	頁	再製乳酪

編註：因各地（業者）所產同款乳酪外觀、顏色時有差異，本書以插畫形式繪製，
可能與書中文字描述或實品在色澤上略有出入，敬請理解。

01 新鮮乳酪

此家族的風味清爽濃郁。大部分的新鮮乳酪皆帶有一絲酸味，使其能夠與大量調味品匹配，如鹽、胡椒、新鮮香草植物、果醬、蜂蜜等等。這些乳酪主要在春季與夏季品嚐。

阿內瓦托乳酪／ANEVATO（希臘，馬其頓）

AOP
自
1996

乳源｜綿羊乳或山羊乳（生乳）
脂肪｜5%

地圖：226-227 頁

此乳酪是在大陸性氣候的山區製作，成品柔潤，質地略呈顆粒狀。入口後浮現鹹味、酸味，風味較強烈。這款新鮮乳酪的特色是必須先熟成 2 個月才能品嚐。熟成師的工作是讓乳酪不要形成外皮。乳汁來自當地品種（grévéniotika 綿羊和山羊），其他地方幾乎見不到，是製作這款乳酪的必須品。

巴托茲乳酪／BATZOS（希臘，色薩利、馬其頓）

AOP
自
1988

乳源｜綿羊乳和／或山羊乳
（生乳或巴斯德殺菌法）
尺寸｜長20公分，厚10公分
重量｜1公斤
脂肪｜6%

地圖：226-227 頁

此乳酪乾燥易碎，入口後浮現製程採用乳汁的鮮明酸味（綿羊乳和／或山羊乳）。鹹味來自浸漬鹽水中至少 3 個月。這款乳酪發明於數世紀前，讓遊牧人士在遊牧過程中能夠填飽肚子：質地緊實，便於運輸。此乳酪可原味或烘烤後食用。

布洛德酸乳酪／ BLODER-SAUERKÄSE（**瑞士**，聖加侖、李聖斯坦）

AOP
自
2010

乳源｜牛乳（生乳或熱化殺菌法）
重量｜100公克至8公斤
脂肪｜8至18%

地圖：222-223 頁

事實上這是兩種乳酪：bloderkäse 是新鮮乳酪，sauerkäse 則是經過至少 2 個月風乾的乳酪。前者的色澤呈象牙白，沒有外皮，手指觸感緊實又柔軟。切開後質地呈易碎的顆粒狀。入口後先是乳香與酸味，尾韻帶動物氣息。後者則帶有薄薄的外皮，風味比未風乾者更強烈。

洛夫布魯斯乳酪／ BROUSSE DU ROVE（**法國**，普羅旺斯－阿爾卑斯－蔚藍海岸）

乳源｜山羊乳（生乳）
尺寸｜直徑：3至4公分；
長度：9至12公分
重量｜40至50公克
脂肪｜5%

地圖：200-201 頁

這款乳酪是乳汁在加熱後，加入以水稀釋的白醋做為酸化劑凝結而成。洛夫山羊其實是肉用品種，產乳量少，因此洛夫布魯斯乳酪相當罕見。乳酪色澤雪白耀眼，質地綿軟，手指搓揉後略呈砂狀，口感濕潤，由於是新鮮乳酪，帶有細緻的山羊風味，尾韻悠長清爽。

波德哈勒軟質乳酪／ BRYNDZA PODHALAŃSKA（**波蘭**，小波蘭）

AOP
自
2007

乳源｜牛乳（最多40%）和綿羊乳（生乳）
脂肪｜6%

地圖：224-225 頁

這款乳酪從 5 月製作到 9 月，為白色帶乳黃色澤。入口後香氣濃郁，帶鹹味與一絲酸味。綿羊乳來自波蘭的長毛綿羊品種 polska owca górska（字面意思為「波蘭山綿羊」）。

特雷維索軟質乳酪／ CASATELLA TREVIGIANA（**義大利**，威尼托）

AOP
自
2006

乳源｜牛乳（生乳）
尺寸｜小型：直徑5至12公分；
厚度4至6公分。
大型：直徑18至22公分；
厚度5至8公分。
重量｜小型：200至700公克
大型：1.8至2.2公斤
脂肪｜6%

地圖：210-211頁

溫潤柔軟呈乳霜狀，帶奶油味和乳香，滋味細緻。肉眼觀看，凹凸不平的表面可以看到少許內芯，但對風味沒有影響。2012年修訂法規，將 bovine burlina 品種（特雷維索省當地的牛隻品種）加入為此款乳酪的乳源品種之一。初次撰寫法規時，此品種被遺漏了，然而牠們可是製作特雷維索軟質乳酪的古老種呢！

起司農莊茅屋起司／ CHEESE BARN COTTAGE CHEESE（**紐西蘭**，懷卡托）

乳源｜牛乳（巴斯德殺菌法）
重量｜每缽220至380公克
脂肪｜3%

地圖：222-223頁

此乳酪由海氏（Haigh）夫婦製作，他們倡導有機農作，其農產品在紐西蘭的農產展覽獲獎無數。起司農莊茅屋起司使用植物性凝乳酶，乳脂肪極低，質地易碎、入口即化。入口時有些許酸度增添清爽感。

無花果夾心乳酪／ COEUR DE FIGUE（**法國**，新阿基坦）

乳源｜山羊乳（巴斯德殺菌法）
尺寸｜直徑：5公分；
厚度：1.5至2公分
重量｜80公克
脂肪｜12%

地圖：204-205頁

無花果夾心是小小的餅狀乳酪，綿軟新鮮，含水量高，在清爽口感、酸度以及內芯夾藏的無花果乳酪的甜度之間，風味細緻平衡。這款佩里格乳酪又稱甜心乳酪（coeur gourmand），亦可填入李子或甜栗子醬。

費塔乳酪／FETA （**希臘**，伊庇魯斯、馬其頓、色雷斯、色薩利、半島希臘、伯羅奔尼撒、萊斯沃斯州）

AOP
自
2002

乳源｜綿羊乳（有時加入山羊乳；生乳或巴斯德殺菌法）
脂肪｜21%

地圖：226-227 頁

費塔乳酪在獲得 AOP 之前，經常被仿造和偽造，曾經一度由……丹麥人大量製造！雖然費塔是希臘乳酪，不過「feta」一字源自十七世紀的拉丁文 fette，意指將乳酪切片以便放進木桶中的動作。費塔的質地緊實但易碎，入口時既有清爽口感、特有風味、鹹味，還有青草香氣。

在希臘，每人每年平均食用超過 12 公斤的費塔乳酪！

加洛提利乳酪／GALOTYRI （**希臘**，伊庇魯斯、色薩利）

AOP
自
1996

乳源｜綿羊乳和／或山羊乳（巴斯德殺菌法）
脂肪｜10%

地圖：226-227 頁

希臘人認為加洛提利是希臘最古老的乳酪之一。在古代文獻中發現到一些令人聯想到現今加洛提利乳酪的形容。內芯為白色乳霜狀，較偏向新鮮乳酪類，酸味明顯。

哈羅米乳酪／HALLOUMI （**塞浦路斯**，尼古西亞、利馬索爾、拉納卡、法瑪古斯特、帕福斯、凱里尼亞）

AOP
自
2015

乳源｜綿羊乳和／或山羊乳和／或牛乳（巴斯德殺菌法）
尺寸｜直徑：9至15公分；厚度：5至7公分
重量｜150 至 350 公克。
脂肪｜5%

地圖：226-227 頁

此乳酪氣味強烈，來自乳汁和乳清。入口後帶有薄荷香氣，浮現一絲鹹辣感。哈羅米有時也會經過熟成：此時已經過加熱，以薄荷葉包起，浸入鹽水至少 4 天，風味較新鮮哈羅米更強勁辣口。

關於哈羅米最古老的文獻可追溯至 1554 年，典藏於威尼斯科雷爾市鎮博物館（musée municipal Correr）。

草蓆乳酪／JONCHÉE（**法國**，新阿基坦）

乳源｜牛乳（生乳或巴斯德殺菌法）
尺寸｜長度：20公分；
厚度：3至4公分
重量｜120至130公克
脂肪｜8%

地圖：204-205 頁

草蓆乳酪呈長條形，帶有草蓆（天然或塑膠）的壓痕，必須在製作完成後的 24 小時內食用完畢。如今只有極少數製造者仍在製作此乳酪，全部都位於侯什佛（Rochefort）、華雍（Royan）和拉侯雪（La Rochelle）三個城市之間的三角地帶。20 分鐘內便完成凝乳，製成的新鮮乳酪格外溫潤柔嫩富乳香。有些草蓆乳酪會以苦杏仁增加香氣。

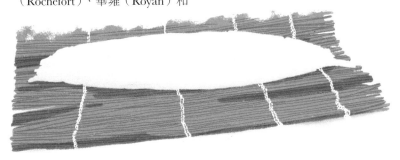

利姆洛斯卡拉塔奇乳酪／KALATHAKI LIMNOU（**希臘**，利姆諾斯島）

AOP
自
1996

乳源｜綿羊乳（有時加入山羊乳，生乳）
尺寸｜直徑：8至12公分；
厚度：5至18公分
重量｜700公克至1.3公斤
脂肪｜6%

地圖：226-227 頁

此款乳酪質地柔軟緊實，入口後帶有清爽的草香和乳香。淡淡的酸味來自綿羊乳，鹹味則來自浸漬鹽水的過程。此乳酪放入小籃子（kalathakia）瀝乾，因此形成獨有的紋理造型。

多摩科斯卡提基乳酪／KATIKI DOMOKOU（**希臘**，色薩利）

AOP
自
1996

乳源｜綿羊乳（最多30%）
和山羊乳（巴斯德殺菌法）
脂肪｜8%

地圖：226-227 頁

此乳酪呈乳霜狀，輕鬆就能塗抹或以湯匙食用。入口後風味鮮明有鹹味，帶有山羊乳和綿羊乳的酸味。這款乳酪較常用於搭配主菜，沒有固定形狀和重量，因為凝乳放在布袋中，而布袋尺寸依不同農場而各有變化。

立陶宛夸克乳酪／ LIETUVIŠKAS VARŠK S SŪRIS （立陶宛）

IGP
自
2013

乳源｜牛乳（巴斯德殺菌法）
重量｜100公克至5公斤
脂肪｜7%

地圖：220-221 頁

此款新鮮乳酪放入長方形布袋後由手工塑形，可以加熱也可煙燻，因此顏色從白色、淡黃到淺褐色或古銅色皆有。依照不同製作方法，質地從柔軟易碎到緊實，後者切割時容易碎裂。入口後，新鮮乳酪帶酸味，加熱過的乳酪有一絲辛香料氣息，而煙燻乳酪則帶有⋯⋯煙燻風味！

小哞乳酪／ LIL' MOO （美國，喬治亞）

乳源｜牛乳（巴斯德殺菌法）
重量｜230公克
脂肪｜4%

地圖：228-229 頁

製造此乳酪的牧場中，由於喬治亞州南方的氣候理想，牛隻全年都能在牧場上自由自在地嚼食青草。小哞乳酪色澤呈淡黃，質地為入口即化的顆粒，帶有青草香氣和酸味。此款乳酪類似可當抹醬的優格。

莫罕乳酪／ MOHANT （斯洛維尼亞，上卡尼奧拉、格瑞奇卡）

AOP
自
2013

乳源｜牛乳（生乳）
脂肪｜11%

地圖：222-223 頁

莫罕乳酪內芯柔潤，顏色呈淡黃、米色或象牙白，質地絲滑，延展性低。入口後浮現特有的強烈辣口風味，甚至相當強勁！莫罕乳酪必須在厭氧大容器，也就是沒有空氣的環境中成熟。成熟過程中散發的氣體在乳酪上形成氣孔，帶來強勁風味。

此乳酪的標籤上必須註明「Samo eden je Mohant Bohinj」
（意為「Bohinj 的 Mohant 僅此一家別無分號 」）

夏季牧場農場乳酪／ OVČÍ HRUDKOVÝ SYR-SALAŠNÍCKY（斯洛伐克）

STG
自
2016

乳源｜綿羊乳（生乳）
重量｜可達5公斤
脂肪｜10%

地圖：224-225 頁

此款乳酪只在春天製作，是夏季的乳酪（salašnícky 意思為「在夏季牧場落腳」），呈球形或團形，表面乾燥俐落。內芯可見到許多細小裂紋和孔隙。外表為白色或偏黃，內芯為白色，帶有些許黃色光澤。入口後質地緊實有彈性，帶有酸味和淡淡乾草香氣。

哈尼亞奶酪／ PICHTOGALO CHANION（希臘，克里特）

AOP
自
1996

乳源｜山羊乳和／或綿羊乳（生乳）
脂肪｜8%

地圖：226-227 頁

此款乳酪質地柔軟滑潤，帶清新青草香氣與一絲鹹味。這是克里特島西邊哈尼亞州的古老乳酪，用來製作當地的哈尼亞蛋糕（bougatsa chanion）。

純山羊凝乳乳酪／ PURE GOAT CURD（澳洲，維多利亞）

乳源｜山羊乳（巴斯德殺菌法）
重量｜500公克
脂肪｜8%

地圖：232-233 頁

製造者塔瑪拉（Tamara）受到普羅旺斯之旅的影響，在那裡愛上了山羊乳酪，於二十一世紀初期創造出這款乳酪。純山羊凝乳的質地帶潔白的粗顆粒，製作方法系出法式新鮮山羊乳酪。口感清爽，以青草香氣和酸味為主。

倫巴底夏季乳酪／ QUARTIROLO LOMBARDO（**義大利**，倫巴底）

AOP
自
1996

乳源｜牛乳（生乳）
尺寸｜邊長25公分的方形；
厚度｜6公分
重量｜2.5公斤
脂肪｜9%

地圖：210-211 頁

此乳酪質地易碎，風味溫和，帶一絲酸味，隨著時間過去酸味會變重。Quartirolo 一名來自義大利文的 erba quartirola，意思是收成青草的最佳季節（通常為夏季最後一次割草）。因此這款乳酪最初是 9 月底的產品，不過現在已不再如此。

地中海草原洛夫乳酪／ ROVE DES GARRIGUES（**法國**，普羅旺斯－阿爾卑斯－蔚藍海岸）

乳源｜山羊乳（生乳或巴斯德殺菌法）
尺寸｜直徑：4.5公分；厚度：3公分
重量｜80公克
脂肪｜10%

地圖：200-201 頁

這款乳酪如雪白的圓球，外表光滑，質地緊實軟嫩。味道帶有青草與花香。有時候製造者會加入幾滴檸檬精（essence de citron），因此也能嘗出一絲檸檬香氣，這和山羊喜歡吃檸檬一點關係也沒有！

聖約翰乳酪／ SAINT-JOHN（**加拿大**，安大略）

乳源｜山羊乳（巴斯德殺菌法）
重量｜每缽350公克
脂肪｜14%

地圖：230-231 頁

聖約翰的製造者是來自亞速爾島的葡萄牙人。他們在多倫多落腳，製造帶有葡萄牙風情的乳酪。這款乳酪質地緊實但柔嫩，入口後帶有溫和的新鮮山羊乳酪香氣。尾韻有一絲鹽味，浮現些許酸味。由於聖約翰使用植物性凝乳酶，非常適合奶蛋素食者。

科西嘉風味乳酪／ SAVEURS DU MAQUIS（**法國，科西嘉**）

乳源｜綿羊乳（巴斯德殺菌法）
尺寸｜邊長10至12公分的方形；
厚度：6公分
重量｜600至700公克
脂肪｜15%

地圖：200-201 頁

這款新鮮乳酪又稱為科西嘉之花（fleur du maquis）或愛之草（brin d'amour），外表塗滿香草植物（百里香、香薄荷、奧勒岡、馬郁蘭）、杜松子和美麗之島特有的「鳥椒」（piments oiseaux），飄散科西嘉島的植被氣息。事實上，入口後其薄荷香氣在口中噴發，質地綿滑柔潤。

銀絲乳酪／ SILK（**澳洲，維多利亞**）

乳源｜山羊乳（生乳）
尺寸｜直徑：5公分；厚度：
4公分
重量｜140公克
脂肪｜14.5%

地圖：232-233 頁

這款乳酪於 1999 年創造。製作銀絲的農場由安－瑪麗和卡菈經營，她們很快就想要製作薩能羊和阿爾卑斯山羊品種的有機乳酪。這款乳酪有如雪白的小球，是使用這類乳汁（山羊乳）的特色。入口後，立刻展現奔放濃郁的風味，帶有一絲酸味和青草氣息。銀絲的形狀有點類似法國的地中海草原洛夫（49 頁）。

斯洛伐克軟質乳酪／ SLOVENSKÁ BRYNDZA（**斯洛伐克**）

IGP
自
2008

乳源｜綿羊乳（生乳）或綿羊乳＋牛乳（生乳）
重量｜每缽125公克至5公斤
脂肪｜5%

地圖：224-225 頁

裝入缽前（最多竟可達 5 公斤！），這款乳酪過去裝在 gelety（用來存放乳汁或乳製品的木製容器）中，容量達 5 至 10 公斤，商家從大桶中取出購買者想要的分量。斯洛伐克軟質乳酪是白乳酪，因此質地柔軟，容易塗抹，可感受到入口即化的些許顆粒。風味方面，綿羊乳的酸味和清新感帶出青草和植物香氣。

羅馬涅斯夸克洛涅乳酪／SQUACQUERONE DI ROMAGNA（義大利，艾米利亞－羅馬涅）

AOP
自
2012

乳源｜牛乳（生乳）
尺寸｜直徑：6至25公分；
厚度2至5公分
重量｜100公克至2公斤
脂肪｜8%

地圖：210-211 頁

在包裝上「Squacquerone di Romagna」規定必須以 Sari 超粗斜體（Sari Extra Bold），並且只能使用藍色（Pantone® 2747）和白色。這款乳酪由於質地綿滑濃郁，甚至呈流質，最適合當作抹醬！初嘗隱約帶點鹹味，尾韻留下清爽的青草風味。

伊巴內斯提特雷米亞乳酪／TELEMEA DE IBĂNEŞTI（羅馬尼亞，外凡尼西亞）

AOP
自
2016

乳源｜牛乳（生乳或巴斯德殺菌法）
重量｜300公克至1公斤
脂肪｜6%

地圖：224-225 頁

這款乳酪質地均勻，柔軟濃郁，外觀從純白到米白色。入口風味酸甜，略帶鹹味。僅在吉爾吉烏製作，能在完成後 24 小時內食用最理想。這款乳酪也有「熟成」版本（製作完成後熟成至少 20 天）。

這款乳酪是羅馬尼亞首度獲得 AOP 的產品。

西加洛席泰亞乳酪／XYGALO SITEIAS（希臘，克里特）

AOP
自
2011

乳源｜山羊乳和／或綿羊乳
（生乳或巴斯德殺菌法）
脂肪｜4%

地圖：226-227 頁

這款乳酪在中等高度山區（海拔 300 至 1500 公尺）製作，外觀呈白色，依照製作方式，質地呈乳霜狀且／或帶顆粒。風味在清爽、酸味和鹹味之間擁有絕佳平衡。製作西加洛席泰亞所養殖的綿羊為克里特島原生的乳用羊種：席泰亞（siteia）、席洛瑞提（psiloriti）和斯伐基亞（sfakia）。

02 乳清乳酪

一如新鮮乳酪，乳清乳酪可原味或搭配其他食品（水果、果醬、蜂蜜、新鮮香草）食用，春季到夏季是最理想的季節。不過由於是以乳清製作，這類乳酪的脂肪含量較高！

布洛丘乳酪／BROCCIU（**法國**，科西嘉）

AOC	AOP
自	自
1983	1998

乳源｜綿羊乳和／或山羊乳（生乳）
尺寸｜底部直徑：依照乳酪的大小（250公克，500公克，1公斤或3公斤），從9到20公分；頂端直徑：7.5至14.5公分；厚度：6.5至12公分
脂肪｜35%

地圖：200-201 頁

布洛丘是法國唯一獲得 AOP 的乳清乳酪！這款乳酪是製造者用力攪拌加熱的乳清（加入全脂乳汁）而誕生的。在歐陸很難取得，因為此款乳酪極富季節性，風味偏酸，質地柔軟帶顆粒。熟成至少 21 天後，就成為 brocciu passu。若加入鹽，就稱作 brocciu salitu。熟成超過 4 個月的叫做 brocciu secu，口感較脆硬。

維蘇比布魯斯乳酪／BROUSSE DE LA VÉSUBIE（**法國**，普羅旺斯－阿爾卑斯－蔚藍海岸）

乳源｜山羊乳或綿羊乳（巴斯德殺菌法）
脂肪｜18%

地圖：200-201 頁

此款乳酪色澤為珍珠白，質地為柔滑的顆粒。形狀來自入模的籃子。風味為青草和酸香氣息，相當均衡。這款布魯斯乳酪在尼斯山區後方生產，可綴以辛香料、新鮮香草、橄欖、胡椒或蜂蜜。

葛耶爾乳酪／GREUILH（**法國**，新阿基坦）

乳源｜綿羊乳（生乳）
脂肪｜33%

地圖：202-203 頁

葛耶爾（greuilh，或稱 breuil）是農場乳酪，質地輕盈呈砂狀，因有酸味而風味清爽。名稱來自土話「grulh」，意思是「凝塊」。在其原產地的夏季，習俗上會搭配極甜的咖啡或是亞馬邑（白蘭地）品嘗。在巴斯克地區，葛耶爾叫做 zenbera，該地區較喜歡搭配黑櫻桃果醬食用。

黑森手工乳酪／HESSISCHER HANDKÄSE（**德國**，黑森）

IGP
自
2010

乳源│牛乳（巴斯德殺菌法）
重量│20至125公克
脂肪│32%

地圖：218-219 頁

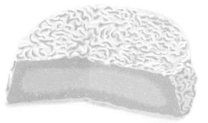

這款迷你餅狀乳酪由手工製作（hand 在德語中意指「手」，käse 則是「乳酪」），表面光滑。外觀富光澤，呈金黃色到紅褐色，甚至黃色。風味方面，其口感柔軟緊實，帶出強勁、辛香料氣息與些許辣口感。這款乳清乳酪也可以洗皮，稱為「gelbkäse」，這個版本的氣味強烈許多。

馬努利乳酪／MANOURI（**希臘**，色薩利、馬其頓）

AOP
自
1996

乳源│綿羊乳和／或山羊乳（巴斯德殺菌法）
尺寸│直徑：10至12公分；厚度：20至30公分
重量│800公克至1.1公斤
脂肪│36%

地圖：226-227 頁

製作馬努利時，待凝乳成形便加入（山羊或綿羊）乳汁或鮮奶油。這款乳酪緊實，但入口後柔滑綿潤，帶乳香和少許酸度與清爽感受。製程中，禁止使用色素、防腐劑或抗生素。

綿羊之雪乳酪／NEIGE DE BREBIS（**加拿大**，魁北克）

乳源│綿羊乳（巴斯德殺菌法）
重量│250公克
脂肪│33%

地圖：230-231 頁

製造這款乳酪的農場（位在中央魁北克省的聖艾蓮德雀斯特 La Moutonnière 農場）會貼上標章，確保其成品的品質，以及家畜的食物和其飼育條件。製作乳酪的過程也格外用心，綿羊之雪口味溫潤帶酸度，質地濃郁布滿小孔。

尼海姆乳酪／NIEHEIMER KÄSE（**德國**，北萊因－西發利亞）

IGP
自
2010

乳源｜牛乳（巴斯德殺菌法）
尺寸｜直徑：4 至 4.5 公分；
厚度：2 至 2.5 公分
重量｜32 至 37 公克
脂肪｜28%

地圖：218-219 頁

這款乳酪的外皮光滑，呈黃色到灰綠色。有時候會以蛇麻葉包起。內芯緊密，布滿葛縷子（帶香氣的小種子）。尼海姆乳酪質地紮實（甚至相當硬），風味強烈辛辣，常刨片或刨絲享用。有趣的是，對 IGP 產品而言，製作這款乳酪的乳汁和乾凝乳並沒有強制來自位於尼海姆市鎮（Nieheim）的生產地區。

瑞克特乳酪／RECUITE（**法國**，歐西坦尼）

乳源｜綿羊乳（生乳）
重量｜400 公克
脂肪｜12%

地圖：202-203 頁

瑞克特又稱為 recuècha 或 recuòcha，兩個名稱皆來自胡耶加語（rouergat，朗格多克的方言）。表面雪白，閃亮濕潤，這款來自阿維隆的乳酪質地緊實柔滑。入口後帶乳香和酸香氣息。

坎佩納水牛瑞可塔乳酪／RICOTTA DI BUFALA CAMPANA（**義大利**，坎佩尼亞、拉吉歐、莫利塞、普利亞）

AOP
自
2010

乳源｜水牛乳（生乳、熱化殺菌法或巴斯德殺菌法）
重量｜至多 2 公斤
脂肪｜12%

地圖：212-215 頁

坎佩納水牛瑞可塔有兩種：fresca（新鮮）或 fresca omogeneizzata（新鮮均質）。後者的版本是稍微加熱的瑞可塔，能保存至多 21 天。至於新鮮瑞可塔，只能保存 7 天。瑞可塔使用水牛莫札瑞拉剩下的乳清製作而成，色澤為瓷白，極富光澤。質地綿軟略帶顆粒（顆粒入口即化）。風味清爽，帶酸味且綿滑。

羅馬諾瑞可塔乳酪╱ RICOTTA ROMANA（義大利，拉吉歐）

AOP
自
2005

乳源｜綿羊乳（生乳或巴斯德殺菌法）
重量｜至多2公斤
脂肪｜12%

地圖：212-213 頁

羅馬諾瑞可塔從很久以前便存在於拉吉歐，不過奇怪的是，最早的文字記載卻出現在 1920 年代。這款乳酪登記在農業、手工業公會，以及其製造地區的義大利公會。其質地帶綿軟的顆粒。入口後是綿羊乳的酸香，然後浮現濃郁的溫潤口感和清爽感受。

塞哈克乳酪╱ SÉRAC（法國，布根地－法蘭什－康堤）

乳源｜牛乳、山羊乳或綿羊乳
（巴斯德殺菌法）
脂肪｜15%

地圖：198-199 頁

過去這款乳酪是以製作兩款壓製熟乳酪——康堤和格律耶爾——所剩下的乳清製造而成。乳清有時候會加入脫脂乳或酪乳。塞哈克是緊實綿滑的乳酪，口感清爽。也可以煙燻，展現更多個性的同時也能保留漂亮的酸度。

sérac 源自薩瓦的穆提耶（Moûtiers），在國界另一邊的瑞士也有生產，名叫 Ziger。

克里特乳清乳酪╱ XYNOMYZITHRA KRITIS（希臘，克里特）

AOP
自
1996

乳源｜綿羊乳和╱或山羊乳
（巴斯德殺菌法）
脂肪｜35%

地圖：226-227 頁

此乳酪是以克里特格拉維亞（見 159 頁）或克里特科伐洛提（kefalotýri kritis）剩下的乳清，再加入綿羊乳或山羊乳，或兩者兼有。質地柔軟，風味帶有迷人酸度。用來製作這款乳酪的綿羊品種（斯伐基亞）幾乎只在克里特島見到。

03 天然外皮軟質乳酪

這個家族充滿山羊乳酪！除了巴儂，所有這些乳酪都是乳酸凝乳，入口後的主要特色為一絲酸味。即便今日這些乳酪全年都有生產，但最好還是在 3 月和 10 月之間品嚐，才能充分享受其美味。

阿加特乳酪／AGATE（**加拿大**，魁北克）

乳源 | 山羊乳（巴斯德殺菌法）
尺寸 | 直徑：4 至 5 公分；
厚度 | 3 至 4 公分
重量 | 60 公克
脂肪 | 22%

地圖：230-231 頁

這款乳酪由 2004 年定居在魁北克的比利時人 Aagje Denys 製造。她實行有機農法，也將有機原則應用在乳酪上。阿加特是農場乳酪，質地均勻柔潤。外皮細嫩柔軟，某些地方會有藍色小斑點。入口後充滿山羊香氣，但不會過於強烈，整體的平衡度相當漂亮。

巴儂乳酪／BANON（**法國**，普羅旺斯－阿爾卑斯－蔚藍海岸）

AOC 自 2003	AOP 自 2007

乳源 | 山羊乳（生乳）
尺寸 | 直徑：7.5 至 8.5 公分；
厚度 | 2 至 3 公分
重量 | 90 至 110 公克
脂肪 | 21%

地圖：200-201 頁

這是普羅旺斯的代表性乳酪，1270 年在巴儂（Banon）和聖克里斯托（Saint-Christol）村落的文獻中初次被提及。餅狀巴儂熟成得恰到好處，略帶褐色和米色，質地綿柔滑潤。鼻聞可感受到山羊和森林地面氣息。入口後，葉片的單寧為山羊乳特有的酸度更添特色。

這款乳酪可以泡進葡萄酒渣或蒸餾酒，然後再以風乾的栗子葉包起。葉片浸濕有三種方法：放入滾水，放入加 5% 醋的滾水，或是加 5% 醋的水中。

珠寶乳酪／ BIJOU（**美國**，佛蒙特）

乳源｜山羊乳（巴斯德殺菌法）
尺寸｜直徑：5公分；厚度：3公分
重量｜40公克
脂肪｜22%

地圖：230-231 頁

此為小型半乾乳酪，表面長滿絨毛（帶有白地黴），如慕斯般入口即化，帶有山羊乳酪的清新和特有酸味。珠寶乳酪在美國的乳酪品嚐大會上獲獎無數。

加汀木塞乳酪／ BONDE DE GÂTINE（**法國**，新阿基坦）

乳源｜山羊乳（生乳）
尺寸｜直徑5至6公分；
厚度：5至6公分
重量｜140 至 160 公克
脂肪｜22%

地圖：204-205 頁

這款略帶煤灰色的乳酪來自加汀（Gâtine，普瓦圖－夏朗德）地區，外皮之下是美麗的奶油狀（外皮之下的滑潤狀態有如奶油），內芯是白色，質地呈白堊狀又柔潤。入口後的尾韻在山羊風味之外，還有鹹味、酸味，以及一絲榛果風味。這款乳酪形似用來塞住木桶的塞子，因而得名。

好好吃乳酪／ BONNE BOUCHE（**美國**，佛蒙特）

乳源｜山羊乳（巴斯德殺菌法）
尺寸｜直徑10公分；厚度：3公分
重量｜200公克
脂肪｜22%

地圖：230-231 頁

這款灰白色乳酪，無論顏色、質地或風味，皆令人想起杜蘭的乳酪。入口風味混合了山羊、榛果風味和乳香。為了讓外皮長滿絨毛、更令人胃口大開，製造者會在乳酪表面灑滿白地黴。完成品有細緻的綿柔外皮，帶灰藍色光澤。

布里吉之井乳酪／ BRIGID'S WELL （澳洲，維多利亞）

乳源｜山羊乳（生乳）
尺寸｜直徑15公分；
厚度：5公分
重量｜650公克
脂肪｜27%

地圖：232-233 頁

這款乳酪由 Holy Goat Cheese 農場生產，他們致力於有機與友善環境責任農業。布里吉之井是漂亮的灰色環狀乳酪，外皮皺起，質地綿柔。風味較清爽，帶有榛果和柑橘香氣。

卡塔爾 ® 乳酪／ CATHARE® （法國，歐西坦尼）

乳源｜山羊乳（生乳）
尺寸｜直徑12.5公分；
厚度：1.2 至 1.15 公分
重量｜180公克
脂肪｜23%

地圖：200-201 頁

這款餅狀乳酪上有代表歐西坦十字，是生產地區歐西坦尼的象徵。外皮柔嫩，內芯濃郁，口感清爽。入口後逐漸浮現山羊風味，但不過於強烈。CATHARE® 是註冊商標乳酪，確保乳品架上的是正宗真品。

瑟瑞德溫乳酪／ CERIDWEN （澳洲，維多利亞）

乳源｜山羊乳（巴斯德殺菌法）
尺寸｜直徑4公分；
厚度：8公分
重量｜90公克
脂肪｜22%

地圖：232-233 頁

這款乳酪外表塗滿炭灰（炭灰來自葡萄藤灰燼），是小巧的圓柱形，脆口又軟嫩，內芯柔滑，帶有山羊乳的酸度和清爽感，同時保留漂亮的強勁風味，並帶有細緻的蕈菇風味。瑟瑞德溫乳酪使用植物性凝乳酶，很適合奶蛋素食者。

普瓦圖夏畢舒乳酪／ CHABICHOU DU POITOU （**法國**，新阿基坦）

	AOC 自 1990	AOP 自 1996

乳源｜山羊乳（生乳）
尺寸｜直徑5公分；
厚度：6公分
重量｜120公克
脂肪｜21%

地圖：204-205 頁

夏畢舒乳酪成形的模具上刻有「CdP」字母，在完成的乳酪上可以見到。外型是圓錐狀，有漂亮的皺摺外皮，帶有象牙色、綠色和藍色光澤。手指按壓可感受到外皮下方的柔潤甚至乳霜狀質地。切開後，乳酪內芯是光滑的白色。入口後是山羊乳代表性的清爽感，接著浮現乾草和細緻的榛果風味。普瓦圖夏畢舒乳酪擁有 AOP，不過必須了解各個生產者，因為品質和來源（手工、農場、工業）不盡相同。

「Chabichou」一詞來自阿拉伯語的 chebli，意思是「山羊」，證明七世紀和八世紀時普瓦圖地區有阿拉伯人。

夏洛萊乳酪／ CHAROLAIS （**法國**，布根地－法蘭什－康堤、奧維涅－隆河－阿爾卑斯）

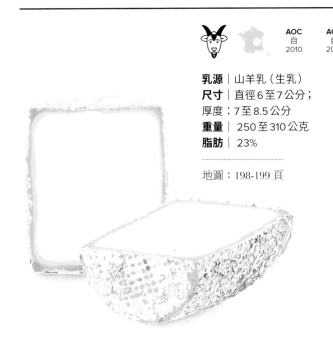

	AOC 自 2010	AOP 自 2014

乳源｜山羊乳（生乳）
尺寸｜直徑6至7公分；
厚度：7至8.5公分
重量｜250至310公克
脂肪｜23%

地圖：198-199 頁

這款乳酪的來源可追溯至十六世紀。除了和牛隻一同飼養，山羊乳酪也可餵飽窮困的家庭。當時山羊也被稱為「窮人的乳牛」，因為山羊不需要太多食物就能產乳，因而也能生產乳酪。夏洛萊非常濃郁，需要 2 至 2.5 公升的乳汁才能製作出 250 公克的乳酪呢！外皮凹凸不平，顏色從綠色、黃色到藍色皆有。切開後，內芯宛如大理石，表示凝乳從瀝水過程到形成乳酪的過程極緩慢。滋味強勁，帶有植物氣息、堅果和奶油風味。由於質地紮實，夏洛萊可以長時間保存。

克拉比圖 ® 乳酪／ CLACBITOU® （**法國**，布根地－法蘭什－康堤、奧維涅－隆河－阿爾卑斯）

乳源｜山羊乳（生乳）
尺寸｜直徑6至7公分；
厚度｜7至8.5公分
重量｜250至310公克
脂肪｜23%

地圖：198-199 頁

克拉比圖 ® 是夏洛萊的近親，2.4 公升的山羊乳才能製成一塊乳酪。內芯雪白，質地緊密紮實。滋味帶有獨特的木質和榛果氣息。其紮實程度使得乳酪得以保存數週也不太會變質。在夏洛萊土話中，「clacbitou」的意思是「山羊乳酪」。早在 40 年前，La Racotière 農場就為這款乳酪註冊商標。

柯諾比克乳酪／ CORNEBIQUE （**加拿大**，魁北克）

乳源｜山羊乳
（巴斯德殺菌法）
尺寸｜直徑4.5公分；
厚度：8公分
重量｜150公克
脂肪｜22%

地圖：230-231 頁

這款乳酪由居住在中魁北克聖蘇菲－哈利法斯（Sainte-Sophie-d'Halifax）的 Mathieu 和 Raphaël Morin 製作，他們花了 2 年的時間尋找土地，最後帶著六十頭山羊落腳此處，主要為阿爾卑斯品種。柯諾比克與羅亞爾河谷地生產的山羊乳酪很相似，外皮有皺摺且柔嫩，略帶奶油狀。內芯呈白堊狀且清新，入口後細緻、清爽帶酸味，尾韻浮現蜂蜜風味。

洛什環狀 ® 乳酪／ COURONNE LOCHOISE® （**法國**，中央羅亞爾河）

乳源｜山羊乳（生乳）
尺寸｜直徑12公分；
厚度：3.5公分
重量｜170公克
脂肪｜23%

地圖：204-205 頁

這款乳酪在略帶皺褶的炭灰外皮之下，是乳霜狀的質地。內芯有如慕斯，入口後為乳香和清爽的風味，尾韻進一步浮現山羊乳的酸味。這款乳酪的名字是註冊商標，只有一座農場生產，品質掛保證。

夏維諾克魯坦乳酪／ CROTTIN DE CHAVIGNOL （**法國**，中央羅亞爾河）

| AOC 自 1976 | AOP 自 1996 |

乳源｜山羊乳（生乳）
尺寸｜直徑4至5公分；
厚度：3至4公分
重量｜60至110公克
脂肪｜22%

地圖：204-205 頁

「Crottin」一名來自貝里方言 crot，意思是「洞穴」。過去農民就是在

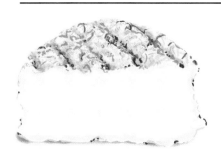

這些「洞穴」中採黏土，製作凝乳瀝水的乳酪模具，尤其是後來的夏維諾克魯坦。外皮乾燥時品嘗最佳，此時外皮和內芯會形成漂亮的界線。內部香氣滿溢；山羊風味、果香、青草香，還有榛果氣息！入口後質地乾卻柔嫩。刨片品嘗最理想。

黑古爾乳酪／ GOUR NOIR （**法國**，新阿基坦）

乳源｜山羊乳（生乳）
尺寸｜長度8至11公分；寬度：5至6公分；厚度：2.5至3公分
重量｜200公克
脂肪｜22%

地圖：202-203 頁

黑古爾於 1980 年代由 Arnaud 家族發明，從春天起帶有出色的細緻風味。口感有如濃郁的山羊慕斯包覆口腔，帶有酸度、清新感和青草風味。乳酪熟成較久時，慕斯會逐漸消失，轉為偏向奶油狀的質地，風味更加強烈但保有細緻度。

瑪貢內乳酪／ MÂCONNAIS （**法國**，布根地－法蘭什－康堤）

| AOC 自 2006 | AOP 自 2006 |

乳源｜山羊乳（生乳）
尺寸｜頂部直徑：4公分；底部直徑5公分；厚度：4公分
重量｜50至60公克
脂肪｜22%

地圖：198-199 頁

這款山羊乳酪一如許多其他類似的乳酪，是酒農的次要工作和收入補貼。其尺寸小巧，令人以為是質地乾、風味強的乳酪，不過事實上完全相反：瑪貢內的質地綿滑，口感清新，帶有細緻的堅果風味。瑪貢內無論新鮮或經過熟成，都帶有些許酸度。極乾燥時會表現出強勁的山羊風味。

葉片莫泰乳酪／ MOTHAIS-SUR-FEUILLE （**法國**，新阿基坦）

乳源｜山羊乳（生乳）
尺寸｜直徑10至12公分；
厚度：2至3公分
重量｜180至200公克
脂肪｜22%

地圖：204-205 頁

這款乳酪外皮色澤呈貝殼白和象牙色，帶有皺摺，偶爾帶有藍綠色光澤。質地柔軟，甚至連外皮都呈乳霜狀。內芯緊實柔滑，口感帶新鮮凝乳氣息。乳酪下方的栗子葉沒有象徵意義，目的是調節濕度。

穆拉札諾乳酪／ MURAZZANO （**義大利**，皮蒙）

AOP
自
1996

乳源｜綿羊乳（生乳）或牛乳（至多40%）＋綿羊乳（生乳）
尺寸｜直徑10至15公分；厚度：3至4公分
重量｜300至400公克
脂肪｜24%

地圖：210-211 頁

這款乳酪外皮薄，內部呈象牙白到淺麥桿色。鼻聞和口嘗時較偏新鮮帶酸味的乳酪，風味清爽，還有綿羊乳特有的細緻乾草氣息。傳統的品嘗方式是搭配「cugnà」，這是以蔬菜和葡萄汁製成的皮蒙酸甜醬

佩拉東乳酪／ PÉLARDON （**法國**，歐西坦尼、普羅旺斯－阿爾卑斯－蔚藍海岸）

AOC
自
2000

AOP
自
2001

乳源｜山羊乳（生乳）
尺寸｜直徑6至7公分；
厚度：2.2至2.7公分
重量｜60公克
脂肪｜22%

地圖：200-201 頁

這款乳酪源遠流長，公元一世紀的羅馬博物學家老普林尼（Pline l'Ancien）在書寫中曾提到「pélardou」，這個字衍生自「pèbre」，意思是「胡椒」（poivre）。佩拉東直到十九世紀才擁有現在的名字。這片小小的餅狀乳酪可以半乾或乾燥品嘗。半乾時，質地偏乳霜狀，甚至略呈流質，帶細緻的山羊和新鮮青草風味；乾燥時則浮現動物和榛果氣息。

佩雷卡巴斯乳酪／PÉRAIL DES CABASSES （**法國**，歐西坦尼）

乳源｜綿羊乳（生乳、熱化殺菌法或巴斯德殺菌法）
尺寸｜直徑8至10公分；厚度：2至2.5公分
重量｜100或150公克
脂肪｜25%

地圖：202-203 頁

這款乳酪有兩種尺寸，風味絕佳！外觀色澤從象牙白到米白色，表面有淺淺壓紋。口嘗一如鼻聞，這款乳酪帶有稻草和綿羊氣息、乾草和青草風味，還有隱約的鹹味。質地為乳霜狀，甚至略呈流質，容易塗抹。佩雷卡巴斯約有十二個農場製造商和三個乳製品製造商。

皮科東乳酪／PICODON （**法國**，奧維涅－隆河－阿爾卑斯）

AOC 自 1983　AOP 自 1990

乳源｜山羊乳（生乳）
尺寸｜直徑5至7公分；厚度：1.8至2.5公分
重量｜60公克
脂肪｜22%

地圖：200-201 頁

此乳酪源自多洛姆（Drôme）和阿爾代什（Ardèche）山脈的長久養殖傳統，「picodon」為奧西坦

語的「piquant」（辛辣），是冬季創造出的乳酪，該季節的山羊產乳量少，但足以製成能輕易保存過冬的小乳酪。其外皮為深米色帶點白色，有藍綠色光澤。乳酪完整時，帶有麥桿和潮濕地窖的氣味。切開後浮現乳酸氣息。隨著熟成時間拉長，質地從柔滑、緊實，甚至到硬碎。口嘗時帶有森林地面和榛果香氣。

普里尼－聖皮耶乳酪／POULIGNY-SAINT-PIERRE （**法國**，中央羅亞爾河）

AOC 自 1972　AOP 自 2009

乳源｜山羊乳（生乳）
尺寸｜底部直徑：9公分；頂部直徑：2公分；厚度：12.5公分
重量｜250公克
脂肪｜22%

地圖：204-205 頁

這是第一款獲得 AOP 的山羊乳酪，有兩種截然不同的熟成方式，白色熟成（布滿青黴和白地黴）帶酸味，略鹹且有山羊風味；藍色熟成（白色青黴菌，*Penicillium* album）質地較緊實，風味強勁，帶有榛果氣息。綠標代表農場製造商，紅標代表乳製品商、手工和工業製造商。

孔德里奧乳清乳酪／RIGOTTE DE CONDRIEU（**法國**，奧維涅－隆河－阿爾卑斯）

| AOC 自 2009 | AOP 自 2013 |

乳源｜山羊乳（生乳）
尺寸｜直徑：4.2至5公分；
厚度：1.9至2.4公分
重量｜至多30公克
脂肪｜21%

地圖：198-199 頁

其名稱來自「rigol」或「rigot」，意指比拉山（massif du Pilat）斜

坡奔流而下的無數小溪，此乳酪正是在這裡製造的。十九世紀時，孔德里奧是這款乳清乳酪的主要商業市場，尺寸雖小，卻是了不起的乳酪呢！外觀上，象牙色表皮帶有些許藍色和／或綠色斑點。鼻聞時散發花香和山羊氣息。內芯纖細，質地緊實柔滑，帶榛果香氣，是非常細緻的乳酪。

洛卡維拉諾洛比歐拉乳酪／ROBIOLA DI ROCCAVERANO（**義大利**，皮蒙）

| AOP 自 1996 |

乳源｜山羊乳（最多50%）、
牛乳和綿羊乳（生乳）
尺寸｜直徑：10至14公分；
厚度：2.5至4公分
重量｜至多250至400公克
脂肪｜23%

地圖：210-211 頁

這款乳酪幾乎沒有外皮，內部為白色，入口即化，留下溫潤的豐美滋味，帶花香、山羊和榛果氣息。包裝上必須要有「R」字樣（褐色大寫）以及圓圈，代表洛卡維拉諾市鎮。在「R」的孔中畫有一個乳酪模具，字母的腿部則有綠色和淺黃色的裝飾，代表生產洛卡維拉諾洛比歐拉乳酪的省分朗加（Langa）的草原和山坡。

洛凱卡巴斯乳酪／ROCAILLOU DES CABASSES（**法國**，歐西坦尼）

乳源｜綿羊乳（生乳）
尺寸｜直徑：5.5公分；
厚度：2.5至2.8公分
重量｜80公克
脂肪｜19%

地圖：202-203 頁

此乳酪和佩雷卡巴斯（63頁）來自同一個農場，不過洛凱的尺寸更小，風味偏向麥桿和乾草氣息。尾韻帶有些許短暫的胡椒味。至於質地，外皮緊實柔潤，內芯偏乳霜狀。

侯卡莫杜爾乳酪／ROCAMADOUR （**法國**，新阿基坦、歐西坦尼）

AOC 自 1996

AOP 自 1999

乳源｜山羊乳（生乳）
尺寸｜直徑：6公分；
厚度：1.6公分
重量｜35公克
脂肪｜22.5%

地圖：202-203 頁

此乳酪又稱為「侯卡莫杜爾卡貝庫」（cabécou de Rocamadour），中世紀時曾做為交易貨幣，是凱爾西石灰岩高原（causses du Quercy）最古老的農產之一。「Cabécou」一字在歐西坦語中意指「山羊小乳酪」，集合此地區製作的山羊乳酪家族，不過只有侯卡莫杜爾獲得 AOP。

這款餅狀小乳酪年輕時外皮是象牙色，有些許條紋壓痕且柔軟；乾燥後外皮轉黃變緊實。鼻聞帶有鮮奶油和麥桿香氣。滋味溫潤口感濃郁，帶有酸味、山羊和榛果風味。乾燥後風味較強烈，甚至帶辛辣感。

洛基的洛比歐拉乳酪／ROCKET'S ROBIOLA （**美國**，北卡羅萊納）

乳源｜牛乳（巴斯德殺菌法）
尺寸｜邊長10公分的方形；
厚度：3.8公分
重量｜340公克
脂肪｜22%

地圖：228-229 頁

Genke 家族是第一代農場主和乳酪製作者，從 2015 年開始製作洛基的洛比歐拉。這款乳酪外皮塗炭灰，質地柔軟呈乳霜狀。入口帶杏仁和新鮮蕈菇氣息，然後逐漸轉為酸味和乳酸風味。

塔恩圓片乳酪／ROUELLE DU TARN （**法國**，歐西坦尼）

乳源｜山羊乳（生乳）
尺寸｜直徑：10公分；
厚度：3.5公分
重量｜250公克
脂肪｜21%

地圖：202-203 頁

這款乳酪由位在沛恩市鎮（commune de Penne，位於塔恩）的 Le Pic 乳酪坊製作，外皮塗滿炭灰，手指觸感柔軟，入口綿滑。風味偏清爽，散發山羊、花朵和植物香氣。尾韻浮現淡淡酸味和鹹味。

百里香洛夫乳酪／ ROVETHYM （**法國**，普羅旺斯－阿爾卑斯－蔚藍海岸）

乳源｜山羊乳（生乳）
尺寸｜長度：7公分；寬度：3公分；厚度：2.5公分
重量｜100公克
脂肪｜22%

地圖：200-201 頁

百里香洛夫（又稱 thymtamarre）的米白色表皮下藏著奶油狀緊實柔滑的內芯，入口即化，散發酸味、青草和花香調。是一款予人晴朗感受的乳酪。

百里香洛夫乳酪如其名：「洛夫」是製作此乳酪必要的山羊品種；「百里香」則是放在中央的枝條，增添風味！

白蹄乳酪／ SABOT DE BLANCHETTE （**加拿大**，魁北克）

乳源｜山羊乳（巴斯德殺菌法）
尺寸｜底部直徑7.5公分；頂部直徑：5公分；厚度：3.8公分
重量｜150公克
脂肪｜19%

地圖：230-231 頁

這款乳酪的生產者 Fabienne Mathieu 和 Frédéric Guitels 是道地的瑞士人和諾曼地人，他們的農場就叫做……諾曼地瑞士（La Suisse normande）！白蹄乳酪疙瘩狀的外皮下是雪白綿軟的乳酪，外皮下呈乳霜狀，中心則呈白堊狀。滋味方面，主要為清爽的山羊風味，帶有乳酸、酸味和花香尾韻。

杜蘭聖莫爾乳酪／ SAINTE-MAURE DE TOURAINE （**法國**，中央羅亞爾河）

AOC
自
1990

AOP
自
1996

乳源｜山羊乳（生乳）
尺寸｜一端直徑：6.5公分；另一端直徑：4.8公分；長度：28公分
重量｜250公克
脂肪｜22%

地圖：204-205 頁

穿過中心的麥桿是用來支撐乳酪的，麥桿上有雷射刻出的標號，可藉此辨認乳酪的來源。

根據歷史，這款乳酪是公元八世紀間被囚禁的薩拉森人教導聖莫爾（Sainte-Maure）居民所製作的。塗滿炭灰的外皮和雪白的內芯形成強烈對比。帶森林地面和蕈菇的氣味與夏季乾草香氣或散發秋季的榛果氣息，都讓這款乳酪獨樹一格。外皮下方形成奶油狀時，正是最理想的品嘗時刻。

聖馬瑟蘭乳酪／SAINT-MARCELLIN（**法國，奧維涅－隆河－阿爾卑斯**）

IGP
自
2013

乳源｜牛乳（生乳或熱化殺菌法）
尺寸｜直徑：6.5至8公分；
厚度：2至2.5公分
重量｜至多80公克
脂肪｜24%

地圖：200-201 頁

過去這款乳酪是以山羊乳，或是混合山羊乳和牛乳製作。最早提及聖馬瑟蘭乳酪的文獻，可溯及十五世紀國王路易十一的財務紀錄表。這代表聖馬瑟蘭乳酪當年已經送往杜蘭和巴黎。但是直到十九世紀，多虧路易－菲利普（Louis Philippe）的內政大臣奧古斯都·卡西米－佩利耶（Auguste Casimir-Perrier）在1863年品嘗後宣布：「真是太美味了！每個禮拜都給我送到城堡來吧！」，聖馬瑟蘭才廣受一般人喜愛。這個小小乳酪現在以牛乳製作，外皮有漂亮的白黴，色澤從乳白、米色到灰藍色。內部光滑均勻，某些地方帶有小孔。質地柔滑，風味直接均勻，帶有乳酸、榛果、蜂蜜和些許鹹味。

達馬利聖尼可拉乳酪／SAINT-NICOLAS DE LA DALMERIE（**法國，歐西坦尼**）

乳源｜綿羊乳（生乳）
尺寸｜長度：9公分；寬度：
3公分；厚度：2.5公分
重量｜140公克
脂肪｜24%

地圖：200-201 頁

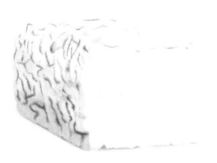

這款乳酪原本以山羊乳製作，不過製作乳酪的東正教修士改了使用的家畜。

這款乳酪呈白色長條狀，略帶條紋的外皮散發法國南部的氣息：百里香、迷迭香和畜棚的香氣。入口後，質地緊實柔細（有時帶乳霜感），散發新鮮綿羊乳、乾草、麥桿和新鮮香草的風味。超過10年間（當時使用山羊乳），達馬利聖尼可拉一度只在法國航空公司 UTA 販售，直到1990年公司關閉。

謝爾塞勒乳酪／ SELLES-SUR-CHER （**法國**，中央羅亞爾河）

AOC
自
1975

AOC
自
1996

乳源｜山羊乳（生乳）
尺寸｜底部直徑：9公分；頂部
直徑：8.5公分；厚度：3公分
重量｜150公克
脂肪｜22%

地圖：204-205 頁

這款乳酪起初是由女性製作，提供給農場食用。但是到了十九世紀末，「家禽批發商」（coquetier）連同其他農莊的農產，一起收購這款乳酪，然後轉賣至該地區的主要中心，也就是謝爾河畔塞勒（Selles-sur-Cher）。謝爾塞勒乳酪塗滿植物炭灰，因此外表色澤是還算均勻的灰藍色。表皮起皺，內芯是略暗的象牙白，質地緊實柔細，略呈膏狀。鼻聞時帶

有畜棚、新鮮香草和蕈菇氣息。入口後，榛果氣息、鹹味、酸味和苦味達到漂亮的平衡。尾韻清爽，略帶一絲苦味。

就是綿羊乳酪／ SIMPLY SHEEP （**美國**，紐約）

乳源｜綿羊乳（巴斯德殺菌法）
尺寸｜直徑：7.6公分；
厚度：3.2至3.5公分
重量｜225公克
脂肪｜21%

地圖：230-231 頁

製造這款乳酪的農場彷彿家畜的聖地。農場經營者 Lorraine Lambiase 和 Sheila Flanagan 非常注重動物的身心健康，實踐有機農業。在美國少數以綿羊乳製作的乳酪中，就是綿羊乳酪鼻聞帶有潮濕地窖和新鮮酵母的氣息。入口後是奶油和乳酸口感，尾韻浮現一絲隱約的酸味。

夏朗鼴鼠窩 ® 乳酪／ TAUPINIÈRE CHARENTAISE® （**法國**，新阿基坦）

乳源｜山羊乳（生乳）
尺寸｜底部直徑：9公分；
厚度：5公分
重量｜270公克
脂肪｜23%

地圖：204-205 頁

這款乳酪的圓頂令人聯想到鼴鼠挖出的土堆，外表塗滿灰藍色炭灰，略可窺見表皮底下的細緻內芯。入口後浮現酸味和山羊氣息，還有榛果與森林地表風味。夏朗鼴鼠窩 ® 乳酪由乳酪店 Jousseaume 註冊商標，目的是希望減少偽造品，確保乳酪的優良品質。

凡塔度松露乳酪／ TRUFFE DE VENTADOUR （**法國**，新阿基坦）

乳源｜山羊乳（生乳）
尺寸｜底部直徑：10公分；
厚度：7至8公分
重量｜350公克
脂肪｜24%

地圖：202-203 頁

凡塔度松露乳酪來自科雷茲（Corrèze），外表塗滿炭灰，色澤為灰黑到灰藍色，是山羊乳酪，外型令人印象深刻。鼻聞時帶有山羊乳、新鮮香草和潮濕的森林地面香氣。切開後露出略帶淺黃的白色內部。入口質地柔滑，散發清爽的山羊風味，完美結合乳酸和青草氣息。

瓦倫賽乳酪／ VALENÇAY （**法國**，中央羅亞爾河）

| AOC
自
1998 | AOP
自
2004 |

乳源｜山羊乳（生乳）
尺寸｜底部直徑：7至8公分；
頂部直徑：4至5公分；厚度：
6至7公分
重量｜200至300公克
脂肪｜22%

地圖：204-205 頁

傳說這款乳酪最早是細窄、有尖頂的金字塔形，就像吉薩的金字塔。同一則傳說也說瓦倫賽的城堡主人塔列朗（Talleyrand）要求將這款乳酪「砍頭」，以免讓要造訪城堡的拿破崙想到在埃及吃的敗仗。於是瓦倫賽乳酪就成了現在的造型……

另一個較可信的故事是，這款乳酪模仿勒夫魯（Levroux）村中教堂鐘塔的造型，因為乳酪就是在教堂誕生的。瓦倫賽乳酪以全脂生乳製作，外表塗滿木炭灰。鼻聞帶有山羊氣息和花香。入口後，內部細緻濃郁，散發乳酸、酸味、剪下的乾草和堅果香氣。

AOP Valençay 是乳酪和葡萄酒的法定產區保護（AOP）。

04 白黴外皮軟質乳酪

這個乳酪家族特色，就是外皮如絲絨，質地柔軟滑潤，帶蕈菇、森林地面、乳香，甚至鮮奶油的香氣！
這些乳酪全年皆可品嘗，搭配清爽型紅酒、白酒或氣泡酒，甚至氣泡蘋果或梨子酒都很適合。

老城山羊乳酪／ALTENBURGER ZIEGENKÄSE （德國，薩克斯、圖林根）

AOP
自
1997

乳源｜山羊乳（至多15%）和牛乳（生乳）
尺寸｜直徑：10至11公分；厚度：3至4公分
重量｜250公克
脂肪｜23%

地圖：218-219 頁

這款乳酪柔軟滑潤，風味較溫和清爽。山羊乳為尾韻增添清新感和一絲酸味。製造商有時候會在乳酪中加入孜然籽。

班特河乳酪／BENT RIVER （美國，明尼蘇達）

乳源｜牛乳（巴斯德殺菌法）
尺寸｜直徑：11公分；厚度：5公分
重量｜370公克
脂肪｜25%

地圖：228-229 頁

Keith Adams 在加州的生意失敗後，於 2008 年在明尼蘇達創立阿勒馬農場（Alemar），開始製造乳酪，而且大受歡迎！班特河乳酪質地柔軟，散發潮濕地窖和森林地面氣息。入口後是奶油般口感和乳酸風味，還有蕈菇香氣。

邦切斯特乳酪／BONCHESTER CHEESE （英國，蘇格蘭、邊界）

AOP
自
1996

乳源｜牛乳（生乳）
尺寸｜直徑：35公分；厚度：3公分
重量｜2.8至3公斤
脂肪｜24%

地圖：216-217 頁

1980 年，邦切斯特乳酪於蘇格蘭靠近英格蘭的邊界一處名叫 Easter Weens 的農場誕生。這款乳酪溫和柔潤，內芯帶淺黃色澤。入口後，乳香和乳霜質地滿盈，最後留下來自外皮的淡淡酸味尾韻。

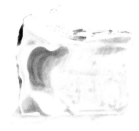

貝斯洛乳酪／ BRESLOIS （**法國，諾曼地**）

乳源｜牛乳（生乳）
尺寸｜直徑：7 公分；
厚度｜7.5 公分
重量｜240 公克
脂肪｜20%

地圖：194-195 頁

1990 年，Villiers 女士在自家的同名農場創造出這款乳酪。貝斯洛無論造型或風味，都令人想到夏烏斯。不過貝斯洛的內芯較少白堊感，也較不乾；此外，在外皮之下，它也比來自香檳區的夏烏斯更柔滑。不過入口後，貝斯洛帶有同樣的酸度和清爽感。

莫城布里乳酪／ BRIE DE MEAUX （**法國**，法蘭西島、東部、布根地－佛朗什－康堤、中央羅亞爾河）

AOC 自 1980	AOP 自 1992

乳源｜牛乳（生乳）
尺寸｜直徑：37 公分；
厚度｜3.5 公分
重量｜2.5 至 3 公斤
脂肪｜23%

地圖：196-197 頁

1815 年，塔列朗在要重劃歐洲版圖的維也納大會上，舉辦乳酪大賽，而這款乳酪可是當年的「乳酪之王」呢。莫城布里乳酪也是「王者的乳酪」，因為廣受查理曼大帝、腓利二世（從香檳女伯爵布朗雪·納維爾處接收）、亨利四世、路易十六……等國王的喜愛。至於路易十四，他愛到想要每天都能吃到莫城布里，因此每個禮拜，五十輛馬車奔波往返於凡爾賽和莫城之間，為國王的餐桌提供補給，也讓賓客歡喜。莫城布里是最大型的白黴外皮軟質乳酪！

散發生鮮奶油和蘑菇香氣，質地柔軟豐盈，和切片的鄉村麵包是絕佳搭配！

默倫布里乳酪／ BRIE DE MELUN （**法國**，法蘭西島、東部、布根地－佛朗什－康堤）

AOC 自 1980	**AOP** 自 2013

乳源｜牛乳（生乳）
尺寸｜直徑：28公分；厚度：4公分
重量｜1.5 至 1.8 公斤
脂肪｜23%

地圖：196-197 頁

《拉封丹寓言》的〈烏鴉和狐狸〉（Le Corbeau et le Renard）故事中，烏鴉口中啣的乳酪，就是默倫布里乳酪。

默倫布里乳酪在高盧－羅馬時代就已經出現，很可能是最古老的布里乳酪，較莫城布里乳酪小巧且風味強烈許多（因為凝乳時間較長——達 18 小時，莫城布里則為 40 到 60 分鐘）。默倫布里的外皮有來自放在草袋上熟成的褐色和白色紋路。鼻聞時，有濃烈的泥土氣味，入口後富果香，不過主要以蕈菇風味為主。整體質地柔滑呈乳霜狀……

蒙特羅布里乳酪／ BRIE DE MONTEREAU （**法國**，法蘭西島）

乳源｜牛乳（生乳）
尺寸｜直徑：18 至 20公分；厚度：3公分
重量｜800公克
脂肪｜23%

地圖：196-197 頁

蒙特羅布里又名「聖賈克城」（ville-saint-jacques），和默倫布里很相似（側面不同）。這款乳酪須在地窖熟成 1 個月才取出，因此風味較強烈。鼻聞時，散發細緻的森林地面香氣。入口後主要風味為蕈菇、熱牛奶和苦味。

普羅凡布里乳酪／ BRIE DE PROVINS （**法國**，法蘭西島）

乳源｜牛乳（生乳）
尺寸｜直徑：27公分；厚度：4公分
重量｜1.8 公斤
脂肪｜20%

地圖：196-197 頁

這款古老的布里乳酪一度消失，直到 1979 年，多虧普羅凡的乳酪製造者 Jean Weissgerber 和 Jean Braure，普羅凡布里才浴火重生。他們甚至在法規中修改配方，以便註冊商標。現今這款農場乳酪僅在農產公司 Benjamin et Edmond de Rothschild 旗下的 Trente Arpents 酒莊生產。這款布里的白色表皮布滿從金黃到褐色的斑點或紋路。內

芯柔軟濃郁，散發蕈菇、潮濕地窖和森林地面氣味。至於風味強度，普羅凡布里介於莫城和默倫布里之間。

黑布里乳酪／ BRIE NOIR（**法國，法蘭西島**）

乳源｜牛乳（生乳）
尺寸｜直徑：30公分；
厚度：2公分
重量｜1.45公斤
脂肪｜23%

地圖：196-197頁

黑布里是最常販售到塞納－馬恩省（Seine-et-Marne）的歐陸乳酪，在非典型乳酪的愛好者中捲土重來。這款乳酪是出於製造者的經濟因素才誕生：其概念最初是為了避免丟棄受污染的莫城布里，於是農民將之保存數個月，接著在秋收和採收葡萄的季節給農工品嘗。彼時這些乳酪當然比莫城布里乳酪廉價。如今卻有越發矜貴的趨勢……莫城布里熟成18個月，甚至2年，就成了黑布里。外皮（為褐色而非黑色）頗厚，沒有剩下太多內芯，而且內部相當乾硬。這款極具個性的乳酪有動物風味，以及地窖和蕈菇氣息，保留漂亮的平衡感。

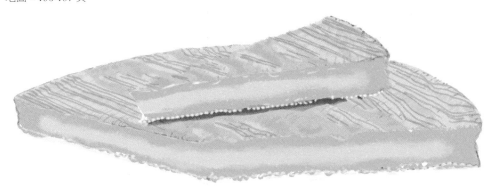

布里亞－薩瓦蘭乳酪／ BRILLAT-SAVARIN（**法國，法蘭西島、布根地－佛朗什－康堤**）

IGP
自
2017

乳源｜牛乳（生乳或巴斯德殺菌法）
和牛乳鮮奶油（巴斯德殺菌法）
尺寸｜小型：直徑：6至10公分；厚
度：3至6公分。
大型：直徑：11至14公分；厚度：4
至7公分
重量｜小型：100至250公克
大型：超過500公克
脂肪｜60%

地圖：196-197頁

這款乳酪1890年問世，由落腳諾曼地，靠近水邊佛瑞芝（Forges-les-Eaux）的Dubuc家族創造。布里亞－薩瓦蘭乳酪叫做「艾希爾索」（excelsior）或「美食家最愛 」（délice des gourmets）。1930年代由巴黎的乳酪製作者兼熟成師Henri Androuët將之重新取名，向尚‧安特爾姆‧布里亞－薩 瓦 蘭（Jean Anthelme Brillat-Savarin）致敬，他是律師、法官，更是美食家，著有《美味的饗宴》（*Physiologie du goût*，1825年出版）。這款乳酪來加入牛乳鮮奶油增濃的乳酸凝乳，因此風味溫和甜美、濃郁，甚至入口即化。鼻聞帶有奶油和鮮奶油香氣。入口後，濃郁的質地之外浮現淡淡鹹味和隱約的酸味，最後是鮮奶油與新鮮牛乳的風味。

水牛布里乳酪／ BUFFALO BRIE（**加拿大，英屬哥倫比亞**）

乳源｜水牛乳（巴斯德殺菌法）
尺寸｜直徑：10公分；
厚度｜2.5公分
重量｜200公克
脂肪｜24%

地圖：228-229 頁

這款乳酪來自加拿大西部的馬勒尼（Maleny），是北美洲少數以水牛乳製作的乳酪之一。一如其名稱指出，水牛布里很近似布里，但是水牛乳增添了溫潤滋味，比起蕈菇或森林地面的風味，乳香和奶油香氣更加鮮明。

諾曼地卡蒙貝爾乳酪／ CAMEMBERT DE NORMANDIE（**法國，諾曼地**）

AOC	AOP
自	自
1983	1996

乳源｜牛乳（生乳）
尺寸｜直徑：10至11公分；厚度：3至4公分
重量｜250公克
脂肪｜22%

地圖：194-195 頁

諾曼地卡蒙貝爾的名稱要歸功於 1867 年連結弗雷（Flers，位於諾曼地）和巴黎之間的鐵路竣工，接著 Eugène Ridel 和 Georges Leroy 在 1899 年發明了乳酪的盒子。第一次世界大戰時這款乳酪也同樣大受歡迎：1918 年，法國士兵們每個月收到超過一百萬個卡蒙貝爾，從前線歸來後，這些士兵在自己家鄉的城鎮雜貨店詢問這款乳酪。因此諾曼地卡蒙貝爾的名稱遂離開諾曼地小圈圈，向世界各地擴散，如今是全球需求量最高的乳酪之一。生牛乳製成的卡蒙貝爾表皮柔細，帶有紅褐色斑紋。熟成後，內芯轉為淺黃色，帶有豐盈的森林地面和蕈菇與泥土風味。卡蒙貝爾質地柔軟，帶乳香和酸度，還有森林腐葉和蕈菇香氣。若熟成時間拉長，也會浮現動物氣味。

自 2021 年起，僅剩下「諾曼地卡蒙貝爾」（camembert de Normandie）命名，不再使用工業乳酪貼標的「諾曼地製造之卡蒙貝爾」（camembert fabriqué en Normandie），以免造成混淆。
不過新法規減少諾曼地牛乳的分量（從 50% 降至 30%），並允許使用巴斯德殺菌法乳汁。但真正的「諾曼地卡蒙貝爾」，生產者會加上「正統」（authentique）、「真正」（véritable）或「傳統」（historique）等字樣。或許這又會造成新的混淆？

夏烏斯乳酪／ CHAOURCE（**法國**，法蘭西島、布根地－佛朗什－康堤、東部）

AOC 自 1970 　**AOP** 自 1996

乳源｜牛乳（生乳）
尺寸｜直徑：9至11公分；
厚度：5至7公分
重量｜250至450公克
脂肪｜23%

地圖：196-197 頁

同名村莊夏烏斯（Chaource）
的紋章上有兩隻貓和一隻熊！

這款乳酪最早的文字記載可溯及十二世紀，彼時夏烏斯村的農民將農產品寄給朗格勒主教。接著，到了十四世紀，查理四世（Charles le Bel）經過此區時品嘗了夏烏斯乳酪。路易十四的妻子布根地的瑪格麗特（Marguerite de Bourgogne）實在太喜愛夏烏斯，要求餐桌上一定要有這款乳酪。夏烏斯較諾曼地卡蒙貝爾厚，但較小，擁有細緻的白色柔軟白黴外皮。鼻聞時帶鮮奶油和蕈菇氣息。入口後，奶油與榛果風味以及果香挑動味蕾，尾韻清爽略帶鹹味，這滋味來自其特有的白堊狀中心。

庫利尼乳酪／ COOLEENEY（**愛爾蘭**，芒斯特）

乳源｜牛乳（巴斯德殺菌法）
尺寸｜直徑：10至30公分；
厚度：3至4公分
重量｜200公克至2.5公斤
脂肪｜25%

地圖：216-217 頁

1986 年，Breda Maher 創造出這款乳酪，她的農場距離瑟勒斯村（Thurles）不遠，就在蒂博雷里郡（comté de Tipperary）裡。庫利尼乳酪外觀平滑雪白，質地柔滑，帶木質和蕈菇氣息，由於採用弗里松品種（frisonne）牛乳，尾韻浮現清爽感。

庫洛米耶乳酪／ COULOMMIERS（**法國**，法蘭西島）

乳源｜牛乳（生乳或巴斯德殺菌法）
尺寸｜直徑：12.5至15公分；厚度：3至4公分
重量｜400至500公克
脂肪｜24%

地圖：196-197 頁

庫洛米耶的歷史悠久不輸布里乳酪，直到 1878 年世界博覽會，名氣才真正一飛沖天。嘗試過各種不同尺寸，最後才決定目前的造型。外觀上，表皮是白色，略帶條紋，布滿紅色小斑點。鼻聞主要為奶香。入口質地既綿柔又帶白堊感。風味方面，除了生鮮奶油氣味之外，還有酸味和乳香氣息。

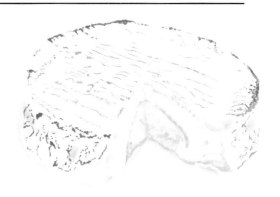

溫莫洛之沫乳酪／ÉCUME DE WIMEREUX （**法國，法蘭西島**）

乳源｜牛乳（生乳）和牛乳
鮮奶油（巴斯德殺菌法）
尺寸｜直徑：9公分；
厚度：5公分
重量｜200至250公克
脂肪｜30%

地圖：196-197 頁

二十世紀末，奧爾帕海岸（Côte d'Opale）的乳酪製作者－熟成者 Bernard 兄弟創造出這款乳酪，與布里亞－薩瓦蘭乳酪一樣，加入鮮奶油增添濃郁感。溫莫洛之沫在長滿細軟絨毛的白色表皮下，藏著極度綿柔溫潤的風味。這款乳酪入口即化，主要為乳香、奶油和鮮奶油氣息，尾韻帶有少許碘味，搔動味蕾。

恩卡拉乳酪／ENCALAT （**法國，歐西坦尼**）

乳源｜綿羊乳（熱化殺菌法）
尺寸｜直徑：10公分；
厚度：3至4公分
重量｜250公克
脂肪｜22%

地圖：202-203 頁

「Encalat」一字在過去意指阿維隆（Aveyron）和康塔爾（Cantal）夏季末生產的小型牛乳酪。然後這個字流傳到拉扎克（Larzac），接

著到了南部，如今意指個性鮮明但細緻的綿羊乳酪。恩卡拉是拉扎克牧羊人合作社（coopérative Les Bergers du Larzac）製造，於 1996 年由 André Parenti 所發明。外表很容易令人誤以為是諾曼地卡蒙貝爾，不過帶有麥桿和乾草氣息，氣味更鮮明。內芯質地同卡蒙貝爾，不過色澤更白。入口後散發乳香和酸味，然後逐漸轉為畜棚和麥桿香氣，最後留下綿羊乳風味的清爽尾韻。

戈爾那莫納乳酪／GORTNAMONA （**愛爾蘭，芒斯特**）

乳源｜山羊乳（巴斯德殺菌法）
尺寸｜直徑：10至30公分；
厚度：3至4公分
重量｜200公克至2.5公斤
脂肪｜22%

地圖：216-217 頁

這款乳酪一如庫利尼乳酪（見 75 頁），由 Breda Maher 製作。外觀上，戈爾那莫納的外皮為略帶紋路的白色。切開後會發現外皮較厚，保護富光澤的白色乳霜狀內芯。入口後是細緻的山羊風味、鹹味和酸味。熟成時間越長，乳酪風味越強烈，不過會失去細緻度。

格拉特派耶 ® 乳酪／GRATTE-PAILLE®（**法國**，法蘭西島）

乳源｜牛乳（生乳）和牛乳
鮮奶油（巴斯德殺菌法）
尺寸｜長度：8至10公分；
寬度：6至7公分；厚度：
6公分
重量｜300至350公克
脂肪｜60%

地圖：196-197 頁

這款乳酪於 1980 年代由乳酪製造商
Rouzaire 創造，名字來自一條兩旁
種滿灌木的小徑，馬車經過時會「扯
下」麥桿。這條道路過去位在冠名
地「Le Buisson Gratte-Paille」。格拉
特派耶 ® 乳酪加入鮮奶油增添濃郁
感，外皮是帶條紋的灰白色，底下
藏著漂亮的奶油狀內芯，風味是鮮
奶油和……奶油。中心較緊實，不
過仍保有入口即化的質地，帶有酸
味和奶油風味。

地平線乳酪／HORIZON（**澳洲**，維多利亞）

乳源｜山羊乳（巴斯德殺菌法）
尺寸｜直徑：7公分；
厚度：4公分
重量｜200公克
脂肪｜24%

地圖：232-233 頁

這款乳酪的製造商也為奶蛋素者製作乳
酪，這款圓柱形山羊乳酪的外皮介於白
色和灰色之間。內部有一條植物炭灰，
帶來一絲酸度和鹹味。這款乳酪主要為
森林地面、鮮奶油和奶油風味。山羊乳
為尾韻帶來美好的清爽感。

路庫路斯乳酪／LUCULLUS（**法國**，諾曼地）

乳源｜牛乳（生乳）和牛乳
鮮奶油（巴斯德殺菌法）
尺寸｜直徑：8至12公分；
厚度：4至5公分
重量｜225至450公克
脂肪｜23%

地圖：194-195 頁

路庫路斯乳酪主要在埃弗勒
（Évreux）市鎮周圍生產，加
入鮮奶油增添濃郁感。長滿白
黴的外皮質地細嫩柔滑。鼻聞
時帶有發酵和地窖氣息。入口
後浮現榛果、乳香和酸味。

新堡乳酪／ NEUFCHÂTEL （**法國，諾曼地**）

AOC	AOP
自	自
1969	1996

乳源｜牛乳（生乳）
尺寸｜圓木塞形：直徑：4.3至4.7；厚度：6.5公分。方形：邊長6.3至6.7公分；厚度：2.4公分。磚形：長6.8至7.2公分；寬度4.8至5.2公分；厚度3公分。大圓木塞形：直徑：5.6至6公分；厚度8公分。心形：中心到尖端：8至9公分；弧線到弧線：9.5至10.5公分；厚度3.2公分。大心形：中心到尖端：10至11公分；弧線到弧線：13.5至14.5公分；厚度5公分。
重量｜100至600公克
脂肪｜22%

地圖：194-195 頁

這款或許是諾曼地 AOP 乳酪中最鮮為人知，但無疑是最古老的！

1035 年就有文獻紀錄，古爾內的于格一世（Hugues 1er de Gournay，諾曼地公國的貴族）允諾希吉－布列（Sigy-en-Bray）收取乳酪什一稅：dîme des frometons。外觀上，這款乳酪外皮長滿光滑白黴，帶有些許稜角壓紋。熟成到最理想的狀態時，新堡乳酪的外皮下應有象牙色奶油狀質地，中心為白色細滑的白堊狀。尾韻帶有一絲碘味，留下迷人溫潤的乳香風味。

皮堤維耶乳酪／ PITHIVIERS （**法國，中央羅亞爾河**）

乳源｜牛乳（巴斯德殺菌法）
尺寸｜直徑：12公分；厚度：2.5公分
重量｜300公克
脂肪｜23%

地圖：196-197 頁

這款乳酪過去又稱為「邦德瓦」（bondaroy），在夏季製造，放進甘草中保存至秋季，以供農工在收成葡萄時食用。皮堤維耶乳酪外表的白黴帶有絨毛，觸感柔軟。熟成恰到好處時，質地為乳霜狀。鼻聞帶有乾草和蕈菇氣味。入口後，皮堤維耶帶有鮮明酸味以及鮮奶油和奶油風味。

聖菲利錫安乳酪／ SAINT-FÉLICIEN（**法國**，奧維涅－隆河－阿爾卑斯）

乳源｜牛乳（生乳或巴斯德殺菌法）
尺寸｜直徑：8至10公分；
厚度：1至1.5公分
重量｜90至120公克
脂肪｜28%

地圖：200-201 頁

這款乳酪最早是以山羊乳製作，不過現在僅以牛乳製造。聖菲利錫安與聖馬瑟蘭乳酪相當接近，不過聖菲利錫安較大，而且有時候加入鮮奶油增添濃郁感。外皮略微凹凸不平。鼻聞主要為鮮奶油香氣。質地入口即化（甚至略帶流質，這時可以湯匙享用），風味清爽，略帶動物氣息。

火山乳酪／ VOLCANO（**紐西蘭**，懷卡托）

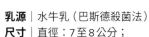

乳源｜水牛乳（巴斯德殺菌法）
尺寸｜直徑：7至8公分；
厚度：5公分
重量｜90至120公克
脂肪｜23%

地圖：232-233 頁

這款小巧的圓柱形乳酪非常稀有，因為每個月僅以水牛乳製作一次。火山乳酪在紐西蘭的乳酪品嘗大會獲得數次大獎。白色外皮帶象牙色光澤，緊實但柔嫩。中心為乳霜狀，入口風味清爽帶酸味，尾韻有一絲鮮奶油和鹹味，為這款乳酪的風味畫龍點睛。

烏拉麥之霧乳酪／ WOOLAMAI MIST（**澳洲**，維多利亞）

乳源｜綿羊乳（熱化殺菌法）
尺寸｜邊長10公分的方形；
厚度：3公分
重量｜250公克
脂肪｜24%

地圖：232-233 頁

外皮柔細帶脆感，散發森林地面和蕈菇氣息。內芯質地綿軟，放在室溫中時近乎流質。入口後主要為蕈菇風味，帶有一絲清爽的生鮮奶油氣息。

05 洗皮軟質乳酪

這些乳酪因為不斷擦洗外皮，氣味強烈，甚至臭氣沖天！但是不同於大家的想像，入口後的滋味並不像聞起來這麼濃烈。其質地柔軟，某些甚至呈流質。

阿卡辛卡乳酪／A CASINCA（**法國，科西嘉**）

乳源｜山羊乳（巴斯德殺菌法）
尺寸｜直徑：10公分；
厚度：3公分
重量｜350公克
脂肪｜27%

地圖：200-201 頁

阿卡辛卡和維納科乳酪（見 97 頁）是近親，由三十多位養殖者生產的山羊乳製作。外表呈橘色，類似大部分濃烈的洗皮軟質乳酪。此款乳酪年輕時風味溫和，清爽帶酸味，入口有淡淡的豬脂氣息。經過熟成後風味會變得濃烈許多。

阿爾高白乳酪／ALLGÄUER WEISSLACKER（**德國，巴德－符騰堡、巴伐利亞**）

AOP
自
2015

乳源｜牛乳（生乳或巴斯德殺菌法）
尺寸｜邊長11至13公分的方形
重量｜1至2公斤
脂肪｜23%

地圖：218-219 頁

阿爾高白乳酪是全世界第一款於1876 年獲（皇室）專利的乳酪。

由於連續擦洗，這款乳酪並沒有外皮，而是裹著一層液態物。外表色澤從白色到黃色，內部偏白，帶有入模或發酵而形成的小孔。阿爾高白乳酪的氣味強烈帶胡椒味。風味辛辣嗆口。

巴登諾乳酪／BADENNOIS（**法國，布列塔尼**）

乳源｜牛乳（生乳）
尺寸｜直徑：28公分；
厚度：5公分
重量｜2.3公斤
脂肪｜26%

地圖：194-195 頁

這款乳酪來自莫爾比昂（Morbihan，在凡恩西邊，位於巴登的村莊），外皮呈橘黃色，每 3 天以鹽水清洗，如此持續三至五週。金黃色的內芯帶奶油風味，有獨特的樹脂和動物氣息，尾韻是清爽的酸味。

貝費烏瑞度乳酪／ BEL FIURITU **（法國，科西嘉）**

乳源｜綿羊乳（巴斯德殺菌法）
尺寸｜直徑：10公分；
厚度：4公分
重量｜400公克
脂肪｜27%

地圖：200-201 頁

貝費烏瑞度一如阿卡辛卡（見前頁），皆來自上科西嘉，外皮的橘色較淺。風味爽口，帶有淡淡青草、鹹味和榛果氣息。若拉長熟成時間，柔細質地會變得更濃郁，但不過於強勁或辛辣。用於製造這款乳酪的綿羊皆為科西嘉品種。

波薩乳酪／ BOSSA **（美國，密蘇里）**

乳源｜綿羊乳（巴斯德殺菌法）
尺寸｜直徑：10公分；
厚度：2.5公分
重量｜150公克
脂肪｜24%

地圖：228-229 頁

波薩是極少數美國以綿羊乳製造的洗皮軟質乳酪。這款乳酪的氣味特色是潮濕地窖和蕈菇氣息。入口是柔潤（甚至呈流質）的質地，散發所有綿羊乳酪的特色和清爽氣息。秋天最適合品嚐波薩，因為正值這款乳酪特色最鮮明的時節。

走私乳酪／ CLANDESTIN **（加拿大，魁北克）**

乳源｜牛乳和綿羊乳
（巴斯德殺菌法）
尺寸｜直徑：15公分；
厚度：5公分
重量｜1.2公斤
脂肪｜27%

地圖：230-231 頁

這款乳酪的產地是加斯佩半島（Gaspésie）的農場，名稱源自此地「走私酒精飲料」曾是流通貨幣的歷史。走私乳酪於特米斯庫亞塔省（Témiscouata）中心製造，橘色外皮，米色內芯質地柔潤。入口後浮現麥稈和乾草氣息，然後是一絲鹹味。由於加入綿羊乳，這款乳酪風味鮮明，但是絕對不會過於濃烈。

黃金羅盤乳酪╱ COMPASS GOLD（澳洲，維多利亞）

乳源｜牛乳（巴斯德殺菌法）
尺寸｜長度：9公分；寬度：6公分；
厚度：2.5公分
重量｜180公克
脂肪｜26%

地圖：232-233 頁

這款乳酪在洗皮軟質乳酪類別中曾多次獲獎。黃金羅盤乳酪以娟姍牛品種的牛乳製造，每週以當地生產的淡啤酒擦洗外皮兩次。質地黏稠，散發酵母和潮濕地窖氣息。口感溫和帶乳香，接著風味逐漸變濃。

宏克白堊乳酪╱ CRAYEUX DE RONCQ（法國，上法蘭西）

乳源｜牛乳（生乳）
尺寸｜邊長10公分的方形；
厚度：4.5公分
重量｜480公克
脂肪｜27%

地圖：196-197 頁

這款乳酪的熟成時間較短時，又叫做「維納芝方乳酪」（carré de Vinage）。宏克白堊乳酪是 Philippe Olivier（熟成師、乳製品師）和維納芝農場（ferme de Vinage）乳酪製造者 Thérèse-Marie Couvreur 共同創作而成，農場位於里爾地區，靠近宏克（Roncq）。這款乳酪的獨特之處，在於成熟和熟成過程必須在潮濕但涼爽通風的地窖進行，並混合啤酒和水，定期擦洗外皮達 30 天。宏克白堊乳酪的氣味隱約細緻，表皮之

下的質地極柔潤，中心呈白堊狀，散發新鮮牛乳和酵母氣息，還有一絲酸味。

卡拉亞克綿滑乳酪╱ CRÉMEUX DE CARAYAC（法國，歐西坦尼）

乳源｜綿羊乳（生乳）
尺寸｜直徑：15公分；
厚度：3公分
重量｜300公克
脂肪｜26%

地圖：202-203 頁

卡拉亞克綿滑乳酪呈米色和灰色，外皮帶紋路，觸感偏乾。切開後，

白色內芯的質地柔潤滑軟，帶灰色光澤。入口風味混合了清爽感與植物和動物氣息，但是不會過於強勁。這款乳酪在洛特省（Lot）的費加克（Figeac）製造，細緻風味就是其最大特色。製造者 Gervaise 和 Denis Pradines 是有機農業的捍衛者，他們也生產番紅花，用來為他們的綿羊乾酪增添香氣和上色。

邱比特乳酪／ CUPIDON （**法國**，歐西坦尼）

乳源｜綿羊乳（生乳）
尺寸｜直徑：9公分；
厚度：3公分；
重量｜210公克
脂肪｜27%

地圖：202-203 頁

邱比特與金山乳酪（見88頁）或博日瓦雪杭（見96頁）的主要製法相同，由 Garros 大婦發明，他們的農場位於阿烈日省（Ariège）的盧比耶（Loubières）。這款小小的綿滑乳酪以清水擦洗外皮，以雲杉樹皮裹著周圍，散發單寧氣息。接著，由於採用帶酸味的綿羊乳，浮現花香和榛果氣息。邱比特乳酪不斷在粗獷和纖細之間尋求平衡，

在乳酪較年輕、外皮尚未過皺時品嘗較理想。

南特神父 ® 乳酪／ LE CURÉ NANTAIS® （**法國**，羅亞爾河地區）

乳源｜牛乳（巴斯德殺菌法）
尺寸｜邊長9公分的方形；
厚度：3公分
重量｜200公克
脂肪｜27%

地圖：204-205 頁

這款乳酪的誕生要歸功於一位在法國大革命期間逃離旺代（Vendéen）的修士。南特神父 ® 乳酪是註冊商標，如今屬於 Triballat Noyal 工業集團。其外皮帶有孔洞，以鹽水（有時以密絲卡岱白酒）每週擦洗兩次，持續 2 個月。內芯金黃柔潤，偶爾帶有些許孔洞。入口是清爽的牛乳香氣，接著散發煙燻豬脂和辛香料氣息。

這款圓角方形乳酪也有切塊（800公克）販售，或是整塊（200公克）販售的版本。

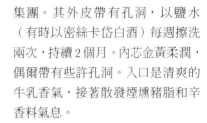

多維爾乳酪／ DEAUVILLE （**法國**，諾曼地）

乳源｜牛乳（熱化殺菌法）
尺寸｜直徑：15公分；
厚度：3.5公分
重量｜300公克
脂肪｜27%

地圖：194-195 頁

這款乳酪由 Serge Lechavelier 發明，很接近主教橋乳酪（見 91 頁），兩者的不同之處在於多維爾為圓形。過去這款乳酪是由多維爾西南方的杜爾傑維農場（ferme de Tourgéville）生產。雖然氣味強勁，質地卻綿軟光滑柔潤，風味帶有熱牛奶和鮮奶油氣息。

艾普瓦斯乳酪／ÉPOISSES（**法國，布根地－法蘭什－康堤**）

AOC 自 1991　**AOP** 自 1996

乳源｜牛乳（生乳或巴斯德殺菌法）
尺寸｜小型：直徑9至11.5公分；厚度3至4.5公分
大型：直徑16.5至19公分；厚度3至4.5公分
重量｜小型：250至350公克
大型：700公克至1公斤
脂肪｜27%

地圖：198-199 頁

十六世紀時，熙篤會修士發明艾普瓦斯，然後將這款乳酪的配方傳授給艾普瓦斯（Époisses）地區的農民，後者又將之改良。這款傳奇乳酪在二十世紀中葉一度瀕臨消失，不過在 Simone 和 Robert Berthaut 的努力下，艾普瓦斯浴火重生，如今是最後以乳酸凝乳製作的洗皮乳酪之一。其祕密在於以蒸餾酒和辛香料為凝乳增添香氣，然後以布根地酒渣擦洗表面。這麼做令外皮黏稠，而且臭氣十足（對某些乳酪外行人而言甚至令人作嘔呢！）。外表是磚紅或深橘色澤，散發動物氣息與森林地面氣息。口感濃郁，爆發出強烈的乳酸風味和果香。當乳酪已經熟成至擁有其特色，但又不過度強勁時，就是品嘗的最佳時機。

如今只剩下距離艾普瓦斯市鎮 65 公里處的栗子樹農場（ferme des Marronniers）還在生產農場艾普瓦斯。

銀河之金乳酪／GALACTIC GOLD（**紐西蘭，懷卡托**）

乳源｜牛乳（巴斯德殺菌法）
尺寸｜邊長19公分的方形；厚度：3公分
重量｜1公斤
脂肪｜27%

地圖：232-233 頁

外皮帶橘黃色澤，黏手觸感來自以清水定期擦洗（每2至3天）。鼻聞主要為潮濕地窖的氣息。入口後略帶辛辣風味，接著浮現較柔潤的口感。銀河之金獲得無數次紐西蘭的「年度最佳洗皮乳酪」頭銜。

大洛林乳酪／GROS LORRAIN（**法國，大東部**）

乳源｜牛乳（生乳）
尺寸｜直徑：33公分；
厚度：10公分
重量｜5公斤
脂肪｜27%

地圖：196-197 頁

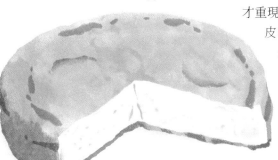

這款傑哈梅爾（Gérardmer）地區乳酪擁有百年歷史，由南錫（Nancy）的乳酪製造商兼熟成師 Philippe Marchand 與其兄弟復興。他在糧倉頂樓發現祖母手寫的筆記本藏在松木圓模裡，筆記中記載了配方。Philippe 費時 2 年才重現這款乳酪。大洛林對於軟質洗皮乳酪而言相當龐大（需要 40 公升牛乳才能製造 5 公斤乳酪！），風味介於宏克白堊乳酪和芒斯特乳酪之間。滋味強勁，卻不失細緻乳香和果香氣息。

哈比松乳酪／HARBISON（**美國，佛蒙特**）

乳源｜牛乳（巴斯德殺菌法）
尺寸｜直徑：10至12公分；
厚度：4公分
重量｜250公克
脂肪｜24%

地圖：230-231 頁

哈比松乳酪的周邊以附近的農場生長的白雲杉木圍起。由於乳酪質地為流質，可用湯匙舀起品嘗。入口有木質、檸檬和植木香氣。

艾沃乳酪／HERVE（**比利時，列日**）

AOP
自
1996

乳源｜牛乳（生乳）
尺寸｜邊長6公分的方形
重量｜200公克
脂肪｜24%

地圖：218-219 頁

書寫文獻中初次提及艾沃（Herve）乳酪可追溯至 1228 年！這點顯示出磚橘色正方體（偶爾是長方體）的艾沃乳酪歷史悠久。這款乳酪的外表黏滑，內芯綿滑。以清水或牛乳擦洗外皮，風味依照熟成方式，可以呈現溫和、半溫和或辛辣風味，不過始終帶有豬脂和鮮奶油氣息，保有優雅纖細的一面。現今僅剩下三個製造商仍持續製造這款擁有數百年歷史的乳酪。

考皮洛乳酪／ KAU PIRO（**紐西蘭**，北島）

乳源｜牛乳（巴斯德殺菌法）
尺寸｜直徑：8 至 20 公分；
厚度：3 公分
重量｜150 公克至 1 公斤
脂肪｜26%

地圖：232-233 頁

這款乳酪由名叫 Grinning Gecko 的農場生產，該農場實行有機農作，而且非常關注動物權益。考皮洛乳酪的外皮有白色、米色或褐色，2016 年獲得「紐西蘭最佳洗皮乳酪」大獎。質地綿滑，略帶孔洞，帶有森林地面和剛割下的青草香氣與風味，並有一絲酸味。

國王河之金乳酪／ KING RIVER GOLD（**澳洲**，維多利亞）

乳源｜牛乳（巴斯德殺菌法）
尺寸｜直徑：10 公分；
厚度：3 公分
重量｜250 公克
脂肪｜25%

地圖：232-233 頁

David 和 Anne Brown 在澳洲的維多利亞省擁有一片農場，這是他們在 1988 年製作的第一款乳酪。使用植物性凝乳酶，很適合奶蛋素食者。國王河之金鼻聞時氣味較溫和，外皮乾燥，質地柔軟。入口後是新鮮牛乳的香氣，還有一絲細緻煙燻氣息。

朗格勒乳酪／ LANGRES（**法國**，布根地－法蘭什－康堤，大東部）

  AOC 自 1991　AOP 自 2009

乳源｜牛乳（生乳）
尺寸｜依照不同尺寸（小、中或大），直徑：7 至 20 公分；依照不同尺寸，厚度：4 至 7 公分
重量｜150 公克至 1.3 公斤
脂肪｜25%

地圖：196-197 頁

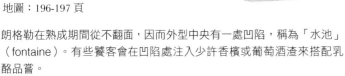

十八世紀時，文獻首度提及朗格勒乳酪。當時這款乳酪主要是農場製作，供私人和自家食用。直到後期這款乳酪在當地商業化，然後販售至全國。其外觀從橘黃色到紅褐色皆有，某些地方帶有少許白色絨毛。鼻聞的氣味強烈，但仍有些許清新感。質地柔軟綿滑，帶有堅果、新鮮香草和鮮奶油氣息。偶爾甚至浮現一絲豬脂風味呢。

朗格勒在熟成期間從不翻面，因而外型中央有一處凹陷，稱為「水池」（fontaine）。有些饕客會在凹陷處注入少許香檳或葡萄酒渣來搭配乳酪品嘗。

立伐洛乳酪／ LIVAROT（法國，諾曼地）

AOC	AOP
自	自
1975	2009

乳源｜牛乳（生乳）
尺寸｜直徑：7至12公分；
厚度：4至5公分
重量｜350至500公克
脂肪｜23%

地圖：194-195 頁

這款乳酪的蹤影最早出現在 1690 年的行政文獻中。在卡蒙貝爾出現以前，很長一段時間立伐洛是諾曼地首屈一指的乳酪，十九世紀時又稱為「窮人的肉」。皺巴巴的外皮色澤介於橘色和紅色之間，這是由於使用天然色素胭脂木擦洗外皮。咬下乳酪時，外皮帶有砂質感，內芯質地則柔軟緊實且綿滑。立伐洛的香氣直接鮮明，介於泥土和畜棚以及煙燻氣味之間。這款乳酪有五條蘆葦或紙條（過去為柳條）圍繞，因此又被暱稱為「上校」（Colonel）。

路卡露蘇乳酪／ LOU CLAOUSOU（法國，歐西坦尼）

乳源｜綿羊乳（生乳）
尺寸｜長度13.5公分；寬度：
7公分；厚度：3.5公分
重量｜300公克
脂肪｜25%

地圖：202-203 頁

這款乳酪來自洛澤爾（Lozère），呈橢圓形，外皮帶條紋，色澤為米色、栗色和褐色，外表經常出現一層白色薄膜，不過對乳酪的特性或風味毫無影響。路卡露蘇乳酪是米約（Millau）的菲度農場（ferme du Fédou）發明的。非典型的外觀以雲杉木圍起（不過沒有盒子），與金山乳酪（見88頁）遙相呼應。路卡露蘇帶有木質氣息，不過綿羊乳增添了清爽度、優雅和纖細氣息。入口質地綿滑，散發奶油、蕈菇、潮濕落葉和乾草風味。

瑪華乳酪／MAROILLES （**法國**，上法蘭西）

| | AOC 自 1955 | AOP 自 1996 |

乳源｜牛乳（生乳或巴斯德殺菌法）
尺寸｜邊長6至13公分的方形；
厚度：2.5至6公分
重量｜200至800公克
脂肪｜23%

地圖：196-197 頁

瑪華絕對是法國 AOP 農產（甚至乳酪）中歷史最悠久的產物，其歷史可追溯至七世紀。這款乳酪當時尚未叫做瑪華（maroilles），但是配方非常相近，由位在瑪華村莊的本篤會修士製造。公元 920

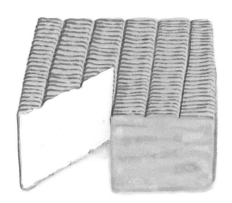

年，由於此村莊很靠近坎普雷村（Camprai），因而發展出一款名為「克拉克隆」（craquelon）的乳酪；300 年後，由於坎普雷主教吉一世德拉昂（Gui 1er de Laon）的判決，克拉克隆成了現在的瑪華乳酪。這款乳酪的命名範圍與法國－比利時邊界的提耶哈什（Thiérache）區域緊密相連。三至五週間的洗皮和擦拭有助於紅色酵母（亞麻短桿菌）生長，使其生成特有的橘紅色外皮。瑪華的氣味強烈，不過事實上風味細緻清新，綿柔呈白堊狀的中心帶有乳香。這款乳酪有不同尺寸，名稱各為索爾貝（sorbais）、米尼翁（mignon）和卡爾（quart）。

金山乳酪／MONT-D'OR （**法國**，布根地－法蘭什－康堤）

| | AOC 自 1981 | AOP 自 1996 |

乳源｜牛乳（生乳）
尺寸｜盒底直徑：11至13公分；
盒子高度：6至7公分
重量｜480公克至3.2公斤
（含盒子）
脂肪｜24%

地圖：198-199 頁

金山乳酪又稱為「上杜省瓦雪杭」（vacherin du Haut-Doubs），名稱來自海拔 1463 公尺的金山山脈。法國人和瑞士人在過去對這款乳酪的源頭爭論不休。瑞士人後來放棄，於是法國人宣稱金山乳酪

確實為法國產物。也就是說，瑞士亦有瓦雪杭乳酪，叫做「金山瓦雪杭」（見 96 頁），不過是以熱化殺菌法牛乳製造。金山乳酪則使用席蒙塔或蒙貝里亞品種的牛乳，以雲杉圍起，然後再以鹽水定期洗皮，形成河谷狀（令人聯想到其產區）帶有絨毛的淡粉紅色外皮，偶爾也會生成白色絨毛。內芯綿細，甚至呈液態，富有光澤。風味混合木質、動物氣息和乳香。

金山乳酪是季節性乳酪，僅在（而且必須）9 月 10 日和 10 月 10 日之間販售。

芒斯特乳酪／MUNSTER（**法國**，大東部）

AOC 自 1969　　**AOP** 自 1996

乳源｜牛乳（生乳）
尺寸｜直徑：7至19公分；
厚度：2至8公分
重量｜120至450公克
脂肪｜24%

地圖：196-197 頁

芒斯特凱（munster kae，即今日我們熟知的芒斯特乳酪）乳酪的發明可追溯至公元七世紀，其誕生要歸功於坐落在費什特（Fecht）河谷中的聖喬治修道院的本篤會修士們。此外，「munster」一字其實是「monastère」（修道院）的變形。製作這款乳酪的目的是為了不要浪費牛乳，並且能夠供給附近居民食用。芒斯特乳酪的外皮光滑，色澤從帶橘的白色到橘紅色。一如北方的同類瑪華乳酪，芒斯特氣味特別強烈。然而入口後，強烈的氣味會轉變為細緻的內芯與質地。乳酪的觸感潮濕，中心柔潤細滑，散發花香、鹹味和酸味（甚至有木質風味），帶有迷人悠長的尾韻。

芒斯特又被稱為「芒斯特－傑洛梅」（munster-géromé）。弗日、阿爾薩斯地區通常採用「芒斯特」一名；弗日山脈後方的洛林地區則常用「芒斯特－傑洛梅」。

歐登森林早餐乳酪／ODENWÄLDER FRÜHSTÜCKSKÄSE（**德國**，巴德－符騰堡、巴伐利亞）

AOP 自 1997

乳源｜牛乳（巴斯德殺菌法）
重量｜200至500公克
脂肪｜24%

地圖：218-219 頁

十八世紀時，這款乳酪可做為佃租（土地的租金）獻給領主。且僅能使用來自小牛胃的凝乳酶。歐登森林早餐乳酪的外皮黏稠，但有黃褐色光澤。內芯帶有彈性，呈象牙到黃色。雖然名字照字面上翻譯成「早餐乳酪」，不過其滋味卻相當辛辣，甚至辣口。

庇里牛斯小費昂雪乳酪／ PETIT FIANCÉ DES PYRÉNÉES （**法國，歐西坦尼**）

乳源｜山羊乳（生乳）
尺寸｜直徑：12公分；
厚度：3公分
重量｜300公克
脂肪｜26%

地圖：202-203 頁

這款乳酪由 Garros 夫婦（先生是古法山羊放牧者，太太是愛上牧羊人的魁北克女歌手）發明，邱比特乳酪（見83頁）也是出自他們之手，不過庇里牛斯小費昂雪相當獨特：有點類似候布洛雄，但是以山羊乳製造。別問他們是如何製作出如此美妙的質地……他們保密到家呢！外皮帶點橘色、赭黃和白色光澤。外觀顯得柔軟均勻，散發溫和的山羊與風土香氣。入口是

潮濕地窖的風味，帶點山羊風味和酸度，還有柑橘氣息，口齒留香。

小格雷斯乳酪／ PETIT GRÈS （**法國，大東部**）

乳源｜牛乳（生乳）
尺寸｜長度：10公分；寬度：6公分；厚度：2.5公分
重量｜125公克
脂肪｜26%

地圖：196-197 頁

這款來自洛林的橢圓形小乳酪上面點綴一片葉子，外皮是帶細條

紋的淺橘色。以手指觸碰，外皮略微黏手，質地偏柔軟富彈性。鼻聞時，小格雷斯的氣味並不明顯，是若有似無的乳香和潮濕地窖氣息。口感綿滑，外皮略帶砂感。香氣也很纖細，風味主要是新鮮牛乳和煙燻豬脂的氣息，帶有一絲酸味。

風之腳乳酪／ PIED-DE-VENT （**加拿大，魁北克**）

乳源｜牛乳（熱化殺菌法）
尺寸｜直徑：18公分；
厚度：3公分
重量｜1公斤
脂肪｜27%

地圖：230-231 頁

1998 年，Jérémie Arseneau 決定進口牛隻到魁北克東邊的馬德蓮島（îles de la Madeleine），以重新連結島上的傳統乳業。他選擇加拿大魁北克的古老品種，容易適應島上的獨特氣候條件。風之腳的外皮有細細皺摺，帶有粉橘色澤，質地略帶砂質。內芯柔軟有氣孔。入口即化，散發特有的榛果和鮮奶油香氣，還有一絲鹽味。

主教橋乳酪／PONT-L'ÉVÊQUE（**法國**，諾曼地）

AOC 自 1972　　AOP 自 1996

乳源｜牛乳（生乳）
尺寸｜邊長10公分的方形；
厚度：3.5公分
重量｜300至350公克
脂肪｜23%

地圖：194-195 頁

關於主教橋最古老的文字紀錄，可以追溯至十三世紀的《玫瑰傳奇》（*Le Roman de la Rose*，Guillaume de Lorris 和 Jean de Meung 著）。起初款乳酪叫做「小天使」——angelon、angelot，在諾曼地的奧芝稱為 augelot。直到 1600 年左右，主教橋一名才拍板定案，外型為方形，以此和十七世紀諾曼地其他類似的乳酪區隔。外皮有時會長出白色絨毛，色澤介於橘色、粉紅和白色之間。質地柔軟，散發乾草、畜棚氣息，偶爾也有潮濕地窖的氣味。入口是乳酸和榛果香氣，有時動物氣息會較鮮明。9月到6月之間是品嘗這款乳酪的最佳季節。

阿澤唐乳酪／QUEIJO DE AZEITÃO（**葡萄牙**，里斯本）

AOP 自 1996

乳源｜綿羊乳（生乳）
尺寸｜直徑：8公分；
厚度：5公分
重量｜300公克
脂肪｜23%

地圖：208-209 頁

這款乳酪通常以無孔隙的薄紙包起。中心呈白色或略黃，質地柔滑呈流質時，就是品嘗的最佳時機。乳酪愛好者會從頂部打開，用湯匙享用內芯。入口風味鮮明，略微辛辣，散發麥桿、乾草和畜棚氣味。

塞爾帕乳酪／QUEIJO SERPA（**葡萄牙**，阿連特如）

AOC 自 1987　　AOP 自 1996

乳源｜綿羊乳（生乳）
尺寸｜直徑：10至30公分；
厚度：3至8公分
重量｜200公克至2.5公斤
脂肪｜23%

地圖：208-209 頁

質地柔軟富延展性，共有四種尺寸，每一種都有專屬的名稱：從小到大依序為 mereindeiras、cunca、normais 和 gigantes。塞爾帕乳酪的外觀是淺淡的麥桿黃，無疑是以煙燻紅椒增色的橄欖油洗皮的結果。
內芯從黃白到麥桿黃，接觸空氣的部位顏色較深。質地特別柔軟滑潤，甚至呈流質。入口風味強烈，辛辣滋味相當鮮明。

艾斯特雷拉山乳酪／ QUEIJO SERRA DA ESTRELA （**葡萄牙**，中央區）

AOP
自
1996

乳源｜綿羊乳（生乳）
尺寸｜直徑：9 至 20 公分；
厚度：3 至 6 公分
重量｜700 公克至 1.7 公斤
脂肪｜23%

地圖：208-209 頁

這款乳酪在十六世紀時是水手帶上小船的乾糧。艾斯特雷拉山乳酪在地窖熟成，有兩種不同熟成程度：

標準和「老」（velho），後者較小，風味較明顯。兩種皆以艾斯特拉博達雷拉綿羊（bordaleira serra da Estrella）或修拉蒙德傑（churra mondegueira）品種的綿羊生乳製作，兩種都是當地的古老品種。

這款乳酪呈白色或淺黃色，經熟成後轉為橘色或淺褐色。「黃色」版本較溫和帶酸味，熟成後的則帶動物氣息，鹽味較明顯，尾韻辛辣。

侯洛乳酪／ ROLLOT （**法國**，上法蘭西）

乳源｜牛乳（生乳）
尺寸｜直徑：7 至 9 公分；
厚度：3 至 4 公分
重量｜250 至 300 公克
脂肪｜26%

地圖：196-197 頁

這款強勁的乳酪來自皮卡第（Picardie），其成功要歸功於路易十四：1678 年路易十四前往法蘭德斯的路上，在奧爾維耶（Orvillers）品嘗了這款乳酪。國

王臣服於乳酪的美味之下，將名為 Debourges 的乳酪製造者任命為「皇家乳酪師」。隨著頭銜而來的是六百古斤銀的獎賞，在當時可是一筆大錢。這款餅狀乳酪有時略帶灰色，有時偏白，有時又偏粉紅，外皮呈砂質且滑潤。鼻聞時散發清爽酸香。入口風味強勁，帶有鹹味和酸味。酸味為尾韻增添清新感。侯洛乳酪也有心形，不過此版本多為工業製造。

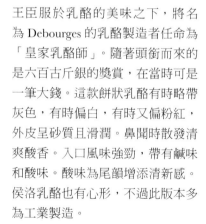

鋸齒乳酪／ SAWTOOTH（**美國，華盛頓**）

乳源｜牛乳（生乳）
尺寸｜直徑：13公分；
厚度：4公分
重量｜500公克
脂肪｜26%

地圖：228-229 頁

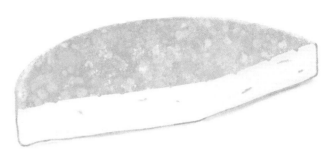

鋸齒乳酪外皮既有顆粒又柔滑。內芯質地偏柔軟，帶有新鮮蕈菇氣息，尾韻有蜂蜜香氣。這款乳酪必須在地窖熟成至少 2 個月才能問世。

剪羊毛人的選擇乳酪／ SHEARER'S CHOICE（**澳洲，維多利亞**）

乳源｜綿羊乳（巴斯德殺菌法）
尺寸｜直徑：17公分；
厚度：4公分
重量｜1公斤
脂肪｜27%

地圖：232-233 頁

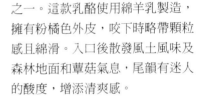

剪羊毛人的選擇乳酪在維多利亞省的 Berrys Creek 農場生產，是乳酪製造者 Barry Charlton 的眾多創作之一。這款乳酪使用綿羊乳製造，擁有粉橘色外皮，咬下時略帶顆粒感且綿滑。入口後散發風土風味及森林地面和蕈菇氣息，尾韻有迷人的酸度，增添清爽感。

克雷基啤酒大人物乳酪／ SIRE DE CRÉQUY À LA BIÈRE（**法國，上法蘭西**）

乳源｜牛乳（生乳或熱化殺菌法）
尺寸｜直徑：10公分；
厚度：3公分
重量｜280公克
脂肪｜25%

地圖：196-197 頁

這款乳酪入模瀝水後會放入地窖，以鹽水擦洗，一週洗皮兩次。經過五週熟成後，浸入二次發酵的金黃啤酒中48 小時，讓乳酪盡可能吸收啤酒。取出後，克雷基啤酒大人物會撒滿麵包粉。這款乳酪散發迷人的發酵氣味，令人想到浸入啤酒中的熟成過程。周圍的砂質麵包粉更添美味。入口後，浮現帶有纖細啤酒花香氣的牛乳鮮奶油風味，尾韻綿長悠久。

蘇馬特朗乳酪／SOUMAINTRAIN（**法國，布根地－法蘭什－康堤**）

IGP
自
2016

乳源｜牛乳（生乳或巴斯德殺菌法）
尺寸｜直徑：9至13公分；
厚度：2.2至3.3公分
重量｜180至600公克
脂肪｜27%

地圖：198-199 頁

道路連結的發展，特別是火車，在十九世紀末幫助蘇馬特朗乳酪商業化。黃金三十年（Trente Glorieuses）期間，由於牛乳價格降低，這款乳酪差點消失。1970年代，幾位充滿熱情的人讓這款乳酪重新問世，直到 2016 年獲得 IGP。蘇馬特朗很近似艾普瓦斯，外皮從象牙黃到赭黃色，略微潮濕，有時起皺，帶有網架痕跡。氣味為植物和動物氣息。象牙白的內芯綿軟柔滑，其中偶有入口即化的顆粒。品嘗時，在動物風味的基調外也浮現乳酸氣息和酸香。

日出平原乳酪／SUNRISE PLAINS（**澳洲，維多利亞**）

乳源｜水牛乳（巴斯德殺菌法）
尺寸｜直徑：20公分；
厚度：3公分
重量｜1.2公斤
脂肪｜26%

地圖：232-233 頁

日出平原是全世界極少數以水牛乳製作的洗皮乳酪。外皮是黏手的橘色，帶有十字紋路。質地柔滑綿軟。入口後，這款乳酪帶有清爽乳香和青草氣息。延長熟成時間後，會浮現淡淡豬脂風味。

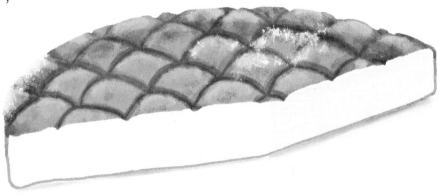

提瑪胡桃乳酪／ TIMANOIX（**法國，布列塔尼**）

乳源｜牛乳（巴斯德殺菌法）
尺寸｜直徑：9公分；
厚度：3.5公分
重量｜300公克
脂肪｜26%

地圖：194-195 頁

這款乳酪是由莫比昂的提馬克聖母修道院（abbaye Notre-Dame de Timadeuc）的修士製作，採用 1923 年起佩里戈修女們在一座名為好望聖母院（Notre-Dame de Bonne-Espérance）的修道會研發的配方。佩里戈修女們重啟在 1910 年一度關閉的乳酪工坊，1999 年，她們想到乳酪可以結合佩里戈的核桃。那該怎麼做呢？採用以核桃製作的香甜酒擦洗乳酪外皮。她們將自己的乳酪命名為「艾舒尼亞克苦修院」（trappe d'Échourgnac）。提瑪胡桃乳酪是修道院的產品，質地柔軟富彈性。從鼻聞到口嘗都是胡桃香氣，但是不會搶過乳酪的乳香鋒頭。

皮卡第三角乳酪／ TRICORNE DE PICARDIE（**法國，上法蘭西**）

乳源｜牛乳（生乳）
尺寸｜邊長9公分的三角形；厚度：3公分
重量｜250公克
脂肪｜26%

地圖：196-197 頁

皮卡第三角是 2011 年的產物，串起三方業者：乳酪製造者（Anselme Beaudouin），啤酒製造者（Benoît Van Belle）和乳製品商－熟成師（Julien Planchon）。這款乳酪的形狀令人想到大革命前的皮卡第省的形狀。皮卡第三角以 El Belle Brune 黑啤酒擦洗外皮，每週數次，賦予這款乳酪特有的苦味和甜美滋味。入口後，在略帶砂質感的外皮之下，是柔細富個性的內芯。

博日瓦雪杭乳酪／ VACHERIN DES BAUGES （**法國**，奧維涅－隆河－阿爾卑斯）

乳源｜牛乳（生乳）
尺寸｜直徑：21公分；
厚度：4至4.5公分
重量｜1.4公斤
脂肪｜26%

地圖：198-199 頁

博日瓦雪杭又稱為「艾雍瓦雪杭」（vacherin des Aillons），是非常罕見的乳酪，產量極少，僅在博日山脈生產，此處也是博日山乳酪（tome des Bauges，見 145 頁）的產地。

保存在艾維漾勒班市（Évian-les-Bains）資料庫的一份公元 1314 年文獻中，證明十四世紀已有這款乳酪。白色帶粉褐色光澤的外皮散發樹脂和發酵牛乳的氣味，內芯柔軟滑潤，帶乳香和木質氣味，有如味蕾的饗宴。

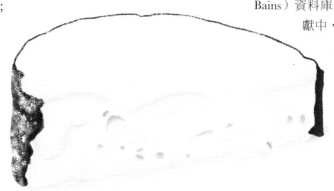

金山瓦雪杭乳酪／ VACHERIN MONT-D'OR （**瑞士**，沃德）

AOP
自
2003

乳源｜牛乳（熱化殺菌法）
尺寸｜直徑：10 至 32 公分；
厚度：3 至 5 公分
杉木盒子：高度 6 公分；**蓋子**
厚度：0.5 公分；底部厚度：0.6
公分：盒子厚度：0.15 公分
重量｜400 公克至 3 公斤
脂肪｜23%

地圖：222-223 頁

這款乳酪最古老的文字記載可追溯至 1812 年 6 月 6 日，一份詳細說明稅務的法律文件。金山瓦雪杭一開始使用山羊乳製作，叫做雪芙洛坦（chevrotin）。不過山羊乳越來越少見，製造商改用牛乳，並為乳酪重新命名。金山瓦雪杭只在每年 11 月到隔年 3 月製作。不同於法國的金山乳酪，用來包裝瑞士金山瓦雪杭的木片必須來自生產乳酪的地理區域：沃德地區（canton de Vaud）。金山瓦雪杭的表皮呈均勻淺米黃色，有凹陷紋理。內芯綿軟，恢復室溫時甚至呈液態。入口帶有乳香和木質氣息，清新的尾韻讓整體風味輕盈不少。

維納科乳酪／ VENACO（**法國，科西嘉**）

乳源｜綿羊乳和／或山羊乳
（生乳）
尺寸｜邊長12公分的方形；
厚度：3至5公分
直徑9公分的圓形；厚度：
3至4公分
重量｜350公克
脂肪｜28%

地圖：200-201 頁

這款乳酪是科西嘉島的象徵（科西嘉是以生乳製作乳酪的僅剩島嶼之一），其名稱來自山區中心的村莊。維納科乳酪的獨特之處，在於使用清水和陳年老乳酪的混合鹽水，以手工洗皮。3 個月後，維納科就熟成得恰到好處了。無論方形或圓形，外皮都是磚紅到褐色。鼻聞帶有強烈的動物和發酵氣息，入口後卻溫和許多，不似外表給人的印象。

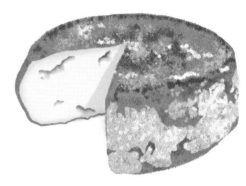

老里爾乳酪／ VIEUX-LILLE（**法國，上法蘭西**）

乳源｜牛乳（生乳或巴斯德殺菌法）
尺寸｜邊長6至13公分的方形；厚度：2.5至6公分
重量｜200至800公克
脂肪｜23%

地圖：196-197 頁

老里爾乳酪又稱「里爾灰乳酪」（gris de Lille）、「臭泡乳酪」（puant macéré），其實是在阿維諾瓦（Avesnois）而非里爾製作，以瑪華乳酪為基底，不過以鹽水洗皮，因而氣味明顯，甚至非常強勁。外觀上，表皮細薄帶灰色光澤，鼻聞是阿摩尼亞的氣味。入口後主要是鹹味與乳酸氣息，尾韻略帶辛辣感。

瓦拉塔乳酪／ WARATAH（**澳洲，維多利亞**）

乳源｜綿羊乳（熱化殺菌法）
尺寸｜長度：15公分；寬度：6公分；厚度：2至3公分
重量｜230公克
脂肪｜26%

地圖：232-233 頁

瓦拉塔乳酪柔軟、氣味強烈，入口盡是優雅的綿羊乳風味。起初是動物氣息，接著轉為細緻的酸味。進一步熟成後，質地會轉為綿滑，乳酪更發強勁。

06 壓製生乳酪

這是種類和數量最龐大的乳酪家族。大部分的人認為這些乳酪小型、質地偏緊實，不過事實上，乳酪也可以緊實、細滑或柔潤，而且尺寸從小、中、大，有的甚至非常龐大呢！一起來看看這個成員眾多、一眼望不盡的乳酪家族吧。

亞本塞勒乳酪／ APPENZELLER （**瑞士**，亞本塞、聖加侖、圖爾高）

乳源｜牛乳（生乳）
尺寸｜直徑：30至33公分；
厚度：7至9公分
重量｜6至7公斤
脂肪｜26%

地圖：222-223 頁

這種乾酪在瑞士東部已經有超過700年的製造歷史，產區位在康士坦茲湖（lac de Constance）和森蒂斯山（massif du Säntis）之間。其祕密在於使用發酵植物、白酒和辛香料製成的鹽水（sulz）。亞本塞勒的熟成過程至關重要，尤其是在市場銷售上扮演關鍵角色。這種乳酪的內芯顏色各有不同，從象牙白到麥稈黃或金黃皆有。風味方面，從溫和的乳香和奶油香氣到辣口強勁，帶有辛香料、青草、花香氣息。總而言之，這款乳酪的香氣風味範圍極廣。

正式的「sulz」配方被祕密地保存在銀行保險箱中。每一代只有兩個人能夠取得。

阿洛哈豐饒平原乳酪／ AROHA RICH PLAIN （**紐西蘭**，懷卡托）

乳源｜山羊乳（生乳）
尺寸｜直徑：12公分；
厚度：6公分
重量｜800公克
脂肪｜27%

地圖：232-233 頁

製作這款乳酪的農場遵循有機農法（使用生乳！），並且關注動物福利。在阿洛哈豐饒平原乳酪的米橘色外皮下，藏著均質、略帶氣孔的內芯，略帶藍白色光澤。口感細緻柔滑，帶有隱約山羊風味與淡淡酸味和乳香。熟成時間較長時，入口風味更鮮明，不過依舊保有迷人的山羊乳清爽感。

阿蘇亞－烏約亞乳酪／ ARZÚA-ULLOA（**西班牙**，加利西亞）

AOP
自
2010

乳源｜牛乳（生乳或巴斯德殺菌法）
尺寸｜直徑：10 至 26 公分；
厚度：5 至 12 公分
重量｜500 公克至 3.5 公斤
脂肪｜24%

地圖：206-207 頁

這款乳酪是以加利西亞金毛牛和……阿爾卑斯褐毛牛的乳汁製作而成。阿蘇亞－烏約亞乳酪外皮細薄富彈性，平滑有光澤，顏色從淺黃到深黃。鼻聞帶有奶油和優格氣味，略帶香草和鮮奶油氣息。入口後風味偏溫潤，有乳香和淡淡鹹味。熟成後的氣味較濃郁，入口浮現辛辣感，尾韻帶苦味。

阿席亞戈乳酪／ ASIAGO（**義大利**，威尼托）

AOP
自
1996

乳源｜牛乳（生乳）
尺寸｜Asiago pressato：直徑 30 至 40 公分，厚度 11 至 15 公分
Asiago d'allevo：直徑 30 至 36 公分，厚度 9 至 12 公分
重量｜Asiago pressato：11 至 15 公斤
Asiago d'allevo：8 至 12 公斤
脂肪｜28%

地圖：210-211 頁

阿席亞戈有兩種：Asiago pressato（新鮮）和 Asiago d'allevo（熟成）。前者鼻聞和口嘗的風味較清新帶乳香和酸味。後者入口後則有奶油風味，動物氣息較強烈（甚至有些辛辣），不過乳酪仍保有迷人酸度，在口中留下清爽尾韻。

嗡嗡乳酪／ BARELY BUZZED（**美國**，猶他）

乳源｜牛乳（巴斯德殺菌法）
尺寸｜直徑：40 公分；
厚度：8 公分
重量｜7 公斤
脂肪｜27%

地圖：228-229 頁

這款乳酪以咖啡豆、薰衣草和植物油洗皮熟成！內芯也有香氣，質地既緊實又柔潤，就像薩勒乳酪（見 138 頁）。

巴爾卡斯乳酪／ BARGKASS（**法國**，大東部）

乳源｜牛乳（生乳）
尺寸｜直徑：30公分；
厚度：8公分
重量｜7至8公斤
脂肪｜26%

地圖：196-197 頁

巴爾卡斯又叫做「bergkäs」、「barkas」、「barkass」 或「barikass」，這款山區乳酪會定時洗皮翻面。外皮帶有模具的布紋痕跡。內芯緊實滑潤綿密。巴爾卡斯的風味溫潤帶乳酸氣息。

巴斯勒乳酪／ BASLER（**加拿大**，英屬哥倫比亞）

乳源｜牛乳（巴斯德殺菌法）
尺寸｜直徑：30公分；
厚度：10至13公分
重量｜5至6公斤
脂肪｜27%

地圖：228-229 頁

這款乳酪由 Jenna 和 Emma 兩姐妹經營的 Golden Ears 農場以手工方式製作。巴斯勒乳酪的外皮金黃，散發畜棚和青草香氣。內芯為麥桿黃，中心是象牙白。入口後帶有奶油、青草氣息和酸味。充分熟成後，巴斯勒乳酪的風味更加濃郁，不過絕對不會過於強勁或辛辣。

畢肯費勒傳統蘭開夏乳酪／ BEACON FELL TRADITIONAL LANCASHIRE CHEESE（**英國**，英格蘭、西北部）

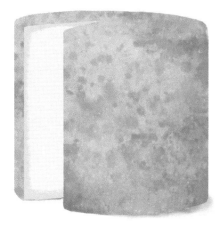

AOP
自
1996

乳源｜牛乳（巴斯德殺菌法）
重量｜5公斤，或18至22公斤
脂肪｜27%

地圖：216-217 頁

目前有五座農場和六個乳品製造商仍生產並熟成此款乳酪。二十世紀初期曾經有超過兩百個製造商呢！

這款乳酪的起源可追溯至1170 年代，金雀花王朝的亨利二世掌權的時代。畢肯費勒傳統蘭開夏乳酪的外皮是原本的樣子，或以蠟或布料包起。質地緊實柔滑且細緻。入口後是濃郁的奶油風味，帶有乳香和新鮮香草氣息。熟成後，內芯變得較柔軟，可輕鬆塗抹。

貝拉維塔諾金標乳酪／ BELLAVITANO GOLD（**美國**，威斯康辛）

乳源｜牛乳（巴斯德殺菌法）
尺寸｜直徑：40公分；
厚度：12公分
重量｜10公斤
脂肪｜26%

地圖：228-229 頁

這款美國乳酪源自義大利的 Sartori 家族。貝拉維塔諾金標曾在 2013 年的世界乳製品博覽會（World Dairy Expo）獲得總冠軍。其質地接近帕瑪森，但是顆粒感較不明顯。入口風味是奶油和鮮奶油氣息。Sartori 家族也有此款乳酪加入黑胡椒、梅洛葡萄乾或研磨咖啡熟成的版本。

貝特馬勒乳酪／ BETHMALE（**法國**，歐西坦尼）

乳源｜牛乳（生乳）
尺寸｜直徑：25至40公分；
厚度：8至10公分
重量｜3.5至6公斤
脂肪｜26%

地圖：202-203 頁

貝特馬勒非常古老，最早的文獻記載可追溯至十二世紀。國王路易六世到聖吉隆（Saint-Girons），途經其中一座製造乳酪的村莊時，很可能曾經品嘗過這款乳酪。貝特馬勒需熟成 2 至 6 個月，外皮以少許清水輕輕擦拭，因而形成橘色或粉紅色。鼻聞時散發潮濕地窖香氣。內芯有氣孔，黏軟。風味溫和帶乳酸氣息，有甜鹹風味。熟成時間較長時，可能略帶辛辣感。

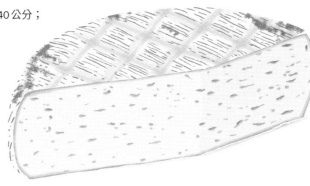

比利小子乳酪／ BILLY THE KID（**紐西蘭**，懷卡托）

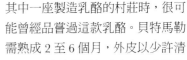

乳源｜山羊乳（巴斯德殺菌法）
尺寸｜直徑：12.5公分；
厚度：7公分
重量｜1公斤
脂肪｜30%

地圖：232-233 頁

這款小型乾酪由 Mônica Senna Salerno（義裔巴西人）和 Jenny Oldham 製作，兩人皆是投入乳酪製作的科學家。比利小子乳酪令人想起義大利的佩科里諾乳酪，只不過比利小子是以山羊乳製作而成。外皮帶顆粒感，質地易碎，但入口即化，帶有高雅的山羊氣息。山羊乳的酸度帶來清新爽口的尾韻。

黑綿羊乳酪／ BLACK SHEEP（**紐西蘭，懷卡托**）

乳源｜綿羊乳（巴斯德殺菌法）
尺寸｜直徑：25公分；
厚度：8公分
重量｜4公斤
脂肪｜27%

地圖：232-233 頁

這款乳酪以煙燻紅椒熟成，鼻聞和口嘗都能感受到紅椒風味。入口質地緊實柔滑。這款乳酪帶有奶油風味和堅果香氣，還有一絲鮮奶油氣息。

萊頓乳酪／ BOEREN-LEIDSE MET SLEUTELS（**荷蘭，南荷蘭**）

  AOP 自 1997

乳源｜牛乳（生乳）
重量｜3公斤（至少）
脂肪｜28%

地圖：218-219 頁

萊頓乳酪的磚紅色外皮印有名稱，非常好認。其質地緊實帶顆粒感，布滿孜然籽。配方規定 100 公升牛乳要搭配 75 公克孜然籽。

博韋茨乳酪／ BOVŠKI SIR（**斯洛維尼亞，伊斯特里亞、格瑞奇卡**）

    AOP 自 2012

乳源｜綿羊乳（生乳），偶爾加入山羊乳（最多20%）和／或牛乳（生乳）
尺寸｜直徑：20至26公分；
厚度：8至12公分
重量｜2.5至4.5公斤
脂肪｜27%

地圖：222-223 頁

這款乳酪採用博韋茨本地綿羊品種的乳汁，外皮光滑，色澤從灰褐色到淺米色。內芯緊實柔軟。依照熟成方式，質地可能布滿扁豆大小的孔洞。入口風味強勁，帶有明顯畜棚風味和酸度，尾韻可能帶有微微辛辣感。這款乳酪若以牛乳或山羊乳製成，風味較溫和。

布拉乳酪／BRA（**義大利**，皮蒙）

AOP
自
1996

乳源｜牛乳（生乳），偶爾加入山羊乳
（最多20%）和／或綿羊乳（生乳）
尺寸｜直徑：30至40公分；
厚度：6至10公分
重量｜6至9公斤
脂肪｜28%

地圖：210-211頁

這款乳酪規定以兩種不同方式熟成：tenero（柔軟）或 duro（硬實）。tenero 布拉入口帶有花香和乳香氣息，風味迷人。duro 布拉則以油洗皮，避免出現黴斑。入口後香氣較前者明顯許多。

布法林那乳酪／BUFFALINA（**加拿大**，安大略）

乳源｜水牛乳（巴斯德殺菌法）
脂肪｜24%

地圖：230-231頁

製作這款乳酪的 Fifth Town 農場遵循有機農業的守則。布法林那是水牛乳酪，採用荷蘭的高達乳酪配方製造。這款乳酪帶有天然的淺黃色外皮，內芯緊實，如奶油般柔滑。水牛乳為其增添高雅細緻感。布法林那帶有鮮奶油、奶油風味和酸味。尾韻的一絲鹹味為整體劃下句點。

普利亞卡內斯特拉托乳酪／CANESTRATO PUGLIESE（**義大利**，普利亞）

AOC
自
1985

AOP
自
1996

乳源｜綿羊乳（生乳）
尺寸｜直徑：30至50公分；
厚度：10至18公分
重量｜7至14公斤
脂肪｜28%

地圖：212-215頁

「canestrato」意思是把凝乳放進當地工匠以植物纖維製作的籃子裡的手法。這個技巧至今仍運用在製作這款普利亞乳酪上。普利亞卡內斯特拉托從 12 月至 5 月生產，此時當牛羊正從阿布魯佐大區（Abruzzes）的山區牧場移動到普利亞的山區放牧。這款乳酪的質地緊實乾燥，酸味高雅。

康塔爾乳酪／ CANTAL （**法國**，奧維涅－隆河－阿爾卑斯）

| | AOC 自 1956 | AOP 自 1996 |

乳源｜牛乳（生乳或巴斯德殺菌法）

尺寸｜大康塔爾：直徑36至42公分；厚度：40公分
小康塔爾：直徑26至28公分
康塔列（cantalet）：直徑20至22公分

重量｜大康塔爾：35至45公斤
小康塔爾：15至20公斤
康塔列（cantalet）：8至10公斤

脂肪｜22%

地圖：202-203 頁

這款乳酪的名稱源自 1298 年康塔爾山的最高峰——康塔爾峰（Plomb de Cantal）。不過從古代開始就已經提及康塔爾。老普林尼在羅馬時曾提到「聲譽最高的乳酪莫過於加巴列斯和傑沃當地區的乳酪」。今日康塔爾又叫做「康塔爾圓柱乳酪」（fourme de cantal），年輕、兩者之間或陳年等不同熟成程度會註明在標籤上。康塔爾的外皮為光滑的淺灰色，散發乳酸氣息和地窖香氣。內芯從象牙色到麥桿黃，甚至呈金黃色，緊實卻又入口即化。入口風味為奶油、榛果、乳香風味以及酸味。

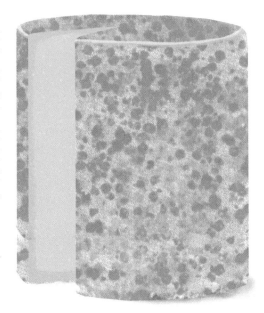

每一個康塔爾都會以鋁製印章印上乳酪來源。例如：CA15ES（CA：cantal。15：生產省分編號。ES：代表製造者的字母）。

烏比諾卡丘塔乳酪／ CASCIOTTA D'URBINO （**義大利**，馬凱）

| | AOP 自 1996 |

乳源｜綿羊乳（70%）＋牛乳（30%）（生乳）

尺寸｜直徑：12至16公分；厚度：5至7公分

重量｜800公克至1.2公斤

脂肪｜27%

地圖：212-213 頁

義大利文藝復興時期，烏比諾卡丘塔乳酪的熟成時間極短，常常出現在藝術家的餐桌上。今日這類餅狀乳酪仍很少經過長時間熟成。外皮薄細，色澤和內芯從米白到麥桿黃。入口風味溫和清新帶乳香，還有些許酸味。

在馬凱大區，據說這種乳酪曾是藝術家米開朗基羅（Michelangelo Buonarroti）和他的朋友法蘭切斯科阿瑪托利卡斯岱杜朗特（Francesco Amatori da Casteldurante）的最愛。

科斯納爾乳酪／ CAUSSENARD （**法國**，歐西坦尼）

乳源｜綿羊乳（巴斯德殺菌法）
尺寸｜磚形：長度26.5公分，
寬度11公分，厚度9.5公分
圓形：直徑23公分；厚度：8
公分
重量｜塊狀：2.9公斤
圓形：3.2公斤
脂肪｜26%

地圖：202-203 頁

這款乳酪有兩種不同熟成法：年輕或熟成。年輕版是長方形，栗色和米色外皮帶有條紋，還有些許白色絨毛斑點。內芯偏象牙白，帶有麥桿黃光澤。質地緊實但柔潤，入口帶有奶油、青草氣息，還有細緻的酸味和榛果風味。至於熟成的科斯納爾乳酪則為圓形，外皮有蟲蛀痕跡。較多麥桿和乾草氣息，酸度也較高，不過仍保有細緻的風味。

賽布列洛乳酪／ CEBREIRO （**西班牙**，加利西亞）

AOP
自
2008

乳源｜牛乳（巴斯德殺菌法）
尺寸｜直徑：底部各不同；
頂部：13至14公分；厚度：
整體12公分，頂端3公分
重量｜300克至2公斤
脂肪｜25%

地圖：206-207 頁

十八世紀時，每年會送 12 個賽布列洛乳酪給葡萄牙女王做為禮物。

這款乳酪外型像廚師帽或蘑菇，表皮均勻一致。內芯從白色到黃色，甚至呈鮮黃色；質地介於顆粒感、柔軟和緊實之間，端視熟成方法。賽布列洛的風味令人想起牛乳。若熟成時間較長，風味較強勁、奶味較重，帶辛辣感。

小茅屋乳酪／ CHAUMINE （**美國**，奧勒岡）

乳源｜山羊乳（生乳）
尺寸｜邊長20公分的方形；
厚度：6公分
重量｜2.3公斤
脂肪｜24%

地圖：228-229 頁

小茅屋乳酪是來自薩瓦、在山間和牧場長大的女性乳酪師製作。這款乳酪是向她的童年以茅草（chaume）製成屋頂的房屋致敬：外皮令人聯想到茅草材質。小茅屋乳酪的白色內芯質地緊實，略帶顆粒感，入口即化，細緻的山羊風味增添酸度和清爽口感。

雪芙洛坦乳酪／CHEVROTIN（**法國**，奧維涅－隆河－阿爾卑斯）

AOC	AOP
自 2002	自 2005

乳源｜山羊乳（生乳）
尺寸｜直徑：9至12公分；
厚度：3至4.5公分
重量｜250至350公克
脂肪｜25%

地圖：198-199 頁

雪芙洛坦從十八世紀就出現在阿爾卑斯地區，和生產侯布洛雄的養殖者的牛群和製造者共同存在。這款乳酪是百分之百的農場乳酪，而且完全手工製作。圓形乾酪柔軟帶粉色，某些部位以清水洗皮。經過熟成後，外皮彙整出一層薄薄的黴菌。其質地濃郁，內芯呈乳白到象牙白色，帶有些許孔洞。

口嘗有山羊、花香和植物氣息，浮現一絲若有似無的榛果風味。

丹波乳酪／DANBO（**丹麥**）

IGP
自 2017

乳源｜牛乳（巴斯德殺菌法）
脂肪｜28%

地圖：220-221 頁

這款乳酪在十九世紀到二十世紀時，由 Kirkeby 乳酪廠的總監 Rasmus Nielsen 在菲因島發明，並

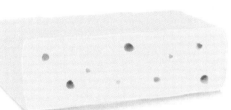

且大受歡迎，成為丹麥王國最成功的乳酪商之一。這款乳酪的色澤從米白到淺黃，內芯有許多豌豆般的規律孔洞。鼻聞時，丹波乳酪主要為牛乳，帶有少許酸度。入口風味很接近鼻聞時的香氣。偶爾製造時也會加入孜然籽。

舞動之蕨乳酪／DANCING FERN（**美國**，田納西）

乳源｜牛乳（生乳）
尺寸｜直徑：14公分；
厚度：3公分
重量｜500公克
脂肪｜24%

地圖：228-229 頁

這款乳酪由 Sequatchie Cove Creamery 製造，這座農場由 Nathan 和 Padgett Arnold 經營，百分之百採用太陽能。

舞動之蕨是依照侯布洛雄的主要配方製作：擁有相同的濃稠柔滑質地。入口是新鮮牛乳和風土、森林地面和香菇風味。

製造這款乳酪的農場，絕對是全世界最環保的農場之一……

荷蘭艾登乳酪／EDAM HOLLAND（**荷蘭**，南荷蘭和北荷蘭）

IGP
自
2010

乳源｜牛乳（巴斯德殺菌法）
重量｜1.5 至 2 公斤
脂肪｜28%

地圖：218-219 頁

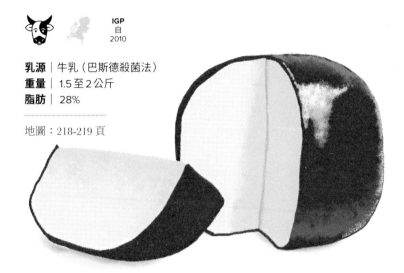

這款乳酪共有七種不同形狀，從圓球到塊狀，最重可達 20 公斤，也有小麵包和大麵包的尺寸。不同於艾登乳酪（Edam，可在荷蘭以外製造），荷蘭艾登的外皮未經洗皮，內芯緊實，容易切割。熟成時間越長，內部失去的水分也越多，變得更加硬實。風味方面，帶有溫和的牛乳風味，長時間熟成時會帶有辛辣的動物氣味。

艾斯洛姆乳酪／ESROM（**丹麥**）

IGP
自
1996

乳源｜牛乳（巴斯德殺菌法）
尺寸｜長度必須是寬度的兩倍；
厚度：3.5 至 7 公分
重量｜1.3 至略多於 2 公斤
脂肪｜27%

地圖：220-221 頁

十一世紀時，艾斯洛姆修道院的修士發明了這款乳酪，接著推散至整個丹麥王國，有如乳酪的範本。外皮介於黃色和橘黃色，內芯是米白或米黃色，布滿無數不規則小孔。艾斯洛姆的氣味清爽帶酸味。入口後浮現新鮮牛乳和奶油氣息。

薩丁尼亞之花乳酪／FIORE SARDO（**義大利**，薩丁尼亞）

AOP
自
1996

乳源｜綿羊乳（生乳）
尺寸｜直徑：15 至 25 公分；
厚度：10 至 15 公分
重量｜1.5 至 4 公斤
脂肪｜28%

地圖：212-215 頁

製作這款乳酪的歷史悠久，但是直到十九世紀末才以 Fiore Sardo（薩丁尼亞之花）之名製造。外皮粗獷色深，介於栗色、黑色或赭黃色。氣味強烈，帶有綿羊氣息和地窖香氣。主要是高雅的動物風味，還有鮮明的辛辣感。

馮提納乳酪／ FONTINA（**義大利，奧斯塔河谷**）

  AOP
自
1996

乳源｜牛乳（生乳）
尺寸｜直徑：35 至 45 公
分；厚度：7 至 10 公分
重量｜7.5 至 12 公斤
脂肪｜28%

地圖：210-211 頁

這款乳酪的外皮依不同熟成程度，從淺栗色到深栗色。內芯柔軟富彈性，顏色介於象牙色和略微飽和的麥稈黃之間。入口是纖細的奶油、青草風味，還有酸味。

盧伊諾半硬質乳酪／ FORMAGGELLA DEL LUINESE（**義大利，倫巴底**）

 AOP
自
2011

乳源｜山羊乳（生乳）
尺寸｜直徑：13 至 15 公分；
厚度：4 至 6 公分
重量｜700 至 900 公克
脂肪｜26%

地圖：210-211 頁

不同於其他山羊乳酪家族，盧伊諾半硬質乳酪能夠讓製造乳酪的家庭有良好的收入來源。十七世紀的文獻證實，製造這款乳酪不只是次要的收入。這款乳酪的外皮未經洗皮，某些地方帶有黴菌。內芯主要為白色，入口柔軟滑潤。清爽的山羊風味混合較強的酸味和青草氣息。

提契諾阿爾帕乳酪／ FORMAGGIO D'ALPE TICINESE（**瑞士，提契諾**）

  AOC
自
1981

AOP
自
2002

乳源｜牛乳（生乳，至多 70%）
和山羊乳（生乳，至多 30%）
尺寸｜直徑：25 至 50 公分；
厚度：6 至 10 公分
重量｜3 至 10 公斤
脂肪｜33%

地圖：222-223 頁

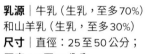

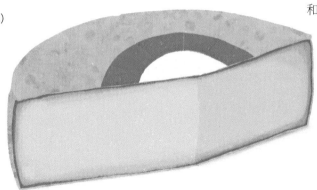

這款乳酪的外皮乾燥，呈灰褐色，底下是鮮黃色內芯，帶有偏圓的小孔。鼻聞帶奶油和水果香氣。口感油潤細滑，帶奶油風味和些許木質風味，還有堅果氣息。青草尾韻為整體增添清爽感。

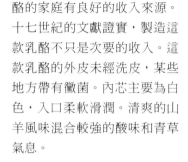

索利亞諾洞穴乳酪／FORMAGGIO DI FOSSA DI SOGLIANO（**義大利，艾米麗雅－羅馬涅、馬凱**）

AOP
自
2009

乳源｜綿羊乳（生乳，至多80%）
和牛乳（生乳，至多20%）
重量｜500公克至1.9公斤
脂肪｜28%

地圖：210-211 頁

這款乳酪從中世紀就開始生產，當時發展出一種稱為「en fosse」的熟成方式。索利亞諾洞穴乳酪

的外皮觸感油滑，表面不均勻，偶有黃色或赭色小黴斑，不過並不影響品質，反而是這款乳酪的特色呢。內芯從偏褐的白色到麥桿色，質地緊密易碎。鼻聞主要為森林地面和有如松露的蕈菇氣息。入口後香氣滿溢，尾韻略帶辛辣感。

布倫伯河谷山乳酪／FORMAI DE MUT DELL'ALTA VALLE BREMBANA（**義大利，倫巴底**）

AOP
自
1996

乳源｜牛乳（生乳）
尺寸｜直徑：30至40公分；厚度：8至10公分
重量｜8至12公斤
脂肪｜28%

地圖：210-211 頁

這款大型乳酪外皮呈麥桿黃（熟成後偏灰色），內芯是象牙色或金黃色。入口後浮現細緻的奶油、鮮奶油和青草風味。

煙燻乳酪／FUMAISON（**法國，奧維涅－隆河－阿爾卑斯**）

乳源｜綿羊乳（生乳）
尺寸｜長度：27公分；寬度：12公分；厚度：12公分
重量｜2公斤
脂肪｜26%

地圖：202-203 頁

1980 年代，前工程師 Patrick Beaumont 落腳於奧維涅的普伊－吉雍（Puy-Guillaume），並在 1991 年發明了這款煙燻乳酪。其形狀（長方形）、面（如香腸般綁滿細繩）、氣味（煙燻）和風味（煙燻、木質、酸味），令它不同於一般乳酪。質地入口即化，很適合放上拼盤。煙燻製程則讓這款乳酪成為獨樹一幟的烤乳酪（raclette）選擇。

格拉瑞斯阿爾帕乳酪／ GLARNER ALPKÄSE（**瑞士**，格拉瑞斯）

AOP
自
2013

乳源｜牛乳（生乳）
尺寸｜直徑：28至32公分；
厚度：10至12公分
重量｜5至9公斤
脂肪｜29%

地圖：222-223 頁

這款乳酪質地細緻柔軟，鼻聞散發植物、乳酸香氣和果香，帶有隱約的烘烤氣息。入口後是奶油、乳香和青草風味。偶爾也會浮現一絲鹹味和酸味。

荷蘭高達乳酪／ GOUDA HOLLAND（**荷蘭**，南荷蘭和北荷蘭）

IGP
自
2010

乳源｜牛乳（巴斯德殺菌法）
重量｜2.5至20公斤
脂肪｜30%

地圖：218-219 頁

荷蘭高達乳酪於中世紀問世，十七世紀時貿易發展興盛而得以傳播。這款乳酪緊實，香氣柔和帶果香。有時會在凝乳中加入孜然籽，香氣因而較鮮明。口感柔潤濃郁。風味方面是奶油氣息，甚至在長時間熟成後會出現焦糖氣息。長時間熟成的荷蘭高達乳酪會形成出名有咬感的酪氨酸！

哈瓦蒂乳酪／ HAVARTI（**丹麥**）

IGP
自
2014

乳源｜牛乳（巴斯德殺菌法）
脂肪｜28%

地圖：220-221 頁

這款乳酪於 1921 年由兩位乳製品家（Ruds Vedby 和 Hallebygård）發明：他們一起跟著瑞士人 G. Morgenthaler 學習瀝水乳酪的製法。哈瓦蒂的外皮無論有無洗皮，都可以包起。內芯色澤為白色、象牙白或偏黃。質地軟潤，容易切割。內芯帶有許多不規則空洞。這款乳酪的風味主要為酸味和乳香。熟成時間較長時，哈瓦蒂會出現鮮奶油風味。有時會在凝乳中加入茴香或細香蔥等香草植物。

荷蘭山羊乳酪／ HOLLANDSE GEITENKAAS（荷蘭）

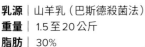

IGP
自
2015

乳源｜山羊乳（巴斯德殺菌法）
重量｜1.5 至 20 公斤
脂肪｜30%

地圖：218 至 219 頁

十九世紀末，由於進一步認識高達乳酪的製造過程，因而誕生了這款乳酪。荷蘭山羊乳酪可以自然熟成形成外皮，不過也可以用保鮮膜包起，使其不產生外皮。這款乳酪的質地具延展性，會隨著熟成逐漸變硬。滋味方面，帶有清爽和鹹味的淡淡山羊氣息。

荷斯坦提斯特乳酪／ HOLSTEINER TILSITER（德國，什勒斯維格－荷斯坦）

IGP
自
2013

乳源｜牛乳（生乳或巴斯德殺菌法）
重量｜3.5 至 5 公斤
脂肪｜30%

地圖：218-219 頁

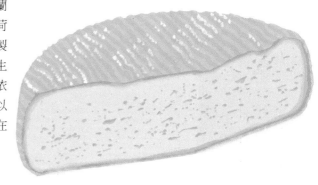

十六世紀末時，由於尼德蘭的難民逃到什勒斯維格－荷斯坦邦，此地開始出現乳製品工廠。這款乳酪就是誕生自尼德蘭人的乳酪知識。依照不同熟成程度，風味可以溫和也可以辛辣。有時會在凝乳中加入孜然籽。

家庭乳酪／ HUSHÅLLSOST（瑞典）

STG
自
2004

乳源｜牛乳（巴斯德殺菌法）
尺寸｜直徑：10 至 13.5 公分；厚度：10 至 15 公分
重量｜1 至 2.5 公斤
脂肪｜26%

地圖：220-221 頁

1898 年首度出現家庭乳酪的文獻，這是瑞士最受歡迎、食用量最大的乳酪。其名稱字面意思為「家事乳酪」：就像法國的餐桌酒一樣。這款乳酪尺寸小，質地柔軟滑潤。風味清爽，帶有些許酸味。

伊迪亞札巴爾乳酪／ IDIAZABAL （**西班牙**，巴斯克地區、納瓦拉）

AOC 自 1987	**AOP** 自 1996

乳源｜綿羊乳（生乳）
尺寸｜直徑：10至30公分；
厚度｜8至12公分
重量｜1至3公斤
脂肪｜24%

地圖：206-207 頁

這是少數 AOP 乳酪中可以使用楓木或山毛櫸煙燻的乳酪！伊迪亞札巴爾的表皮光滑，色澤淺黃，煙燻過後呈深褐色。內芯質地均勻緊實，入口即化帶顆粒感，帶有象牙色到麥桿黃的光澤。風味濃郁，散發青草氣息、辛辣感、酸味和煙燻風味，尾韻迷人綿長。

依摩基利瑞加多乳酪／ IMOKILLY REGATO

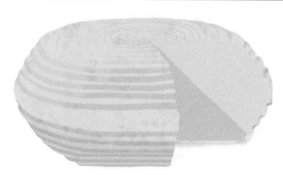

AOP 自 1999

乳源｜牛乳（巴斯德殺菌法）
脂肪｜28%

地圖：216-217 頁

1980 年代起，製造依摩基利瑞加多的農場增加十倍產量，一年可以生產 4000 噸。這款乳酪的外皮極富特色，是帶有條紋的金黃色。內芯偏緊實，呈麥桿黃。風味既溫和柔潤又辛辣，對於這類乳酪而言相當特別。

穆爾島乳酪／ ISLE OF MULL （**英國**，蘇格蘭、史特拉克萊德）

乳源｜牛乳（生乳）
尺寸｜直徑：32公分；
厚度｜25公分
重量｜25公斤
脂肪｜27%

地圖：216-217 頁

穆爾島是蘇格蘭最古老的乳酪之一。外觀很像農場切達乳酪。然而風味方面，鹹味和穀物（尤其是大麥）和青草風味更加突出。質地緊實但柔潤，入口後帶有顆粒感。穆爾島乳酪是按照康塔爾、薩勒或拉吉歐的方式製作，內芯偶爾會自然出現藍紋，但是並不影響滋味。

卡特巴赫乳酪／KALTBACH （**瑞士**，格拉瑞斯、埃森、下瓦爾登、上瓦爾登、舒維茲、烏里、楚格）

乳源｜牛乳（生乳）
尺寸｜直徑：24公分；
厚度：7公分
重量｜4公斤
脂肪｜29%

地圖：222-223 頁

卡特巴赫乳酪放在桑坦山（Santenberg）超過2公里長的砂岩洞穴中熟成，那裡放著數十萬個乾酪，如瑞士格律耶爾或艾曼塔。這款乳酪散發青草、乾草、奶油和鮮奶油香氣。入口後質地驚人地濃郁，悠長的鮮奶油風味尾韻令人驚喜。

坎特乳酪／KANTERKAAS （**荷蘭**，菲士蘭、格羅寧根）

AOP
自
2000

乳源｜牛乳（巴斯德殺菌法）
重量｜3至8.5公斤
脂肪｜22%

地圖：218-219 頁

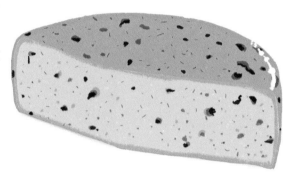

坎特乳酪的外表可以是天然外皮，也可裹上一層黃色或紅色石蠟。入口風味相當溫和，熟成後略帶辛辣感和辛香料風味。這款乳酪也可以加入丁香（Kanternagelkaas）或孜然籽（Kanterkomijnekaas）。

凱法洛格拉維拉乳酪／KEFALOGRAVIERA （**希臘**，馬其頓、伊庇魯斯、西希臘）

AOP
自
1996

乳源｜綿羊乳（巴斯德殺菌法），或綿羊乳和山羊乳（巴斯德殺菌法）
脂肪｜21%

地圖：226-227 頁

這款乳酪外皮呈白色或米白色，質地緊實柔滑。內芯布滿小孔，散發乳香和酸味。入口後，凱法洛格拉維拉帶有一絲微微辛辣感和鹹味。這款乳酪可以放入橄欖油中油炸，製成希臘的經典料理：炸乳酪角（saganáki）。

克蘭諾維奇席瑞克乳酪／KLENOVECKÝ SYREC（**斯洛伐克**，班斯卡－比斯特里查、科希策）

   IGP 自 2015

乳源｜綿羊乳或牛乳（生乳）
尺寸｜直徑：10至25公分；
厚度：8至12公分
重量｜1至4公斤
脂肪｜27%

地圖：224-225 頁

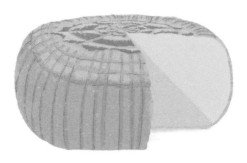

克蘭諾維奇席瑞克乳酪為圓形，每一塊乳酪上都印有十字或四葉幸運草，保證其正統性。這款乳酪（可煙燻）質地緊實綿密，帶有潮濕地窖、發酵和煙燻香氣。

拉多提米提里尼斯乳酪／LADOTYRI MYTILINIS（**希臘**，北愛琴）

   AOP 自 1996

乳源｜綿羊乳（巴斯德殺菌法），或綿羊乳和山羊乳（巴斯德殺菌法）
尺寸｜直徑：4至5公分；厚度：7至8公分
重量｜800公克至1.2公斤
脂肪｜22%

地圖：224-225 頁

這款小尺寸乳酪僅在雷斯伏斯島上製作，會放進小籃子中，因此熟成後表面帶有紋路。質地緊密有細滑顆粒。帶有酸味、鹹味和羊乳風味。拉多提米提里尼斯乳酪乾燥後會浸入裝滿橄欖油的陶製容器中。不過今日也可裹上石蠟。

拉吉歐乳酪／LAGUIOLE（**法國**，歐西坦尼）

  AOC 自 1961　**AOP** 自 1996

乳源｜牛乳（生乳）
尺寸｜直徑：40公分；
厚度：30至40公分
重量｜25至50公斤
脂肪｜29%

地圖：202-203 頁

拉吉歐乳酪極具象徵性，古時候就已出現在博物學家普林尼（Pline）的書寫中。過去這款乳酪是由修士們在夏季製作，現在全年皆有，不過仍然保持在海拔 800 至 1400 公尺處製造。粗獷的外表下藏著高雅、富個性但細緻的乳酪。質地柔細，幾乎呈奶油狀。入口散發牛乳、烘烤、鮮奶油、奶油和青草風味，也有堅果香氣。

拉沃爾乳酪／ LAVORT （**法國**，奧維涅－隆河－阿爾卑斯）

乳源│綿羊乳（生乳）
尺寸│直徑：20公分；
厚度：12公分
重量│ 2公斤
脂肪│ 27%

地圖：202-203 頁

落腳奧維涅的 Patrick Beaumont 過去曾是乳製品技師，拉沃爾就是他的想像力結晶，煙燻乳酪（見 109 頁）也是他的創造。他到西班牙尋找製作砲彈的模具後，於 1988 年發明這款乳酪，獨特造型正是因此而來！雖然外皮粗獷，散發潮濕地窖和蕈菇氣味，內芯卻細緻綿密，帶有乳酸、酸味和近乎甜美的青草風味。

利利普塔斯乳酪／ LILIPUTAS （**立陶宛**）

IGP
自
2015

乳源│牛乳（巴斯德殺菌法）
尺寸│直徑：7至8.5公分；
厚度：7.5至13公分
重量│ 400 至 700 公克
脂肪│ 30%

地圖：220-221 頁

這款乳酪僅在立陶宛乳製品的古老搖籃──貝韋德瑞斯（Belvederis）村莊生產：1921 年農業學校在此成立，其中一門科目就是「乳製品」。這款乳酪的外皮光滑，通常裹上一層黃色石蠟。質地富彈性，必須充分咀嚼才能享受其風味。外觀上，內芯帶有不規則小孔。入口後是鮮明的發酵牛乳滋味。偶爾也會出現辛辣口感和鹽味。

馬昂－梅諾卡乳酪／ MAHÓN-MENORCA （**西班牙**，巴利亞利）

AOC
自
1985

AOP
自
1996

乳源│綿羊乳（至多5%）和牛乳（生乳或巴斯德殺菌法）
尺寸│直徑：底部邊長20公分的方形；
厚度：4至9公分
重量│ 1至4公斤
脂肪│ 24%

地圖：206-207 頁

這款褐色磚形乳酪的質地緊實乾燥，但是手指觸感油滑。質地入口即化，帶些許顆粒感，散發奶油和玉米片香氣。

壓製生乳酪

米摩雷特乳酪／ MIMOLETTE（**法國**，上法蘭西）

乳源｜牛乳（生乳或巴斯德殺菌法）
尺寸｜直徑：20公分；
厚度：15公分
重量｜2.5至4公斤
脂肪｜27%

地圖：196-197 頁

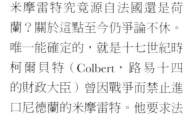

米摩雷特究竟源自法國還是荷蘭？關於這點至今仍爭論不休。唯一能確定的，就是十七世紀時柯爾貝特（Colbert，路易十四的財政大臣）曾因戰爭而禁止進口尼德蘭的米摩雷特。他要求法國農民為自家的乳酪（稱作「里爾之球」，boule de Lille）上色以便區隔。從此尼德蘭人也在他們的米摩雷特「染橘」。外皮是兩者之間最大的不同點。法國的外皮為天然，荷蘭的外皮則裹上石蠟。熟成少於 6 個月的米摩雷特稱為「年輕」（jeune）；6 至 12 個月的稱為「中熟」（mi-vieille）；12 至 18 個月的稱為「熟成」（vieille）；超過 18 個月的則稱為「極熟」（extra-vieille）。年輕和中熟的米摩雷特軟滑溫和，隨著熟成時間拉長，會出現榛果風味，但絕對不會辣口。

生長於里爾的戴高樂將軍最愛米摩雷特乳酪。

蒙塔席歐乳酪／ MONTASIO（**義大利**，佛里烏利－威尼斯朱利亞、威尼托）

| AOC 自 1955 | AOP 自 1996 |

乳源｜牛乳（生乳）
尺寸｜直徑：30至35公分；
厚度：8公分
重量｜6至8公斤
脂肪｜29%

地圖：210-211 頁

關於這款乳酪最早的文字紀錄可追溯至十三世紀，當時的蒙塔席歐是由本篤會修士以綿羊乳在莫吉歐修道院（abbaye de Moggio）製作。這款乳酪的外皮光滑均勻，內芯緊實，呈麥桿黃，中心帶有許多小洞。年輕的蒙塔席歐柔滑富乳香，熟成較久後內芯會變乾，轉為顆粒狀，散發較多辛辣風味和動物氣息。

維洛納山乳酪／MONTE VERONESE（義大利，威尼托）

AOP
自
1996

乳源｜牛乳（生乳）
尺寸｜直徑：25至35公分；
厚度：6至11公分
重量｜6至10公斤
脂肪｜29%

地圖：210-211 頁

維洛納山乳酪有兩種：latte intero（全脂乳）和 d'allevo（熟成）。兩種在側面都有「Monte Veronese」字樣，確保其正統性。latte intero（全脂乳）較年輕，因此較溫和，鼻聞散發新鮮奶油和優格香氣；質地柔軟細滑；滋味方面主要為新鮮牛乳風味（僅在地窖中熟成25天），帶有少許青草氣息和酸味。至於 d'allevo（熟成），則在地窖中熟成至少90天，外表較年輕版粗獷，色澤偏紅。氣味也更加豐富，入口後主要為榛果、奶油和鮮奶油風味，尾韻浮現辛香料氣息。

維洛納山乳酪至少從公元一世紀就存在，出現在威尼托的許多帳本中，表示這款乳酪當時可以作為交易貨幣。

莫比耶乳酪／MORBIER（**法國**，奧維涅－隆河－阿爾卑斯、布根地－法蘭什－康堤）

AOC **AOP**
自 自
2000 2009

乳源｜牛乳（生乳）
尺寸｜直徑：30至40公分；
厚度：5至8公分
重量｜5至8公斤
脂肪｜22%

地圖：198-199 頁

過去，莫比耶乳酪是以分量不足以製作康堤乳酪的牛乳製造。當時的製造者在晚上讓牛乳凝結，撒上鍋裡剩下的炭灰，避免蟲害。隔天再加入當天早上擠出的牛乳。這款乳酪的外皮略微黏手，色澤為粉紅色到偏橘的米色，散發的氣味略帶硫味。內芯入口即化，帶有酸香、鮮奶油和榛果風味。莫比耶是溫和的乳酪，不應該出現強烈酸味。

莫比耶乳酪中的藍色條紋並不是黴菌，而是植物性炭灰，界定出兩次不同時間擠乳的乳汁（晚間的和隔天早上的）。

那諾斯乳酪／ NANOŠKI SIR（**斯洛維尼亞**，伊斯特里亞、格瑞奇卡）

AOP
自
2011

乳源｜牛乳（巴斯德殺菌法）
尺寸｜直徑：32至34公分；
厚度：7至12公分
重量｜8至11公斤
脂肪｜23%

地圖：222-223頁

那諾斯平原（plateau de Nanos）從十六世紀起就開始製造這款乳酪。那諾斯乳酪外皮呈黃色，帶有從磚紅到褐色的色素。切開後露出鮮黃色內芯，質地柔軟緊實富彈性。入口略帶辛辣感和細緻鹹味。

北荷蘭艾登乳酪／ NOORD-HOLLANDSE EDAMMER（荷蘭，北荷蘭）

AOP
自
1996

乳源｜牛乳（巴斯德殺菌法）
重量｜1.7至1.9公斤
脂肪｜28%

地圖：218-219頁

這款乳酪僅由乳製品商製作，是荷蘭最出名的乳酪之一。數世紀以來，這些乳酪從艾登和圍繞古時候艾塞湖（lac d'Ijssel）的港口出口到世界各地。外表裹著紅色或橘色的石蠟，內芯細滑柔軟。風味主要是新鮮牛乳和無鹽奶油的氣息。

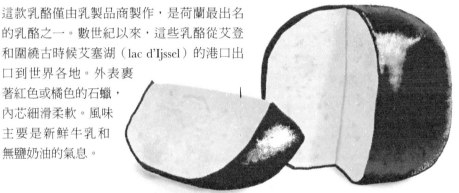

北荷蘭高達乳酪／ NOORD-HOLLANDSE GOUDA（荷蘭，南荷蘭）

AOP
自
1996

乳源｜牛乳（巴斯德殺菌法）
重量｜2.5至30公斤
脂肪｜28%

地圖：218-219頁

高達的港口城市每週四早上都會有市集（專賣乳酪！），高達乳酪在

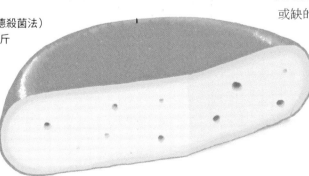

這裡整塊裹著蠟販售！橘色石蠟外皮是乳製品店和大賣場貨架上不可或缺的元素。年輕時的高達乳酪柔軟，熟成時間拉長後會變硬。北荷蘭高達乳酪布滿酪氨酸結晶，質地緊實，帶有奶油、榛果風味和細緻甜味。

特隆皮亞河谷諾斯特拉諾乳酪／ NOSTRANO VALTROMPIA（義大利，倫巴底）

AOP
自
2012

乳源｜牛乳（生乳）
尺寸｜直徑：30 至 45 公分；
厚度：8 至 12 公分
重量｜8 至 18 公斤
脂肪｜28%

地圖：210-211 頁

這款乳酪的外皮從黃褐色到紅褐色，質地觸感油滑緊實。由於製造時在生牛乳中加入番紅花，內芯呈金黃色。入口後，這款強勁的乳酪帶來纖細的番紅花風味，若經長時間熟成，會浮現一絲辛辣感。

老灰熊乳酪／ OLD GRIZZLY（加拿大，艾伯塔）

乳源｜牛乳（巴斯德殺菌法）
尺寸｜直徑：36 公分；厚度：10 公分
重量｜10 公斤
脂肪｜26%

地圖：228-229 頁

1995 年，Schalkwyk 家族落腳加拿大，著手製作自家的高達乳酪。老灰熊帶有溫潤的奶油風味，咬感脆口，帶有堅果和新鮮鮮奶油氣息。

奧洛摩次乳酪／ OLOMOUCKÉ TVARŮŽKY（捷克共和國，奧洛摩次）

IGP
自
2010

乳源｜牛乳（巴斯德殺菌法）
重量｜20 至 30 公克
脂肪｜24%

地圖：224-225 頁

這款乳酪裹著金黃色蠟質外皮，這層外皮可讓乳酪在柔軟、半軟質甚至硬質之間變化。這款乳酪依照不同的模具，形狀各有差異：有小磚塊形、小環形或小木條形。入口風味依照熟成程度，從溫和到辛辣。

奧克尼蘇格蘭島切達乳酪／ ORKNEY SCOTTISH ISLAND CHEDDAR（英國，蘇格蘭、史特拉克萊德）

IGP
自
2013

乳源｜牛乳（巴斯德殺菌法）
重量｜20 公斤
脂肪｜33%

地圖：216-217 頁

這款乳酪依照三種不同熟成程度販售：中等（6 至 12 個月）、強烈（12 至 15 個月）和極強烈（15 至 18 個月）。這款乳酪是很典型的英式切達乳酪，風味多少帶點酸度、榛果和辛香料風味。

歐塞佩克乳酪／ OSCYPEK （**波蘭**，西利西亞）

AOP
自
2008

乳源｜綿羊乳（生乳），或綿羊乳和牛乳（生乳）

尺寸｜直徑：6 至 10 公分；長度：17 至 23 公分

重量｜600 至 800 公克

脂肪｜31%

地圖：224-225 頁

這款乳酪的名稱和其製作過程有關，來自動詞 oszczypywac（磨碎）與單字 oszczypek，後者意思是小標槍，源自這款乳酪的形狀。歐塞佩克乳酪只在 5 月到 9 月之間製作。外皮閃亮，色澤來自乾燥後的煙燻手續，從麥桿黃到淺褐色。偏黃的內芯緊實細嫩。入口後浮現煙燻、動物風味與酸味。

歐索－伊拉提乳酪／ OSSAU-IRATY （**法國**，新阿基坦）

AOC
自
1980

AOP
自
2003

乳源｜綿羊乳（生乳或巴斯德殺菌法）

尺寸｜直徑：18 至 28 公分；厚度：7 至 15 公分

重量｜2 至 7 公斤

脂肪｜30%

地圖：202-203 頁

這是巴斯克和貝亞恩地區的代表性乳酪，從中世紀便存在。十四世紀的多份公證文件表示這款乳酪在佃租中可作為交易貨幣。這款乳酪的名稱來自位於貝亞恩的歐索河谷，還有巴斯克地區的伊拉提山。歐索－伊拉提共有三種：乳品商（外皮印有綿羊頭側像）、農場（印有正面綿羊頭像）和夏季（由兩個印章組成，一個是正面綿羊頭像，另一個是小白花）。不同的歐索－伊拉提，外皮顏色從橘黃色到淺灰色。氣味有青草、乾草和奶油香氣。質地緊實油滑，入口即化，散發動物、乳香和烘烤風味。

Michel Touyarou 的小歐索－伊拉提艾斯基胡（petit ossau-iraty esquirrou）曾在美國舉辦的活動中獲選 2018 年世界最佳乳酪。當時共有三千四百種乳酪參加競相爭取頭銜。

歐索拉諾乳酪／ OSSOLANO（**義大利**，皮蒙）

AOP
自
2017

乳源｜牛乳（生乳）
尺寸｜直徑：29至32公分；
厚度：6至9公分
重量｜5至7公斤
脂肪｜28%

地圖：210-211 頁

這款山區乳酪有兩種，其中一種是高山牧場乳酪（夏季在高海拔處製作）帶有褪成褐色的標示。

兩種歐索拉諾的內芯皆為淡黃到麥桿黃，質地入口即化。鼻聞時散發細緻花香和堅果香氣。入口後浮現豐美滋味，帶有花朵、青草、香莢蘭氣息，以及紅醋栗等紅色莓果香氣。

歐維奇薩拉希尼基伊德尼乳酪／ OVČÍ SALAŠNÍCKY ÚDENÝ SYR（**斯洛伐克**）

STG
自
2010

乳源｜綿羊乳（生乳）
重量｜100公克至1公斤
脂肪｜28%

地圖：224-225 頁

這款乳酪是斯洛伐克的象徵，特色是獨特的外型（半圓，有各種動物形狀或心形）和煙燻過程，僅在夏季製作。表面呈褐色，乾燥緊實，偶爾出現些許煙燻的斑點。其質地緊實，帶有小孔洞。鼻聞和口嘗皆為煙燻風味，酸味稍重。

克羅托內佩科里諾乳酪／ PECORINO CROTONESE（**義大利**，卡拉布里亞）

AOP
自
2014

乳源｜綿羊乳（生乳、熱化殺菌法或巴斯德殺菌法）
尺寸｜直徑：10至30公分；
厚度：6至20公分
重量｜500公克至10公斤
脂肪｜28%

地圖：214-215 頁

這款乳酪在地窖中熟成，有數種不同熟成程度：fresco（新鮮）、

semiduro（半硬質）和 stagionato（熟成超過 6 個月）。因此外皮色澤也從白色、麥桿黃到褐色。鼻聞散發綿羊乳、乾草、青草和堅果氣息。質地入口即化，風味視熟成程度分為溫和、濃郁或辛辣。stagionato 可以塗抹橄欖油軟化外皮，進一步培養內芯的滋味。

巴澤沃泰拉內佩科里諾乳酪／PECORINO DELLE BALZE VOLTERRANE（義大利，托斯卡尼）

AOP 自 2015

乳源｜綿羊乳（生乳）
尺寸｜直徑：10 至 20 公分；
長度：5 至 15 公分
重量｜600 公克至 7 公斤
脂肪｜28%

地圖：212-213 頁

這款佩科里諾是以植物性凝乳酶製作，適合奶蛋素食者，共有四種熟成法：新鮮（6 週）、半熟成（6 週到 6 個月）、熟成（6 個月到 1 年）和陳年（熟成超過 12 個月）。視不同的熟成程度，內芯的緊實度也各有不同，色澤介於白色和金黃色之間。這款乳酪散發乳香、香草植物和黃色花朵香氣。入口後溫和帶花香，接著浮現奶油和乳香。熟成時間較久的版本尾韻帶辛辣感。

費里安諾佩科里諾乳酪／PECORINO DI FILIANO（義大利，巴西利卡塔）

AOP 自 2007

乳源｜綿羊乳（生乳）
尺寸｜直徑：15 至 30 公分；
長度：8 至 18 公分
重量｜2.5 至 5 公斤
脂肪｜28%

地圖：212-215 頁

這款乳酪的外皮留下入模時的籃子痕跡。為了增加香氣，這款乳酪外皮塗抹冷壓初榨橄欖油和葡萄酒醋。質地緊實乾燥。年輕時，入口風味溫和帶乳香，熟成時間較長後，會轉而出現特有的動物氣息和辛辣風味。

皮希尼斯科佩科里諾乳酪／PECORINO DI PICINISCO（義大利，阿布魯佐）

AOP 自 2013

乳源｜綿羊乳（生乳），或山羊乳（至多 25%）和綿羊乳（生乳）
尺寸｜直徑：12 至 25 公分；厚度：7 至 12 公分
重量｜500 公克至 2 公斤
脂肪｜29%

地圖：212-213 頁

這款乳酪販售兩種截然不同的熟成版本：scamosciato（30 到 60 天）和 stagionato（熟成超過 90 天）。外皮粗糙，內芯略微粗糙不平。Scamosciato 散發牧場氣息和羊乳、青草的新鮮氣味。Stagionato 則較強勁，鼻聞和口嘗皆較多動物氣息，骨幹較紮實。

羅馬諾佩科里諾乳酪／ PECORINO ROMANO （**義大利**，拉吉歐、薩丁尼亞、托斯卡尼）

AOP
自
1996

乳源｜綿羊乳（生乳）
尺寸｜直徑：25至35公分；厚度：25至40公分
重量｜25至35公斤
脂肪｜28%

地圖：212-215 頁

《艾尼亞思紀》（*L'Énéide*）的作者維爾吉（Virgile）讓我們得知，當時每天每個羅馬軍隊的士兵可以得到 27 公克的羅馬諾佩科里諾，讓他們有精力征戰。不同於其名稱的只是，這款乳酪不只在拉吉歐（羅馬諾大區）製造，薩丁尼亞和托斯卡尼也有生產。白色外皮裹上一層黑色薄膜，底下藏著緊實帶顆粒的內芯，氣味和風味皆有乾草、畜棚和辛香料氣息。

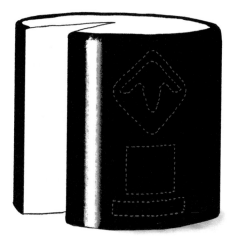

薩丁尼亞佩科里諾乳酪／ PECORINO SARDO （**義大利**，薩丁尼亞）

AOC
自
1991

AOP
自
1996

乳源｜綿羊乳(生乳)
尺寸｜直徑：15至22公分；厚度：8至13公分
重量｜1至4公斤
脂肪｜28%

地圖：212-215 頁

薩丁尼亞佩科里諾共有兩種：dolce（新鮮，熟成 20 至 60 天）和 maturo（熟成超過 2 個月）。Dolce 的外皮光滑柔軟，呈白色到白偏黃色，質地緊密但有彈性，內芯稍有凹凸不平。這款乳酪的風味清新帶乳香和酸度。至於 maturo，外皮顏色較深，從黃色到褐色。內芯質地為細滑的顆粒，入口後風味獨特，帶一絲辛辣感。

西西里佩科里諾乳酪／ PECORINO SICILIANO （**義大利**，西西里）

AOC
自
1955

AOP
自
1996

乳源｜綿羊乳（生乳）
尺寸｜直徑：20至26公分；厚度：10至18公分
重量｜4至12公斤
脂肪｜31%

地圖：214-215 頁

荷馬在《奧德賽》中提到西西里佩科里諾，這款乳酪僅在 10 月到 6 月之間生產。不過這項限制並不影響全年都能享用乳酪，因為乳酪必須熟成至少 4 個月。一如許多佩科里諾乳酪，西西里佩科里諾的外皮有紋路富光澤，代表其放在籃子中熟成。內芯觸感硬實帶顆粒。鼻聞散發畜棚香氣。入口後是充滿個性的風味和辛辣感。

托斯卡尼佩科里諾乳酪／PECORINO TOSCANO（**義大利**，拉吉歐、溫布里亞、托斯卡尼）

AOP
自
1996

乳源｜綿羊乳（生乳或巴斯德殺菌法）
尺寸｜直徑：15 至 22 公分；
厚度：7 至 11 公分
重量｜750 公克至 3.5 斤
脂肪｜29%

地圖：212-213 頁

托斯卡尼佩科里諾是純粹的托斯卡尼產物，老普林尼在書寫中曾提及。今日這款乳酪（又稱 cacio）也在溫布里亞和拉吉歐地區生產。外皮以橄欖油擦拭去除黴菌，為黃色到深黃色，甚至呈金黃色。內芯是米白色，熟成時為米色。依照熟成程度，內芯為柔軟或硬實，帶有些許凹凸不平。口嘗介於羊乳、乾草、堅果和辛香料風味之間，一切取決於熟成！

費比斯乳酪／PHÉBUS（**法國**，歐西坦尼）

乳源｜牛乳（生乳）
尺寸｜直徑：22 公分；
厚度：7 公分
重量｜2.7 公斤
脂肪｜26%

地圖：202-203 頁

這款牛乳酪是由 Garros 夫婦製造，也就是邱比特（綿羊乳酪，見 83 頁）和庇里牛斯小費昂雪（山羊乳酪，90 頁）的製造者。這款乳酪的名稱是向當地享有盛名的騎士，也是伯爵和中世紀作者 Gaston Phébus 致敬。外皮偏粉紅和橘色，可能也會出現白色痕跡。質地柔軟細滑，呈乳霜狀。聞起來主要為新鮮牛乳氣息，還有些許青草和乾草氣味。入口後，費比斯展現出細緻的一面，散發果香、酸味和乳香。這款乳酪很耐熱，可放入烤箱烹調或做成烤乳酪（raclette）。

皮亞桑提努艾尼斯乳酪／PIACENTINU ENNESE（**義大利**，西西里）

AOP
自
2011

乳源｜綿羊乳（生乳）
尺寸｜直徑：20 至 21 公分；
厚度：14 至 15 公分
重量｜3.5 至 4.5 公斤
脂肪｜29%

地圖：214-215 頁

其名稱來自西西里字 piacenti，意思是「討人喜愛的」。文獻紀錄證實這款乳酪從十二世紀就已存在。由於添加西西里番紅花，外皮為略緊實的黃色。凝乳中也加入了黑胡椒。皮亞桑提努艾尼斯辛辣帶胡椒味，質地緊實細滑。

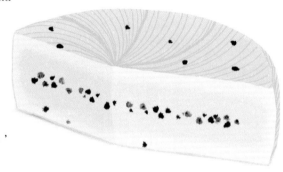

皮亞維乳酪╱ PIAVE（**義大利**，威尼托）

AOP
自
2010

乳源｜牛乳（生乳）
尺寸｜直徑：27.5至34公分；
厚度｜6至10公分
重量｜6至10公斤
脂肪｜20至35%

地圖：210-211 頁

這款乳酪有五種不同地窖熟成程度：fresco（熟成 20 至 60 天）、mezzano（60 至 180 天）、vecchio（6 個月以上）、vecchio selezione oro

（12 個月以上）、vecchio riserva（18 個月以上），因此皮亞維的尺寸、重量和脂肪含量也各有不同。Fresco 和 mezzano 較溫和清爽，帶有乳酸風味，外皮色淺，質地是均勻的淺米色。熟成時間較長的版本則較富個性，轉為奶油、鮮奶油風味，幾乎帶甜味，強勁但不辛辣。質地方面，內芯變得較乾帶油滑顆粒，色澤偏麥桿黃和淺褐色。

皮楚內乳酪╱ PITCHOUNET（**法國**，歐西坦尼）

乳源｜綿羊乳（生乳）
尺寸｜直徑：9至10公分；
厚度｜6至7公分
重量｜380公克
脂肪｜28%

地圖：202-203 頁

皮楚內（pitchounet，普羅旺斯語的「兒童」之意）由 Seguin 家族製作，阿維隆瑞克特（見 54 頁）和賽維哈克藍紋乳酪（見 169 頁）亦出自他們之手。這是一款高雅纖細的珠玉之作。入口充滿新鮮綿羊乳、剛割下的青草和麥桿風味。尾韻帶些許苦味與蕈菇氣息，為整體劃下句點。

丹麥王子乳酪╱ PRINZ VON DENMARK（**丹麥**，日德蘭）

乳源｜牛乳（巴斯德殺菌法）
尺寸｜直徑：31公分；
厚度｜9公分
重量｜6.6公斤
脂肪｜29%

地圖：220-221 頁

黑色石蠟外皮下，藏著象牙色柔軟帶氣孔的乳酪。鼻聞帶有略辛辣的牛乳香氣。內芯色澤予人溫和乳酪的印象，不過恰好相反！一入口是清爽口感和酸味，隨著品嘗，動物風味也逐漸浮現，最後出現辛辣的口感。丹麥王子真的令人驚艷無比。

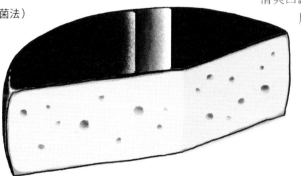

莫埃那普佐內乳酪／斯普列恣茲瓦利乳酪／ PUZZONE DI MOENA ／ SPRETZ TZAORI（**義大利**，特倫提諾－上阿迪傑）

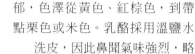

AOP
自
2013

乳源｜牛乳（生乳）
尺寸｜直徑：34至42公分；
厚度：9至12公分
重量｜9至13公斤
脂肪｜28%

地圖：210-211 頁

兩個名稱其實指的是同一個乳酪！這款乳酪的外皮相當光滑濃郁，色澤從黃色、紅棕色，到帶點栗色或米色。乳酪採用溫鹽水洗皮，因此鼻聞氣味強烈，略帶阿摩尼亞氣息。質地柔軟富彈性，呈象牙色或淺黃色。入口後是強勁略辛辣的乳酪，帶一絲鹹味。

皮恩加納乳酪／ PYENGANA（**澳洲**，塔斯馬尼亞）

乳源｜牛乳（巴斯德殺菌法）
脂肪｜27%

地圖：232-233 頁

「Pyengana」一字其實是原住民字彙，意指「兩條河流匯聚處」。Healey 家族第四代和他們的先祖一樣牧牛，不過第四代是從 1992 年首次開始製作乳酪。這款乳酪的質地柔細富顆粒。依照不同熟成方式，可能帶有或多或少鮮奶油、生洋蔥或肉豆蔻氣息，甚至有孜然風味。然而無論熟成方式為何，這款乳酪都擁有綿長尾韻，風味相當平衡。

下貝拉乳酪／ QUEIJO DA BEIRA BAIXA（**葡萄牙**，中央）

AOP
自
1996

乳源｜綿羊乳和／或山羊乳（生乳）
尺寸｜直徑：9至13公分；
厚度：6公分
重量｜500公克至1公斤
脂肪｜29%

地圖：208-209 頁

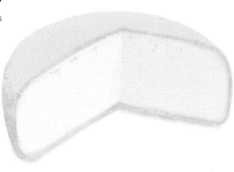

此 AOP 包含布朗庫堡乳酪（Queijo de Castelo Branco）、下貝拉黃乳酪（Queijo Amarelo da Beira Baixa）和下貝拉辛辣乳酪（Queijo picante da Beira Baixa）。入口後可以感受到明顯酸味和乳香或是風味較高雅帶辛香料香氣（辛辣）。

後山山羊乳酪／ QUEIJO DE CABRA TRANSMONTANO（**葡萄牙**，北部、波特）

AOP
自
1996

乳源│山羊乳（生乳）
尺寸│直徑：6至19公分；
厚度：3至6公分
重量│250至900公克
脂肪│29%

地圖：208-209 頁

這款乳酪完全以瑟拉納（serrana）品種山羊乳製造。外皮硬實光滑。有時會以橄欖油混合紅椒擦拭外皮，因此外皮呈紅色。質地方面，內芯濃郁，帶有些許不均勻感。鼻聞是新鮮青草和鮮奶油香氣。入口風味鮮明，散發動物氣息，尾韻略帶一絲辛辣感。

艾弗拉乳酪／ QUEIJO DE ÉVORA（**葡萄牙**，阿連特如）

AOP
自
1996

乳源│山羊乳（生乳）
尺寸│直徑：6公分；
厚度：2至3公分
重量│100至150公克
脂肪│28%

地圖：208-209 頁

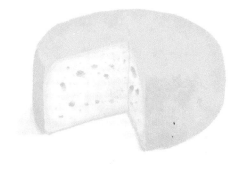

這款乳酪使用植物性凝乳酶，因此很適合奶蛋素食者。外皮是淡黃色或金黃色，質地為硬質或半硬質。艾弗拉乳酪散發地窖和畜棚香氣，入口後滋味強勁，帶鹹味、辛辣還有強烈的畜棚風味。

尼薩乳酪／ QUEIJO DE NISA（**葡萄牙**，阿連特如）

AOP
自
1996

乳源│綿羊乳（生乳）
重量│200公克至1.3公斤
脂肪│28%

地圖：208-209 頁

這款乳酪使用刺苞菜薊凝乳酶，外皮從霧面白色到金黃色。尼薩乳酪的質地緊實帶氣孔。入口後是富個性的乳酪，青草、酸味和動物風味鮮明。充分熟成後，尾韻會浮現辛辣感。

皮科乳酪／ QUEIJO DO PICO （**葡萄牙**，亞速）

AOP
自
1998

乳源｜牛乳（生乳）
尺寸｜直徑：16 至 17 公分；
厚度｜2 至 3 公分
重量｜650 至 800 公克
脂肪｜25%

地圖：208-209 頁

亞速群島位在葡萄牙沿海的大西洋上，地處偏僻，因此製造乳酪對當地居民而言是非常重要的經濟來源。這款乳酪的黃色外皮柔軟有黏性。內芯質地濃郁，同時又保持緊實。鼻聞帶牛乳香氣和一絲酸味。入口後，皮科乳酪展現濃郁的動物風味和鹹味。

梅斯提索托羅薩乳酪／ QUEIJO MESTIÇO DE TOLOSA （**葡萄牙**，阿連特如）

IGP
自
2000

乳源｜綿羊乳和山羊乳（生乳）
尺寸｜直徑：7 至 10 公分；
厚度｜3 至 4 公分
重量｜150 至 440 公克
脂肪｜29%

地圖：208-209 頁

梅斯提索托羅薩乳酪質地緊實柔軟，外皮略帶赭黃或橘色。製造過程使用刺苞菜薊凝乳酶。這款

乳酪年輕時內芯柔軟，熟成後越發緊實，甚至硬質。入口後無論熟成程度，這款乳酪都相當強勁，帶有明顯的動物氣息和辛辣感。不過由於使用的是山羊和綿羊乳，令這款乳酪的尾韻浮現酸味，帶來些許清爽口感。

哈巴薩乳酪／ QUEIJO RABAÇAL （**葡萄牙**，中央）

AOP
自
1996

乳源｜綿羊乳和／或山羊乳
（生乳）
尺寸｜直徑：10 至 20 公分；
厚度｜4 公分
重量｜300 至 500 公克
脂肪｜28%

地圖：208-209 頁

這款小型乳酪經常年輕販售，展現柔軟的象牙色或白色質地。鼻聞可感受到酵母和畜棚香氣。入口後，乳酪的酸味和淡淡鹹味展現細緻的山羊和綿羊風味。不過熟成後的哈巴薩乳酪會轉為褐色，質地緊實，風味近乎辣口。

聖若熱乳酪／ QUEIJO SÃO JORGE（**葡萄牙**，亞速）

	AOC 自 1996	AOP 自 1996

乳源｜牛乳（生乳）
尺寸｜直徑：20至30公分；
厚度：10公分
重量｜4至7公斤
脂肪｜27%

地圖：208-209 頁

這款乳酪是十五世紀中葉法蘭德斯人殖民亞速群島的證明。因為這款乳酪的外觀和風味都和藍紋乳酪接近。外皮光滑，色澤淡黃，底下藏著柔滑的象牙色內芯。滋味方面，聖若熱乳酪風味溫和，略帶苦味。熟成時間較長後會帶辛辣口感。

特林丘乳酪／ QUEIJO TERRINCHO（**葡萄牙**，北部、波特）

	AOP 自 1996

乳源｜綿羊乳（生乳）
尺寸｜直徑：13至20公分；
厚度：3至6公分
重量｜700公克至1.2公斤
脂肪｜29%

地圖：208-209 頁

特林丘乳酪只以葡萄牙北部的古老品種——庫拉特拉康堤（Curra de Terra Quente）綿羊乳製作。這款乳酪必須在地窖熟成30天，外皮是麥桿黃，質地緊實細滑。入口帶有纖細溫和的綿羊香氣。熟成時間較長時（60天），外皮會轉為黃色或紅色，質地也較硬。風味強勁，尾韻甚至帶有辣口感。

卡美拉諾乳酪／ QUESO CAMERANO（**西班牙**，里奧哈）

	AOP 自 2012

乳源｜山羊乳（生乳或巴斯德殺菌法）
重量｜200公克至1.2公斤
脂肪｜24%

地圖：206-207 頁

這款乳酪的表面印有做為模具的柳編籃子的痕跡。依照熟成程度，卡美拉諾乳酪可以是軟質、半硬質或硬質。熟成時間最長的版本表面會有些許黴菌。這款乳酪風味清爽帶酸味，還有些許花朵氣息。隨著熟成時間拉長，山羊風味也會越發明顯。

卡辛乳酪／QUESO CASÍN（**西班牙**，阿斯圖里亞斯）

AOP
自
2011

乳源｜牛乳（生乳）
尺寸｜直徑：10至20公分；
厚度：4至7公分
重量｜250公克至1公斤
脂肪｜25%

地圖：206-207 頁

這是極少見需要攪拌的乳酪，過去是手工攪拌，現在則使用攪拌機……卡辛乳酪的表面帶有類似花形或貝殼形的幾何圖樣，非常好認。由於不斷攪拌凝乳，這款乳酪幾乎沒有外皮，質地緊密且偏乾，但是濃郁，呈淺乳黃色到深乳黃色。卡辛乳酪的口感柔潤細滑，風味直接，帶有生奶油和畜棚氣息。熟成時間較長時會有辛辣感，尾韻帶苦味。

吉亞之花乳酪／QUESO DE FLOR DE GUÍA（**西班牙**，加那利群島）

AOP
自
2010

乳源｜綿羊乳（生乳，至多60%）
和／或牛乳（生乳，至多40%）
和／或山羊乳（生乳，至多10%）
尺寸｜直徑：15至30公分；
厚度：4至6公分
重量｜500公克至5公斤
脂肪｜23%

地圖：208-209 頁

這款乳酪的外表依照不同熟成程度，分別是象牙色、灰白色或栗色，觸感柔軟。內芯質地滑潤，年輕的乳酪甚至呈乳霜狀。熟成時間較長時，內芯較硬。風味鮮明帶酸味。熟成時間最長的乳酪會在尾韻留下苦味和一絲辛辣感。

亞特烏爾傑和塞爾達涅乳酪／QUESO DE L'ALT URGELL Y LA CERDANYA（**西班牙**，加泰隆尼亞）

AOP
自
2000

乳源｜牛乳（巴斯德殺菌法）
尺寸｜直徑：19.5至20公分；
厚度：10公分
重量｜2.5公斤
脂肪｜25%

地圖：206-207 頁

這款乳酪是在根瘤蚜蟲病害肆虐加泰隆尼亞後誕生的，傳染病使得農家必須發展畜牧業，才能在葡萄和杏仁之外確保額外收入。這款乳酪的表面略微潮濕，帶有淺灰色光澤。內芯柔滑，色澤從乳黃到象牙色。氣味溫和細緻，帶有淡淡新鮮青草氣息。入口後是綿長悠久的奶油和乳香風味。

瑟雷納乳酪／ QUESO DE LA SERENA（**西班牙**，艾斯特馬杜雷）

AOP
自
1996

乳源｜綿羊乳（生乳）
尺寸｜直徑：10至24公分；
厚度：4至8公分
重量｜750公克至2公斤
脂肪｜28%

地圖：208-209 頁

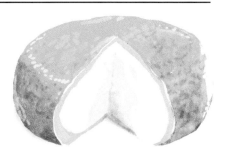

十六和十七世紀的神職人員法令中指出，養殖者必須將每年的首批乳酪製品以 primicia（稅）之名捐給該城的神父。瑟雷納乳酪是軟質或半硬質乳酪。最理想的品嘗狀態為綿軟甚至乳霜狀質地時。帶有綿羊乳的酸香風味，還有乾草和麥稈風味，也會浮現畜棚和青草氣息。

莫夕亞乳酪／ QUESO DE MURCIA（**西班牙**，莫夕亞）

AOP
自
2002

乳源｜山羊乳（生乳）
尺寸｜直徑：12至20公分；
厚度：7至20公分
重量｜250公克至3公斤
脂肪｜24%

地圖：208-209 頁

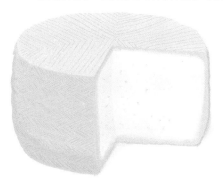

莫夕亞乳酪有兩種熟成方式：fresco（新鮮）和 curado（熟成）。前者沒有外皮，但是表面有麥稈般的紋路，柔軟潮濕，內芯帶有小孔。這款白色富光澤的乳酪散發乳酸香氣，入口後帶有隱約鹹味，還有酸味和青草風味。至於 curado 熟成版，則有一層介於蠟黃到赭黃之間的光滑外皮。口感緊實帶砂感。鼻聞散發奶油、動物和植物氣息。滋味極具特色，帶有乳酸、果香和烘烤香氣，熟成時間長的時候甚至會有一絲辛辣感。

莫夕亞葡萄酒洗皮乳酪／ QUESO DE MURCIA AL VINO（**西班牙**，莫夕亞）

AOP
自
2002

乳源｜山羊乳（生乳）
尺寸｜直徑：12至19公分；
厚度：7至10公分
重量｜300公克至2.6公斤
脂肪｜24%

地圖：208-209 頁

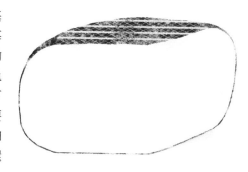

這款乳酪以莫夕亞乳酪為基底，不過使用當地葡萄品種慕維得爾（Mourvèdre）釀造的葡萄酒擦洗外皮，因此外皮色澤為酒紅色，質地光滑，底下藏著富彈性的內芯。鼻聞主要為紅酒香氣，帶有隱約山羊和地窖氣息。入口後這些香氣還伴隨著酸度和鹹味。

伊波雷斯乳酪／ QUESO IBORES （**西班牙**，艾斯特馬杜雷）

AOP
自
2005

乳源｜山羊乳（生乳）
尺寸｜直徑：11 至 15 公分；
厚度：5 至 9 公分
重量｜650 公克至 1.2 公斤
脂肪｜24%

地圖：208-209 頁

自從 1465 年 7 月 14 日，恩里克四世（Henri IV de Castille）承認此市鎮的市場販售食品享有免稅特權後，每個星期四特魯希略（Trujillo）市集都會販售這款乳酪。雖然現在沒有免稅制度，不過乳酪依舊在此販售！伊波雷斯乳酪的外皮光滑緊實，色澤從黃色到赭黃。表面以辣椒和油定時洗皮，外皮顏色就會改變。視不同熟成程度，象牙白的

內芯質地可以是濃郁或易碎。這款乳酪相對較溫和，散發細緻山羊香氣。入口後帶酸度、山羊氣息和些許鹹味。

洛斯貝約斯乳酪／ QUESO LOS BEYOS （**西班牙**，阿斯圖里亞斯）

IGP
自
2013

乳源｜牛乳、綿羊乳或山羊乳
（生乳或巴斯德殺菌法）
尺寸｜直徑：9 至 10 公分；
厚度：6 至 9 公分
重量｜250 至 900 公克
脂肪｜30%

地圖：206-207 頁

依照使用的乳種，洛斯貝約斯乳酪的外皮可能是乳黃色、淡黃色或褐色。其內芯質地為硬質或半硬質，切割時易碎。鼻聞時，乳酸氣味較明顯：若以山羊或綿羊乳製作會更鮮明。這款乳酪風味較強，但是不會過鹹或過酸。

馬荷雷洛乳酪／ QUESO MAJORERO （**西班牙**，加那利群島）

AOP
自
1999

乳源｜山羊乳（生乳），或綿羊乳
（至多15%）和山羊乳（生乳）
尺寸｜直徑：15 至 35 公分；
厚度：6 至 9 公分
重量｜1 至 6 公斤
脂肪｜24%

地圖：208-209 頁

「Majorero」一詞指稱弗艾特凡杜拉（Fuerteventura）的居民，即這款乳酪的生產地。這個名稱來自 majos 或 mahos，意思是以

鞣製過的山羊皮製作的牧羊人鞋。依照不同熟成程度，馬荷雷洛乳酪的顏色從白色到褐色，帶有些許黃色光澤。有時候也用辣椒、油或是烤過的玉米粉擦拭外皮，這也會改變外皮的顏色。入口後質地柔細綿滑，帶有隱約辛辣感和酸香風味，也能感受到不過度強烈的山羊香氣。

曼徹格乳酪／ QUESO MANCHEGO（**西班牙**，卡斯提亞－曼查拉）

AOC	**AOP**
自 1984	自 1996

乳源｜綿羊乳（生乳或巴斯德殺菌法）
尺寸｜直徑：至多22公分；
厚度：至多12公分
重量｜1至4公斤
脂肪｜25%

地圖：208-209 頁

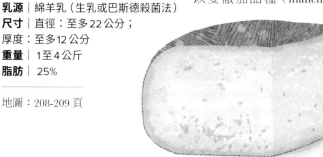

這是最廣為人知、全世界銷售量最大的西班牙乳酪！這款乳酪只以曼徹加品種（manchega）的綿羊乳製作。完整的乳酪帶有紋路，色澤為灰黑色。外皮可以裹上石蠟或以橄欖油洗皮。曼徹格乳酪質地緊實，鼻聞帶乳酸和酸香氣息。入口後風味鮮明，有酸味、青草和動物風味。熟成時間極長時，口感會較乾燥且辛辣。

坎塔布里亞奶油乳酪／ QUESO NATA DE CANTABRIA（**西班牙**，坎塔布里亞）

AOC	**AOP**
自 1984	自 2007

乳源｜牛乳（巴斯德殺菌法）
重量｜400公克至2.8公斤
脂肪｜24%

地圖：206-207 頁

1647 年的文獻中已提及這款乳酪，當時做為坎塔布里亞省村莊之間的商業交易品。坎塔布里亞奶油乳酪的形狀可以是圓柱形或長方形，外皮細薄軟滑。內芯柔細，質地如奶油。滋味溫和，帶有酸味和青草風味。

帕梅洛乳酪／ QUESO PALMERO（**西班牙**，加那利群島）

AOP
自 2002

乳源｜山羊乳（生乳）
尺寸｜直徑：12至60公分；
厚度：6至15公分
重量｜至多15公斤
脂肪｜26%

地圖：208-209 頁

帕梅洛乳酪外皮為白色，煙燻後呈灰褐色。熟成期間會以橄欖油、小麥粉或粗玉米粉洗皮。這款乳酪觸感相當緊實，入口即化，風味視煙燻與否而有不同。原味的帕梅洛乳酪風味鮮明但不過於強勁，入口後有山羊乳的酸香氣息，以及蕈菇和堅果風味。煙燻過後，這些風味則被煙燻氣息和酸味取而代之。

札莫拉諾乳酪／ QUESO ZAMORANO （**西班牙**，卡斯提亞－雷昂）

AOC
自
1996

乳源｜綿羊乳（生乳）
尺寸｜直徑：18至24公分；
厚度：8至14公分
重量｜1至4公斤
脂肪｜24%

地圖：206-207 頁

這款乳酪的熟成程度越高，散發的堅果和胡桃香氣也越明顯。年輕時，其口感軟滑濃郁。熟成後質地會變得較紮實，轉為近乎易碎的顆粒狀。這款乳酪主要為凝乳和堅果香氣。

列瓦那小乳酪／ QUESUCOS DE LIÉBANA （**西班牙**，坎塔布里亞）

AOP
自
1996

乳源｜牛乳、綿羊乳和山羊乳（生乳）
尺寸｜直徑8至10公分；
厚度：3至10公分
重量｜400至600公克
脂肪｜25%

地圖：206-207 頁

這款 AOP 乳酪是極少數使用三種乳源製作的乳酪，包括阿爾卑斯褐牛、弗里松品種（frisonne）和杜丹卡（tudanca）品種（乳牛），拉卡品種（綿羊）和庇里牛斯品種（山羊）。這款小型的乳酪年輕、熟成或煙燻品嘗皆適合，端視享用的時刻而定。年輕和熟成時風味較溫和，略帶奶油、青草和酸味。煙燻後散發較多動物氣息和豬脂風味，尾韻綿長，但是會喪失清爽感。

薩瓦哈克列特乳酪／ RACLETTE DE SAVOIE （**法國**，奧維涅－隆河－阿爾卑斯）

IGP
自
2017

乳源｜牛乳（生乳或熱化殺菌法）
尺寸｜直徑28至34公分；
厚度：6至7.5公分
重量｜6公斤
脂肪｜28%

地圖：198-199 頁

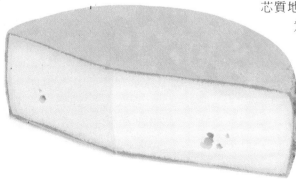

這款乳酪誕生於中世紀，最早是牧羊人在夏天時讓乳酪在柴火上半融化享用。直到二十世紀，薩瓦哈克列特才逐漸轉為冬季食用。其名稱來自不斷將表面的融化乳酪「racler」（刮）入盤中的動作。哈克列特乳酪的外皮潮濕，帶有粉紅到褐色的光澤。內芯質地緊實細滑，加熱後會轉為黏稠牽絲狀。這種乳酪加熱時不應該滲出過多液態油，若如此，就不是真正的薩瓦哈克列特！

瓦雷哈克列特乳酪／ RACLETTE DE VALAIS（**瑞士**，瓦萊）

AOP
自
2007

乳源｜牛乳（生乳）
尺寸｜直徑29至32公分；
厚度：6至7公分
重量｜4.6至5.4公斤
脂肪｜27%

地圖：222-223 頁

這款乳酪的外皮色澤介於褐色和橘色之間，觸感略微黏膩。內芯細滑，有些許因發酵形成的孔洞。融化後，瓦雷哈克列特主要為乳酸、清爽、果香和植物氣息。

哈古薩諾乳酪／ RAGUSANO（**義大利**，西西里）

AOP
自
1996

乳源｜牛乳（生乳）
重量｜6至12公斤
脂肪｜27%

地圖：214-215 頁

根據西西里保存的文獻，哈古薩諾的起源可追溯至十四世紀。這款磚形邊角圓潤的大乳酪外皮細緻，呈淺黃色到米色。內芯色澤從象牙色到淡黃色，柔軟富彈性。熟成時間較長時，哈古薩諾的質地轉為易碎，可刨下做為料理用。這款乳酪風味溫潤，帶酸味和青草風味。熟成後，尾韻有辛香料和辣口感。也可以煙燻或以橄欖油洗皮，香氣和風味會有所不同。

拉斯凱拉乳酪／ RASCHERA（**義大利**，皮蒙）

AOP
自
1996

乳源｜牛乳（生乳），或牛乳、綿羊乳和／或山羊乳（生乳）
尺寸｜邊長28至40公分的方形；
厚度：7至15公分
直徑30至40公分的圓形；
厚度：6至9公分
重量｜5至10公斤
脂肪｜28%

地圖：210-211 頁

這款皮蒙乳酪外皮帶灰和／或紅棕色，帶有些許黃色光澤，觸感粗糙不平，底下藏著緊實細滑的象牙白內芯，略微凹凸不平。鼻聞和口嘗皆有花香和乳香，偶爾尾韻會有辣椒氣息。

壓製生乳酪

侯布洛雄乳酪／ REBLOCHON （**法國，奧維涅－隆河－阿爾卑斯**）

| | **AOC**
自
1958 | **AOP**
自
1996 |

乳源｜牛乳（生乳）
尺寸｜直徑 9 至 14 公分；
厚度：3 至 3.5 公分
重量｜280 至 550 公克
脂肪｜25%

地圖：198-199 頁

這款乳酪的歷史和一件走私事件有關。十四世紀時，一位薩瓦的乳製品農人租了一塊地放牧牲口，農人需要依牛乳產量多寡來繳稅。地主過來測量乳量時，農人並不會完全擠出牛隻的乳汁。地主離開後他才「擠完」（reblochant，來自動詞 reblocher，意指第二次擠乳）牛隻的乳汁。第二次擠出的牛乳就用來製作……侯布洛雄乳酪！直到十八世紀，侯布洛雄才得以見天日，因為此時租金已改為固定的佃租，可以是金錢也可以是乳酪。侯布洛雄不只是料理用乳酪，也是絕佳的乳酪盤成員，其外皮為粉橘色，有一層白色的柔細絨毛。內芯濃郁，呈象牙黃，有些許不規則小孔。鼻聞帶有畜棚和木質氣味。內芯散發奶油和鮮奶油香氣。這款乳酪相當溫和，有榛果和鮮奶油風味。若為農場侯布洛雄，則動物風味較鮮明，尾韻也較悠長。共有兩種尺寸：小侯布洛雄和大侯布洛雄。

紅萊斯特乳酪／ RED LEICESTER （**英國，英格蘭、中部**）

乳源｜牛乳（巴斯德殺菌法）
尺寸｜直徑 25 公分；
厚度：8 公分
重量｜3.6 公斤
脂肪｜29%

地圖：216-217 頁

這款乳酪誕生於十七世紀，農夫們決定製造一款不同於英國其他地方的乳酪。他們使用橘紅色素為乳酪上色。蓋在麻布下的紅萊斯特外皮給人第一眼的印象，有如陳年的米摩雷特（見 116 頁）。但是紅萊斯特的質地帶有顆粒感且細滑，表示這不只是切達乳酪。入口後散發軟焦糖或焦糖醬的氣息，逐漸變化出奶油和榛果風味。

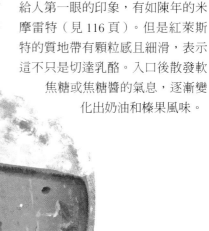

脊線乳酪乳酪／ RIDGE LINE （**美國**，威斯康辛）

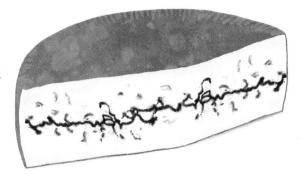

乳源｜牛乳（生乳）
尺寸｜直徑30公分；
厚度：8公分
重量｜6公斤
脂肪｜28%

地圖：228-229 頁

這款乳酪的外皮塗滿煙燻紅椒，因此呈現亮麗的橘紅色澤。鼻聞主要為新鮮牛乳和榛果氣息。入口是奶油香氣和花香，尾韻略帶甜鹹風味。內芯的炭灰線條令人想到法國的莫比耶乳酪（見 117 頁）。

洪卡爾乳酪／ RONCAL （**西班牙**，納瓦拉）

AOC	AOP
自	自
1981	2003

乳源｜綿羊乳（生乳）
尺寸｜直徑20公分；
厚度：8至12公分
重量｜2至3公斤
脂肪｜24%

地圖：206-207 頁

這款乳酪完全手工製作，灰藍色的外皮有紋路。洪卡爾乳酪帶酸味、青草香，年輕時品嘗偏清爽。熟成後充滿個性，風味強勁，尾韻略帶一絲辛辣感。

聖涅克塔乳酪／ SAINT-NECTAIRE （**法國**，奧維涅－隆河－阿爾卑斯）

AOC	AOP
自	自
1955	1996

乳源｜牛乳（生乳、熱化殺菌法或巴斯德殺菌法）
尺寸｜大型：直徑20至24公分；厚度3.5至5.5公分
小型：直徑12至14公分；厚度3.5至4.5公分
重量｜大型：1.85公斤內
小型：650公克內
脂肪｜28%

地圖：202-203 頁

這款乳酪從中世紀就已存在，當時農民以「gléo 乳酪」或「黑麥乳酪」（這款乳酪放在黑麥麥稈上熟成——至今仍如此！）做為稅金付給領主。聖涅克塔可以是農場乳酪或乳製品廠乳酪，兩種都非常好認，乳酪表面有一層酪蛋白：乳製品廠乳酪是方形，農場乳酪則為橢圓形。聖涅克塔散發土地、潮濕地窖、潮濕落葉和蕈菇氣息。入口是鮮奶油、奶油和榛果風味。略厚的外皮為灰色或橘色，帶有少許黴斑，入口散發鮮果滋味。2017 年生產了 14000 公噸聖涅克塔，是歐洲產量第一的 AOP 農場乳酪。

壓製生乳酪

薩勒乳酪／SALERS（**法國**，奧維涅－隆河－阿爾卑斯）

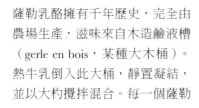

AOC 自 1961　**AOP** 自 2003

乳源｜牛乳（生乳）
尺寸｜直徑 38 至 48 公分；厚度 30 至 40 公分
重量｜30 至 50 公斤
脂肪｜26%

地圖：202-203 頁

薩勒乳酪擁有千年歷史，完全由農場生產，滋味來自木造鹼液槽（gerle en bois，某種大木桶）。熱牛乳倒入此大桶，靜置凝結，並以大杓攪拌混合。每一個薩勒

這款 AOP 乳酪是百分之百農場乳酪，只在 4 月 15 日到 11 月 15 日之間製作。

乳酪都有一小塊紅色鋁製標籤，標示字母「SA」（代表 salers）、年分、省分編號、生產者編號，以及乳酪入模的日期。每年生產超過三萬個標籤，確保此產品的可追溯性。薩勒乳酪有兩種：薩勒（salers）和傳統薩勒（salers traditionel），後者完全採用薩勒品種乳牛的乳汁製作。這款巨大的乳酪外皮粗厚，帶有顆粒和黴斑，某些部分長有紅色或橘色斑點。鼻聞帶有粗獷的潮濕地窖、奶油乳香和辛香料香氣。內芯緊實細滑，呈金黃色，入口是青草、奶油、果香和動物風味。

薩爾瓦乳酪／SALVA CREMASCO（**義大利**，倫巴底）

AOP 自 2011

乳源｜牛乳（生乳）
尺寸｜長度：17 至 19 公分；寬度：11 至 13 公分；厚度：9 至 15 公分
重量｜1.3 至 5 公斤
脂肪｜29%

地圖：210-211 頁

其名稱來自製造者「保存」（義大利文為 salvare）製造乳酪時多餘的牛乳。這款乳酪幾乎呈塊

形，外皮印有縮寫「SC」。表面帶有紋路，為米色、淺灰到鼠灰色，帶有些許白色斑點。切開後，外皮和雪白內芯呈顯眼對比，質地為細滑的顆粒狀。稍微熟成後，表皮之下會形成美麗的奶油狀。鼻聞帶有新鮮蕈菇、潮濕地窖和森林地面的氣息。入口是鮮乳香氣，接著浮現酸味、鹹味和青草風味。質地易碎，口感偶爾顯得乾硬。

聖米卡利乳酪／ SAN MICHALI （希臘，南愛琴）

AOP 自 1996

乳源｜牛乳（巴斯德殺菌法）
脂肪｜26%

地圖：226-227 頁

聖米卡利乳酪是在基克拉澤斯（Cyclades）的錫羅斯島（Syros）上製造。這款乳酪呈略厚的扁圓柱形，外皮色澤介於象牙色和深米色，麥桿黃的內芯緊實乾燥，略帶不規則小孔洞。聖米卡利的風味苦澀，偏胡椒味和鹹味，若拉長熟成時間，甚至會變得辣口。

聖西蒙乳酪／ SAN SIMÓN DA COSTA （西班牙，加利西亞）

AOP 自 2008

乳源｜牛乳（生乳或巴斯德殺菌法）
尺寸｜10至18公分高的「水滴形」
重量｜400公克至1.5公斤
脂肪｜25%

地圖：206-207 頁

這款形狀特殊的煙燻乳酪，很可能是由高盧－羅馬時代落腳加利西亞的凱爾特人後裔發明。當時聖西蒙乳酪會定時送往羅馬，羅馬人喜歡其風味和保存方式。這款「水滴形」乳酪有兩種尺寸，分別為兩種不同的熟成方式：小型的熟成 30 天，大型的熟成 45 天。這款乳酪的外皮以去樹皮的白樺木煙燻而呈金黃色。鼻聞帶有天然的煙燻氣息和豬脂風味，略帶一絲酸味和乳酸氣息，入口後亦有這些香氣，質地柔滑富彈性。

科雷欽鄉村乳酪／ SER KORYCIŃSKI SWOJSKI （波蘭，波德拉謝）

IGP 自 2012

乳源｜牛乳（生乳）
尺寸｜直徑：至多30公分
重量｜2.5至5公斤
脂肪｜25%

地圖：224-225 頁

這款球狀乳酪造型扁圓，表面的孔洞來自做為模具的籃子。依照不同熟成程度，外皮顏色從乳白到麥桿黃。這款乳酪的特色，是在咬下時會發出嘎吱聲。新鮮時為乳白色，主要為奶油風味。熟成後散發胡桃風味和鹹味。凝乳可以加入辛香料（胡椒、辣椒）或是乾燥或新鮮香草（羅勒、蒔蘿、巴西里、薄荷、熊蒜、牛至……）。

斯費拉乳酪／SFELA（**希臘**，伯羅奔尼撒）

AOP
自
1996

乳源｜綿羊乳和／或山羊乳（生乳）

地圖：226-227 頁

這款乳酪的特色是浸泡鹽水熟成至少 3 個月，因此表面為帶顆粒的象牙色。質地為細滑的砂質，帶明顯鹹味和酸味。這款乳酪經常用來佐餐或做為料理的調味料。

席爾特乳酪／SILTER（**義大利**，倫巴底）

AOP
自
2015

乳源｜牛乳（生乳）
尺寸｜直徑：34至40公分；厚度：8至10公分
重量｜10至16公斤
脂肪｜27%

地圖：210-211 頁

這款山區乳酪有一個特點可以輕易辨認出：側面印有一系列人形雕像和兩朵小白花。席爾特表面有油，色澤從麥桿黃到褐色。質地緊實，帶有小孔洞。鼻聞氣味偏酸，帶有乾草和發酵牛乳氣息。入口後帶苦味與堅果和奶油香氣。

單一格魯斯特乳酪／SINGLE GLOUCESTER（**英國**，英格蘭、西南部）

AOP
自
1996

乳源｜牛乳（生乳或巴斯德殺菌法）
重量｜6至7公斤
脂肪｜28%

地圖：216-217 頁

這款乳酪在第二次世界大戰後一度瀕臨消失，因為製造乳酪的牛乳都用來餵養軍隊和人民。1994 年，僅有兩個農家仍生產這款乳酪，他們決定要向國外宣傳單一格魯斯特。多虧他們的努力和堅持，單一格魯斯特於 1996 年獲得 AOP。這款乳酪僅以格魯斯特品種乳牛的乳汁製造，凝乳來自兩次擠乳，一次是夜間的脫脂乳，一次是隔天早上的未脫脂乳。這款乳酪帶乳酸和奶油風味，質地柔滑細緻。

斯洛伐克歐斯提波克乳酪／ SLOVENSKÝ OŠTIEPOK （斯洛伐克）

IGP
自
2008

乳源｜綿羊乳和／或牛乳（生乳或巴斯德殺菌法）
脂肪｜27%

地圖：224-225 頁

最古老的文字紀錄來自十八世紀，證明這款乳酪在當時已存在，不過 1921 年出現工業化版本，由 Galbavá 家族在斯洛伐克中央的城市黛特瓦（Detva）製造。這款小乳酪依照模具，有各種不同造型，大蛋形、松果形、橢圓形……可以烘乾或煙燻。製造方式會影響其形狀、外皮色澤、氣味和香氣。表面為金黃色和金褐色，內芯介於白色和象牙色之間。斯洛伐克歐斯提波克乳酪的質地緊實，近乎易碎。鼻聞略帶煙燻香氣。口嘗主要為乳酸和煙燻風味

朱地卡利耶斯普烈沙乳酪／ SPRESSA DELLE GIUDICARIE （義大利，特倫提諾－上阿迪傑）

AOP
自
2003

乳源｜牛乳（生乳）
尺寸｜直徑：30 至 35 公分；厚度：8 至 11 公分
重量｜7 至 10 公斤
脂肪｜32%

地圖：210-211 頁

1249 年，史賓納列和馬內茲地區初次提及朱地卡利耶斯普烈沙乳酪。這款半硬質乳酪外皮為灰褐色或赭黃色。內芯視熟成程度，為有彈性或為硬質，色澤介於淺麥桿黃和麥桿金黃色之間（陳放時間更長時，會變為象牙色）。年輕時，入口滋味溫和帶乳酸風味。熟成時間較長時會出現苦味，風味強勁，質地為細滑顆粒狀。

史塔福郡乳酪／ STAFFORDSHIRE CHEESE （英國，英格蘭、中部）

AOP
自
2007

乳源｜牛乳（生乳）和牛乳鮮奶油（巴斯德殺菌法）
重量｜8 至 10 公斤
脂肪｜31%

地圖：216-217 頁

這款乳酪於十八世由利克修道院（abbaye de Leek）的西篤會修士發明。史塔福郡乳酪算是加入鮮奶油的農場切達乳酪，這點使之不同於此家族的乳酪：無論熟成程度為何，顆粒狀內芯都保留了細滑質地。入口後質地散發清爽、乳酸和鮮奶油風味。

史戴維歐乳酪／ STELVIO（**義大利**，特倫提諾－上阿迪傑）

AOP
自
2007

乳源｜牛乳（生乳）
尺寸｜直徑：34至38公分；厚度：8至11公分
重量｜8至10公斤
脂肪｜33%

地圖：210-211 頁

這款乳酪別名「史提斯費」（Stilsfer），因為其製作方式由一家位在波札諾自治區、叫做 Stilf 的乳酪小商店於 1914 年記錄下來。史戴維歐是風味鮮明的乳酪，散發泥土氣息，尾韻會浮現辣口感。

斯維席亞乳酪／ SVECIA（**瑞典**，約塔蘭）

IGP
自
1997

乳源｜牛乳（巴斯德殺菌法）
尺寸｜直徑：35公分；厚度：10至12公分
重量｜12至15公斤
脂肪｜28%

地圖：220-221 頁

這款乳酪外皮淺黃柔軟富彈性，布滿許多小孔，是瑞典首款獲得 IGP 的食品，入口帶鮮奶油滋味和酸味。凝乳中容許加入丁香或孜然，當然這也會影響其質地、滋味甚至名稱：Svecia 會變成 Kryddost。

斯維爾戴爾乳酪／ SWALEDALE CHEESE（**英國**，英格蘭、約克郡）

AOP
自
1996

乳源｜牛乳（生乳）
重量｜1至2.5公斤
脂肪｜29%

地圖：216-217 頁

這款乳酪的存在要歸功於 Longstaff 夫婦，他們是 1980 年代堅持製作這款古老乳酪的最後兩人。Longstaff 先生過世後，妻子將原始配方託付給 Reed 夫婦，後者在 1987 開設 Swaledale Cheese Company，解救了這款差點被遺忘的英國乳酪。這款乳酪有兩種不同外皮：一種外皮為灰藍色，另一種可裹上霧面黃蠟。質地帶有些許孔洞，呈柔細的顆粒狀。入

口後，斯維爾戴爾乳酪清爽又溫和，尾韻有些許酸味。

斯維爾戴爾綿羊乳酪／SWALEDALE EWES CHEESE（**英國**，英格蘭，約克郡）

AOP
自
1996

乳源｜綿羊乳（生乳）
重量｜1 至 2.5 公斤
脂肪｜31%

地圖：216-217 頁

這是 Swaledale Cheese Company 另一款獲 AOP 的產品，於 1980 年代發明。配方靈感來自斯維爾戴爾乳酪，不過只改變了乳源，這款乳酪使用的是綿羊乳。兩者的外皮、質地和色澤都非常相近，不過斯維爾戴爾綿羊乳酪的內芯顏色較淺白，風味更細緻，較酸也較清爽。

塔雷吉歐乳酪／TALEGGIO（**義大利**，倫巴底、皮蒙、威尼托）

AOP
自
1996

乳源｜牛乳（巴斯德殺菌法）
尺寸｜邊長 18 至 20 公分的方形；
厚度：4 至 7 公分
重量｜1.7 至 2.2 公斤
脂肪｜29%

地圖：210-211 頁

塔雷吉歐的文本歷史可溯及公元十世紀，當時這款乳酪用於

距離貝加莫（Bergame）不遠的塔雷吉歐河谷（Val Taleggio）的商業交易。漂亮的粉紅色或灰色磚狀乳酪帶有淡淡白色絨毛，印上四個加上圓圈的大寫「T」字母。略呈砂質的外皮下，藏著質地均勻光滑柔軟的內芯。鼻聞帶有隱約地窖、鮮乳和蕈菇氣息。入口後，纖細高雅的顆粒散發乳酸風味、酸味和隱約鹹味。

特克沃乳酪／TEKOVSKÝ SALÁMOVÝ SYR（**斯洛伐克**，尼特拉、班斯卡－比斯特里查）

IGP
自
2011

乳源｜牛乳（巴斯德殺菌法）
尺寸｜直徑：9 至 9.5 公分；
厚度：30 至 32 公分
脂肪｜30%

地圖：224-225 頁

其形狀於 1921 年定型，令人聯想到香腸；氣味和滋味則散發煙燻豬脂風味。入口後也可以感受到鮮明的酸味、鹹味，還有少許動物氣息。質地柔潤綿軟。使用木屑使外皮呈現鮮亮的金黃色。不同於許多 AOP、IGP 或 STG 乳酪，這款乳酪以保鮮膜包裹，表示乳酪是否經過煙燻。

特維歐戴爾乳酪／ TEVIOTDALE CHEESE（**英國**，英格蘭－東北、愛爾蘭－邊界）

IGP
自
1998

乳源｜牛乳（生乳）
尺寸｜直徑：14公分；
厚度：10公分
重量｜1.1公斤
脂肪｜30%

地圖：216-217 頁

1983 年，Easter Weens Farm 發明了特維歐戴爾乳酪，這家農場也是邦切斯特乳酪的始祖。這款乳酪以娟姍牛的牛乳製造，外皮雪白，內芯是麥桿黃，質地緊實，入口後特別綿密滑潤，風味鮮明，帶鹹味和辣口感

托爾明克乳酪／ TOLMINC（**斯洛維尼亞**，上卡尼奧拉、格瑞奇卡）

AOP
自
2012

乳源｜牛乳（生乳或熱化殺菌法）
尺寸｜直徑：23至27公分；
厚度：8至9公分
重量｜3.5至5公斤
脂肪｜33%

地圖：222-223 頁

關於這款乳酪最早的文字紀錄可溯及十三世紀的帳本，當時乳酪可做為付款方式。1756 年時，托爾明克乳酪在義大利烏迪內（Udine）市場上叫做「Formaggio di Tolmino」（托米諾乳酪）。這款乳酪的外皮光滑，呈麥桿黃。內芯偏軟，某些地方帶有豌豆大小的孔洞。風味溫和，尾韻浮現一絲近乎辛辣的氣息。

皮蒙乳酪／ TOMA PIEMONTESE（**義大利**，皮蒙）

AOP
自
1996

乳源｜牛乳（生乳）
尺寸｜直徑：15至35公分；厚度：6至12公分
重量｜1.8至9公斤
脂肪｜29%

地圖：210-211 頁

這款乾酪的外皮介於淺麥桿黃和紅褐色之間，內芯柔軟富彈性，帶有小小孔洞。年輕時，風味溫和、帶乳香和酸香。隨著熟成程度增加，滋味也越發濃郁，帶有鮮奶油和奶油氣息，尾韻的鹹味也較明顯。

博日山乳酪／TOME DES BAUGES（**法國，奧維涅－隆河－阿爾卑斯**）

AOC 自 2002	**AOP** 自 2007

乳源｜牛乳（生乳）
尺寸｜直徑：18至20公分；
厚度：3至5公分
重量｜1.1至1.4公斤
脂肪｜24%

地圖：198-199 頁

這款乳酪名稱的拼寫只有一個「m」。在規格手冊 cahier des charges 中指出，無論是「tomme」還是「tome」，其實都是源自「toma」一詞，即薩瓦土話的「在山區製作的乳酪」。生產者決定取得 AOP 時，他們偏好「tome」的寫法，以和其他叫做「tomme」的乳酪區別。這類拼字還有其他幾個例子，例如 tome d'Arles（普羅旺斯區最古老的乳酪）、tome de la Brigue（在法義邊界的華亞河谷製作）、tome des neiges La Mémée

（純奧維涅血統的乳酪），或是 tome de la Vésubie（在法義之間的梅康圖爾製造）。博日山乳酪最早僅在鄉下食用，採用準備製作奶油的「鮮奶油」乳汁。過了很長一段時間才商業化。今日，有兩種不同標籤區隔乳品商乳酪（紅標）和農場乳酪（綠標）。細緻的灰褐色外皮可能出現少許泛黃或泛白的斑點，底下藏著柔軟紮實的金黃色內芯，帶有小小孔洞。博日山乳酪散發蕈菇、地窖和潮濕森林地面的香氣。入口偏向乳酸和果香風味，甚至帶有烘烤氣息，尾韻會再度浮現鼻聞時出現的蕈菇滋味。

亞提松乳酪／TOMME AUX ARTISONS（**法國，奧維涅－隆河－阿爾卑斯**）

乳源｜牛乳（生乳）
尺寸｜直徑：10公分；
厚度：5公分
重量｜300公克
脂肪｜25%

地圖：202-203 頁

這款乳酪又名「tomme aux artisous」，外皮有如月球表面，有許多被囊蟲（artison，蟎蟲的一種）吃出的「火山口」。亞提松乳酪是熟成師的耐心和等待的成果，因為熟成師必須確保囊蟲以一致的方式「工作」，才能得到外皮和內芯達到平衡的乳酪。亞提松乳酪散發潮濕地窖的氣味。入口後是意外的清爽感和酸味，還有些許煙燻氣息。

白堊乳酪／TOMME CRAYEUSE（**法國，奧維涅－隆河－阿爾卑斯**）

乳源｜牛乳（生乳或巴斯德殺菌法）
尺寸｜直徑：18至20公分；
厚度：4至6公分
重量｜1.5至2公斤
脂肪｜24%

地圖：198-199 頁

這款薩瓦乳酪（部分是在旺代製作，僅在薩瓦熟成！）的外表粗獷，外皮呈灰白色。切開後，乳白色外皮下的奶油狀內芯令人驚艷，中心是柔細的白堊質地。這番質地是經過兩種不同地窖的熟成才得以形成：先在溫濕地窖，然後到冷涼的地窖。鼻聞散發地窖和蕈菇氣味。入口後相當討喜，帶有酸味、乳香、鮮奶油和青草風味。

里亞克乳酪／TOMME DE RILHAC（**法國，新阿基坦**）

乳源｜牛乳（巴斯德殺菌法）
尺寸｜直徑：20公分；
厚度：8.5公分
重量｜2.7公斤
脂肪｜28%

地圖：202-203 頁

這款乳酪外表粗獷，外皮帶顆粒和灰塵感，呈褐色、米色和栗色，底下藏著質地美妙的乳酪。鼻聞散發複雜的奶油、生乳鮮奶油、洋蔥、肉豆蔻和堅果香氣與風味。柔細的質地令人想起康塔爾（見 104 頁）或薩勒乳酪（見 138 頁），不過卻沒有這兩款奧維涅乳酪特有的動物氣息與酸味。

薩瓦乳酪／ TOMME DE SAVOIE（**法國**，奧維涅－隆河－阿爾卑斯）

IGP
自
1996

乳源｜牛乳（生乳）
尺寸｜直徑：18至21公分；
厚度：5至8公分
重量｜1.2至2公斤
脂肪｜10至30%

地圖：198-199 頁

這款乳酪誕生於阿爾卑斯山北部，農人利用製作奶油剩下的脫脂牛乳，製造能夠餵飽家人的乳酪。薩瓦乳酪灰色的外皮帶有白色斑點。熟成後外皮顏色變得不均勻，內芯從乳白色轉為麥桿黃，帶有些許氣孔。這款乳酪柔潤細滑，入口充滿乳香、酸香和青草風味。若拉長熟成時間，尾韻會浮現苦味。這款乳酪的表面上應該要有一層酪蛋白（不過被外皮蓋住，肉眼不可見），確保其血統純正。紅色是乳製品商乳酪；綠色則為農場乳酪。

薩瓦乳酪是少數完成品脂肪含量差異極大的乳酪：10%、15%、20%、25% 或 30%。

庇里牛斯乳酪／ TOMME DES PYRÉNÉES（**法國**，歐西坦尼）

IGP
自
1996

乳源｜牛乳（巴斯德殺菌法）
尺寸｜直徑：21至24公分；
厚度：5至8公分
重量｜3.5至4.5公斤
脂肪｜28%

地圖：202-203 頁

這款乳酪的淵源可溯及公元十二世紀：文獻記載證實當年聖吉翁（Saint-Girons）的阿列日村莊一帶就已經有這款乳酪的蹤跡。其外皮介於金黃和黑色之間，內芯布滿大小不一的孔洞（從米粒到豌豆大小）。內芯是乳白、象牙色或麥桿黃，柔軟細滑。入口後，庇里牛斯乳酪風味溫和，帶有乳酸香氣和酸味，尾韻有一絲苦味。

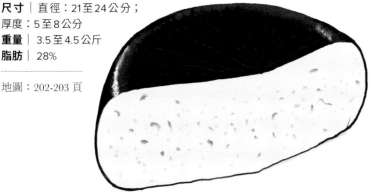

瑪侯特乳酪／ TOMME MAROTTE（**法國**，歐西坦尼）

乳源｜綿羊乳（熱化殺菌法）
尺寸｜直徑：12 公分；
厚度：9.5 公分
重量｜1.2 公斤
脂肪｜28%

地圖：202-203 頁

這款漂亮的乳酪，白色外皮上有黃色斑點，底下藏著色澤呈麥桿黃、質地均勻柔細的奶油狀內芯。麥桿和鮮奶油香氣騷動著鼻腔。入口後是乾草、青草和奶油風味。外皮為尾韻增添了一絲榛果氣息。瑪侯特乳酪是由拉札克牧羊人合作社（coopérative des Bergers du Larzac）製作，集結了二十個生產者。

艾爾卡薩蛋糕乳酪／ TORTA DEL CASAR（**西班牙**，艾斯特馬杜雷）

AOP
自
2003

乳源｜綿羊乳（生乳）
尺寸｜小型：直徑 8 至 10 公分；
厚度 4 至 6 公分
中型：直徑 11 至 13 公分；
厚度 5 至 7 公分
大型：直徑 14 至 17 公分；
厚度 5 至 7 公分
重量｜小型：200 至 500 公克
中型：501 至 800 公克
大型：801 公克至 1.1 公斤
脂肪｜26%

地圖：208-209 頁

1291 年，馬德里北方五十多公里處的艾爾卡薩城鎮（El Casar），獲得國王桑喬四世（Sanche IV）贈與村莊周圍的一片土地，讓畜牧業者可以用來放牧牲口。這就是艾爾卡薩蛋糕乳酪的正式製造起點。艾爾卡薩蛋糕乳酪使用植物性凝乳酶，因此適合奶蛋素食者。半硬質的外皮從黃色到赭黃色。品嚐這款乳酪時，必須小心切開頂部，揭開後露出白色到乳白色布滿小孔的內芯，帶有濃郁的畜棚氣息。口感濃郁細緻，帶有動物風味，尾韻有一絲苦味。

傳統艾爾郡登洛普乳酪／ TRADITIONAL AYRSHIRE DUNLOP（**英國**，蘇格蘭、史特拉克萊德）

IGP
自
2015

乳源｜牛乳（生乳或巴斯德殺菌法）
尺寸｜直徑：9至38公分；
厚度：7.5至23公分
重量｜350公克至20公斤
脂肪｜29%

地圖：216-217 頁

這款乳酪的傳統配方來自 Barbara Gilmour，她在 1660 年左右因為宗教因素，不得不逃往愛爾蘭。

數年後，她回到蘇格蘭，著手展現流亡期間學會的乳酪製作才能。登洛普乳酪就是這麼出現的，名稱來自 Barbara 的丈夫姓氏。這款乳酪的外觀帶大理石紋，顏色從淡黃到金黃色，內芯觸感柔軟滑潤。年輕時風味溫和帶榛果風味。熟成後充滿個性，帶有鮮奶油和酸香氣息，並有明顯的堅果香氣。

傳統威爾斯卡菲利乳酪／ TRADITIONAL WELSH CAERPHILLY（**英國**，威爾斯）

IGP
自
2018

乳源｜牛乳（生乳或巴斯德殺菌法）
尺寸｜直徑：20至25公分；
厚度：6至12公分
重量｜2至4公斤
脂肪｜26%

地圖：216-217 頁

傳統威爾斯卡菲利乳酪是威爾斯唯一的乳酪！其質地雪白緊實，不過易碎帶顆粒感。年輕時帶清爽檸檬風味；熟成後增添個性，不過絕對不會過於強勁或辛辣。

佛利堡瓦雪杭乳酪／ VACHERIN FRIBOURGEOIS（**瑞士**，佛利堡）

AOP
自
2005

乳源｜牛乳（生乳）
尺寸｜直徑：30至40公分；厚度：6至9公分
重量｜6至10公斤
脂肪｜29%

地圖：222-223 頁

其名稱變化自拉丁文「vaccarinus」，意思是「小牛倌」。觸感光滑或帶有起伏，外皮圍著一圈紗布或杉木片。內芯為半硬質，帶黏性。鼻聞是奶油和果香氣息。入口後質地細滑柔潤，略帶顆粒感。

奧斯塔河谷乳酪／ VALLE D'AOSTA FORMADZO （**義大利**，奧斯塔河谷）

AOP
自
1996

乳源｜牛乳（生乳，有時會加入山羊生乳）
尺寸｜直徑：至多30公分；厚度：6至8公分
重量｜1至7公斤
脂肪｜27%

地圖：210-211 頁

這款乳酪使用奧斯塔河谷的兩個牛隻品種的乳汁製作：奧斯塔白底紅紋牛和奧斯塔白底黑紋牛；有時也會加入山羊乳。這款乳酪完成凝乳後，可加入新鮮香草、杜松子、孜然或茴香。乳酪入口即化，香味滿盈，帶有發酵牛乳、奶油和乾草氣息。熟成時間較長時，尾韻會略帶辛辣感。

瓦特里納卡瑟拉乳酪／ VALTELLINA CASERA （**義大利**，皮蒙）

AOP
自
1996

乳源｜牛乳（生乳）
尺寸｜直徑：30至45公分；厚度：8至10公分
重量｜7至12公斤
脂肪｜28%

地圖：210-211 頁

瓦特里納卡瑟拉乳酪於十六世紀問世，厚厚的外皮依照不同熟成程度，從麥桿黃到金黃色。象牙黃的內芯富彈性，帶有許多小孔。入口後這款乳酪的特色是溫和風味和乳香，尾韻除了酸味，還浮現些許花香氣息。若熟成時間較長，質地會變得易碎，滋味更濃郁，近乎辛辣。

瓦加佩卡乳酪／ WANGAPEKA （**紐西蘭**，塔斯曼）

乳源｜牛乳（巴斯德殺菌法）
尺寸｜直徑：15至20公分；厚度：6至10公分
重量｜2至3公斤
脂肪｜29%

地圖：232-233 頁

Wakapega 農場成立於2000 年，實行有機農法。這款乳酪外皮質樸粗獷，內芯柔軟，滑潤清爽，帶有乳香和酸香。

西部鄉下農舍切達乳酪／WEST COUNTRY FARMHOUSE CHEDDAR CHEESE（**英國**，英格蘭、西南部）

AOP
自
1996

乳源｜牛乳（生乳或巴斯德殺菌法）
重量｜500公克至20公斤
脂肪｜27%

地圖：216-217 頁

1170 年，切達乳酪曾被國王亨利二世選為「王國最佳乳酪」。

這款乳酪是英國的象徵，由於乳酪愛好者希望認識「真正的」切達乳酪才得以復甦，重新崛起。事實上，任何地方都能生產「切達乳酪」（這也是全世界銷售量最高的乳酪）。西部鄉下農舍切達乳酪（AOP 乳酪必須包含以下五個條件）要熟成至少 9 個月，形狀為磚形或圓柱形，用布包起以保持濕度，內芯才得以維持柔滑。其內芯為不規則的黃色，有點像康塔爾（見 104 頁）或薩勒乳酪（見 138 頁）。西部鄉下農舍切達乳酪的風味粗獷，帶有動物、鮮奶油和青草風味。

約克郡溫斯雷戴爾乳酪／YORKSHIRE WENSLEYDALE（**英國**，英格蘭、約克郡）

IGP
自
2013

乳源｜牛乳（生乳或巴斯德殺菌法）
重量｜500公克至21公斤
脂肪｜28%

地圖：216-217 頁

公元十一和十二世紀，法國熙篤會修士落腳約克郡，這款乳酪便是由此而誕生。他們帶來製作乳酪的高超手藝，製作出綿羊乳酪，到了十六世紀中葉，亨利八世廢除教會後，便以牛乳取代。這款乳酪的熟成從 2 週到 12 個月，因而成品從外觀到風味皆大不相同。年輕時乳酪的外皮為白色或象牙色，隨著熟成會轉為黃色。質地緊實，不過易碎帶顆粒感。約克郡溫斯雷戴爾乳酪年輕時氣味清爽帶酸度。熟成後氣味變得較濃郁，酸度也增加。2 週熟成後的風味清爽帶乳香。隨著熟成程度增加，香味會越發複雜，帶有蜂蜜、奶油和剪過的青草氣息。

07 壓製熟乳酪

這個乳酪家族體型龐大，大多為數十公斤的輪狀乳酪。和壓製生乳酪的不同之處在於，這些乳酪在製作過程中……經過加熱（50℃）。結論就是其內芯幾乎沒有不均勻之處。此外，這些通常是以牛乳製作的山區乳酪，可以在冬天餵飽人民。

阿邦登斯乳酪／ ABONDANCE （法國，奧維涅－隆河－阿爾卑斯）

AOC 自 1990　**AOP** 自 1996

乳源｜牛乳（生乳）
尺寸｜直徑：38至43公分；厚度：7至8公分
重量｜6至12公斤
脂肪｜33%

地圖：198-199頁

阿邦登斯乳酪誕生於靠近阿邦登斯村的阿邦登斯修道院（abbaye d'Abondance），製造用的牛乳主要來自……阿邦登斯牛！

阿邦登斯的誕生可追溯至十一世紀，在修士們經營的阿邦登斯教會，修士們明白乳酪可做為交易用的貨幣，他們在這片地區開始了放牧的傳統。不過真正使之家喻戶曉的，是 1381 年在亞維儂的教宗克萊孟七世（Clément VII）的祕密會議餐桌上出現了這款乳酪。這款乳酪的外皮以鹽水定期擦洗，因此色澤為粉紅、金黃或琥珀色。內凹的側面可清楚見到跟著凝乳入模的麻布痕跡。內芯柔軟細滑，偶爾出現豌豆大小的孔洞。鼻聞帶地窖和蕈菇氣息，並散發隱約的龍膽氣息。入口後，這款乳酪帶果香（香蕉、杏桃）、乳香和榛果風味，尾韻浮現些許苦味。

阿爾高貝格乳酪／ ALLGÄUER BERGKÄSE （德國，巴德－符騰堡、巴伐利亞）

AOP 自 1997

乳源｜牛乳（生乳）
尺寸｜直徑：40至90公分；厚度：8至10公分
重量｜15至50公斤
脂肪｜34%

地圖：218-219頁

這款乳酪外皮為粉灰色，長有少許白色絨毛。霧面黃色的內芯偏柔軟，帶有鵪鶉眼睛大小的孔洞。入口後主要為乳香和新鮮青草氣息，尾韻帶少許苦味。

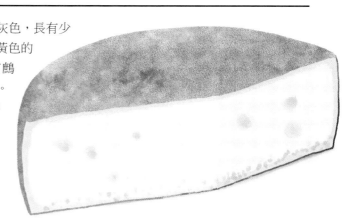

阿爾高艾曼塔乳酪／ALLGÄUER EMMENTALER（**德國**，巴德－符騰堡、巴伐利亞）

AOP
自
1997

乳源｜牛乳（生乳）
尺寸｜直徑：90公分；
厚度：10公分
重量｜80公斤
脂肪｜33%

地圖：218-219 頁

這款乳酪和瑞士艾曼塔（emmental suisse）相似度極高。阿爾高艾曼塔乳酪隆起的外觀來自放在溫熱地窖中熟成，有助於丙酸發酵，因此內芯形成孔洞。其質地緊實柔軟。入口帶有牛乳和奶油風味。

阿爾高森艾爾普乳酪／ALLGÄUER SENNALPKÄSE（**德國**，巴德－符騰堡、巴伐利亞）

AOP
自
2016

乳源｜牛乳（生乳）
尺寸｜直徑：30至70公分；厚度：至多15公分
重量｜5至35公斤
脂肪｜34%

地圖：218-219 頁

這是一款完全在山區製作的乳酪，是在夏季（5月到10月）德國南部阿爾高山區的乳酪工坊製造。外皮乾燥，色澤從橘黃到褐色。象牙色或黃色的內芯質地緊實，有些許小孔。鼻聞時，阿爾高森艾爾普乳酪散發潮濕地窖和乾草香氣。入口後，除了奶油和鮮奶油氣息外，胡桃風味令人驚艷。部分熟成後的乳酪也會出現煙燻滋味。

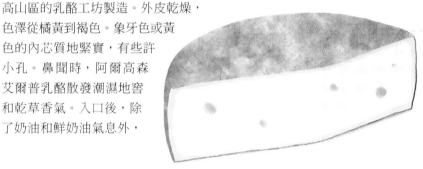

安南乳酪／ANNEN（**瑞士**，伯恩、佛利堡）

乳源｜牛乳（生乳）
尺寸｜直徑：55至60公分；厚度：10至12公分
重量｜30至40公斤
脂肪｜34%

地圖：222-223 頁

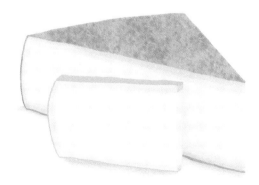

這款瑞士輪狀乳酪鮮為人知，因為產量不及格律耶爾、艾曼塔或列提瓦。不過安南乳酪的風味表現毫不遜色，象牙色的內芯緊實柔細呈奶油狀，在味蕾上綻放果香、鮮奶油氣息，還有令人驚艷的高雅乳香，這款乳酪絕對不是普通角色！

博佛乳酪／ BEAUFORT（**法國，奧維涅－隆河－阿爾卑斯**）

AOC 自 1968　　**AOP** 自 2003

乳源｜牛乳（生乳）
尺寸｜直徑：35 至 75 公分；
厚度：11 至 16 公分
重量｜20 至 70 公斤
脂肪｜33%

地圖：198-199 頁

博佛內凹的巨大側面是
有歷史由來的：如此
可以將之立起運
輸，並且避免
熟成期間表
面凹陷。

這款乳酪誕生於中世紀，修士和村民清出山地，用以放牧他們的產乳牲口。當時的牛乳用來製作重達十公斤的瓦許蘭（vachelin，博佛乳酪的祖先）。但是由於尺寸限制，這些乳酪並不足以提供當地人民撐過整個冬天。事實上到了十七世紀，瓦許蘭變得更大（40公斤），並且改名叫做「葛羅維爾」（grovire）。體積變大後，這款乳酪不僅可以撐過數個月，也能越過城市和邊界。直到 1865 年，葛羅維爾才改名叫做「博佛」。博佛乳酪共有三種：11 月到 5 月之間製造的博佛（beaufort）；6 月到 10 月使用數個牛群的乳汁的夏季博佛（beaufort d'été）；在海拔至少 1500 公尺處，使用單一牛群的乳汁，在 6 月到 10 月之間製作的山區小屋博佛（beaufort chalet d'alpage，最罕見）。這款壯觀的乳酪側面內凹，厚度驚人，留有麻布紋理，表皮略微粗獷，色澤介於淺褐色到橘褐色之間。內芯為象牙色，帶有金黃色或麥桿黃光澤，質地非常細滑。某些地方偶有小孔（極少見）。鼻聞帶有木質、奶油和花朵香氣。口感緊實，散發鮮明乳香，還有隱約帶鹹味的水果和榛果氣息。

貝蒙托瓦乳酪／ BÉMONTOIS（**瑞士，伯恩、侏羅**）

乳源｜牛乳（生乳）
尺寸｜直徑：35 至 45 公分；厚度：12 至 15 公分
重量｜15 至 25 公斤
脂肪｜34%

地圖：222-223 頁

貝蒙托瓦是格律耶爾和修士頭（téte de moine）兩大乳酪的鄰居，形狀和外觀近似格律耶爾，不過入口香氣更細緻，奶油感和鹹味較淡。這款乳酪可以用來製作烤乳酪或乳酪鍋。

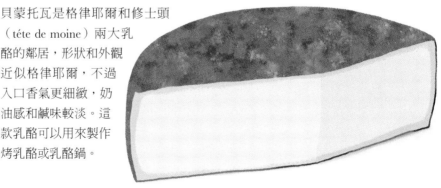

伯恩阿爾帕乳酪／ BERNER ALPKÄSE（**瑞士**，伯恩）

AOP
自
2004

乳源｜牛乳（生乳）
尺寸｜直徑：28 至 48 公分
重量｜5 至 14 公斤
脂肪｜32%

地圖：222-223 頁

最早提及這款乳酪（以及相似乳酪，伯恩霍伯乳酪）的文字紀錄為 1548 年。這款夏季乳酪在 5 月 10 日到 10 月 10 日之間，每天都會製作。熟成期間會定期以鹽水擦洗翻面，6 個月後從地窖取出。鼻聞時，伯恩阿爾帕乳酪帶酸味，有植物和動物氣息。質地入口即化，風味鮮明，帶辛香料氣息和辣口感。

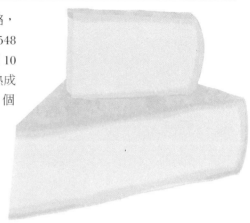

伯恩霍伯乳酪／ BERNER HOBELKÄSE（**瑞士**，伯恩）

AOP
自
2004

乳源｜牛乳（生乳）
尺寸｜直徑：28 至 48 公分
重量｜5 至 14 公斤
脂肪｜32%

地圖：222-223 頁

伯恩霍伯乳酪其實就是熟成後的伯恩阿爾帕乳酪。鼻聞帶酸味和辛香料氣味。品嘗時幾乎都需要用到乳酪刨刀。乳酪中富含酪氨酸結晶，入口滋味鮮明鹹香，有動物風味和隱約的煙燻氣息。

比托乳酪／ BITTO（**義大利**，倫巴底）

AOP
自
1996

乳源｜山羊乳（至多 10%）和牛乳（生乳）
尺寸｜直徑：30 至 50 公分；厚度：8 至 12 公分
重量｜8 至 25 公斤
脂肪｜34%

地圖：210-211 頁

比托乳酪是只在 6 月 1 日到 9 月 30 日之間製作的山區乳酪。質地緊密紮實細滑。熟成後質地變得脆硬易碎，帶鹹味、奶油風味，強勁但不辛辣。比托可以熟成將近 10 年，因此是罕見又極受好評的乳酪。

康堤乳酪／ COMTÉ（**法國**，布根地－法蘭什－康堤、奧維涅－隆河－阿爾卑斯）

AOC	**AOP**
自	自
1958	1998

乳源｜牛乳（生乳）
尺寸｜直徑：55 至 75 公分；
厚度：8 至 13 公分
重量｜ 32 至 45 公斤
脂肪｜ 34%

地圖：198-199 頁

和康堤乳酪有關的最早文字紀錄，是書寫生產這些偉大乳酪的「fructerie」（今日的 fruitière，即乳酪工坊）。這些文獻可溯及至公元 1264 和 1280 年，包含六份位於 déservillers 和 levier 乳酪製造的稅務證明。乳酪工坊是集中不同農場乳汁的地方，以便製造出可

餵飽全家度過嚴冬的大型乳酪。這些乳酪工坊後來成為最早的乳製品合作社，社區優先於個人……康堤乳酪外皮略帶顆粒感，呈淺米色到栗色。內芯光滑，色澤為象牙色到乳黃色，甚至麥桿黃。質地柔滑細緻。入口後視熟成程度，口感濃郁，散發青草、鮮果、花朵或皮革風味。從熟成地窖取出之前，每一輪康堤乳酪的側面都會加上一圈標示。若為綠色，代表這款康堤符合所有的 AOP 法規。反之若為磚褐色，代表這款乳酪被降級，售價不能高於「綠」康堤。

夏特之牙乳酪／ DENT DU CHAT（**法國**，奧維涅－隆河－阿爾卑斯）

乳源｜牛乳（生乳）
尺寸｜直徑：50 公分；
厚度：15 公分
重量｜ 40 公斤
脂肪｜ 30%

地圖：198-199 頁

夏特之牙是在薩瓦的大型輪狀乳酪，在夏特山（mont du Chat）山腳下由 Yenne 乳製品合作社製造。這款乳酪的外皮從淺粉色到米色，內芯為淺黃

到麥桿黃，質地如奶油般細滑。夏特之牙（又稱「meule de Savoie」，薩瓦輪狀乳酪）入口後充滿溫和果香，還有高雅乳香。尾韻帶有一絲鹽味騷動味蕾。

薩瓦艾曼塔乳酪／ EMMENTAL DE SAVOIE（**法國**，奧維涅　隆河－阿爾卑斯）

IGP
自
1996

乳源｜牛乳（生乳）
尺寸｜直徑：72至80公分；
厚度：14公分（側面低處）
至32公分（側面高處）
重量｜至多60公斤
脂肪｜34%

地圖：198-199 頁

這款巨大隆起的乳酪在黃褐色的厚厚外皮下，包裹著質地均勻緊實又柔軟的內芯，其中布滿櫻桃到胡桃大小的孔洞。這款乳酪的風味溫和，帶乳香和果香，還有一絲酸味。艾曼塔乳酪的知名孔洞（無論是瑞士、德國還是瑞士艾曼塔）是因為在溫熱地窖中熟成所形成。

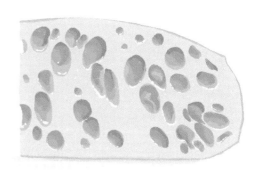

艾曼塔乳酪／ EMMENTALER（**瑞士**，伯恩、阿爾高、格拉瑞斯、琉森、索洛圖恩、舒維茲、聖加侖、圖爾高、楚格、蘇黎世）

AOP
自
2006

乳源｜牛乳（生乳）
尺寸｜直徑：80至100公分；厚度：16公分（側面低處）至27公分（側面高處）
重量｜至多75至120公斤
脂肪｜34%

地圖：222-223 頁

這款乳酪可變化出四種熟成方式：經典（classique，熟成最多4個月）、久藏（réserve，熟成4至8個月）、特級（extra，熟成至少12個月）、穴藏（grotte，熟成至少12個月，加上至少6個月在天然洞穴存放）。質地柔軟細滑，帶有牛乳、奶油、鮮奶油和新鮮香草植物的氣息。

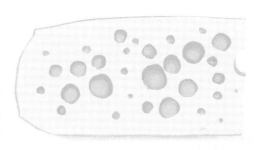

法國中部－東部艾曼塔乳酪／ EMMENTAL FRANÇAIS EST-CENTRAL（**法國**，奧維涅－隆河－阿爾卑斯、布根地－法蘭什－康堤、大東部）

IGP
自
1996

乳源｜牛乳（生乳）
尺寸｜直徑：70至100公分；
厚度：14公分（側面低處）
重量｜60至130公斤
脂肪｜33%

地圖：196-201 頁

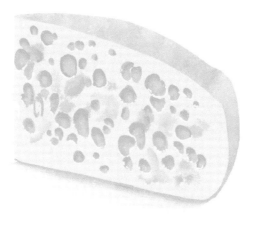

這款巨大的輪狀乳酪外皮為麥桿黃到淺褐色，中間高高隆起。鮮黃色的內芯柔軟細滑，布滿櫻桃到大胡桃般的孔洞。法國中部－東部艾曼塔風味溫和，帶乳香和果香。比起薩瓦艾曼塔，這款艾曼塔滋味較濃郁強勁。

艾佛頓乳酪／ EVERTON （**美國**，印第安納）

乳源｜牛乳（生乳）
尺寸｜直徑：40公分；
厚度：7.5公分
重量｜10公斤
脂肪｜28%

地圖：228-229 頁

這款乳酪熟成8至12個月（Everton Premium Reserve 需 18 個月），外皮為淺黃到淺米色。質地緊實柔細。艾佛頓入口後散發奶油和榛果氣息，帶有迷人悠長的尾韻。Premium Reserve 艾佛頓，口感更厚實，香氣也更豐盈，由於出現酪氨酸結晶，也帶有脆口咬感。

帕那索斯阿拉霍瓦乳酪／ FORMAELLA ARACHOVAS PARNASSOU （**希臘**，中希臘）

AOP 自 1996

乳源｜山羊乳和／或綿羊乳
（巴斯德殺菌法）
尺寸｜直徑：5 至 10 公分；
厚度：25 至 30 公分
重量｜500 公克至1公斤
脂肪｜30%

地圖：226-227 頁

這款壓製熟乳酪以山羊乳或綿羊乳製作，使其形狀與眾不同。麥桿黃或金黃色的外皮帶有紋路，這是因為使用稱為「kofinakia」的柳編籃子做為模具。白色的內芯緊實濃郁，略帶顆粒狀。入口後，帕那索斯阿拉霍瓦乳酪風味溫和，帶乳酸氣息和微微酸度，也能感受到綿羊（或山羊）的風味。

蓋爾塔阿爾姆乳酪／ GAILTALER ALMKÄSE （**奧地利**，提洛、克恩頓）

AOP 自 1997

乳源｜牛乳（生乳），或山羊乳
（至多10%）和牛乳（生乳）
重量｜500 公克至 35 公斤
脂肪｜31%

地圖：222-223 頁

關於這款乳酪最早的文字紀錄，可追溯至 1375 ～ 1381 年在戈里奇亞（Gorizia）省的文獻簿中。蓋爾塔阿爾姆乳酪是只在蓋爾河谷（vallée de la Gail）製作的山區乳酪。天然的外皮乾燥，呈金黃色。內芯偏黃，柔軟布滿豌豆或榛果大小的圓孔。這款溫和的乳酪口感柔細，帶鮮奶油和青草滋味。

格拉納帕達諾乳酪／ GRANA PADANO （**義大利**，艾米利亞－羅馬涅、倫巴底、皮蒙、威尼托、特倫提諾－上阿迪傑）

AOP
自
1996

乳源｜牛乳（生乳）
尺寸｜直徑：35 至 45 公分；
厚度：18 至 25 公分
重量｜24 至 40 公斤
脂肪｜32%

地圖：210-211 頁

格拉納帕達諾經常被誤認為其義大利近親——帕馬森乳酪。格拉納帕達諾口感較乾，整圈側面外皮印有其名稱。外皮厚度 0.4 至 0.8 公分，呈褐色、金黃或深黃色，底下藏著麥桿黃、富顆粒感（因此義大利文稱為 grana）的細滑內芯，有鹹香的奶油和花香風味。熟成超過 20 個月的格拉納帕達諾獲稱「riserva」（保存）。這項頭銜會烙印在乳酪的側面。

阿格拉封格拉維拉乳酪／ GRAVIERA AGRAFON （**希臘**，色薩利）

AOP
自
1996

乳源｜綿羊乳（巴斯德殺菌法），或綿羊和山羊乳（巴斯德殺菌法）
重量｜8 至 10 公斤
脂肪｜30%

地圖：226-227 頁

這款乳酪外皮不規則，呈米色到灰色。鼻聞主要是地窖氣息和酸味。白色內芯布滿小洞，質地易碎，散發近乎甜美的奶油風味。使用綿羊乳製作賦予了這款乳酪青草氣息的尾韻。

克里特格拉維亞乳酪／ GRAVIERA KRITIS （**希臘**，克里特）

AOP
自
1996

乳源｜綿羊乳（巴斯德殺菌法），或綿羊乳和山羊乳（巴斯德殺菌法）
重量｜14 至 16 公斤
脂肪｜29%

地圖：226-227 頁

這款乳酪在克里特地區製作，和大陸希臘的近親阿格拉封格拉維拉很相似，製作方式相同，唯一不同之處在於乳源動物。即使這兩款乳酪很相似，克里特格拉維亞的質地卻較柔軟。風味上帶有綿羊和／或山羊的強勁滋味，和色薩利同類的阿格拉封格拉維拉同樣帶有淡淡鹹味。

納索斯格拉維耶乳酪／GRAVIERA NAXOU（**希臘**，克里特）

AOP
自
1996

乳源｜牛乳（巴斯德殺菌法），或山羊乳（至多20%）和牛乳（巴斯德殺菌法）
脂肪｜25%

地圖：226-227 頁

納索斯格拉維耶外皮呈金黃或麥桿黃。內芯小孔密布，緊實柔細。鼻聞帶有畜棚和乾草香氣。入口後風味溫和，有青草風味，尾韻略帶苦味。熟成時間較長時，會有一絲辛辣口感挑動味蕾。

格律耶爾乳酪／GRUYÈRE（**瑞士**，伯恩、佛利堡、侏羅、沃德、紐沙特）

AOC
自
2001

AOP
自
2011

乳源｜牛乳（生乳）
尺寸｜直徑：55至65公分；厚度：9.5至12公分
重量｜25至40公斤
脂肪｜34%

地圖：222-223 頁

這款乳酪自1115年便在格律耶爾村周邊生產。其外皮均勻，呈米色和栗色。內芯緊密細滑，象牙色澤視熟成程度有深淺變化。入口是奶油、青草、花朵和果香，尾韻綿長，口齒留香。格律耶爾有三種變化：經典（classique，熟成6至9個月）、保存（réserve，熟成至少10個月）和高山（alpage，僅在5月到10月之間在高海拔山區製作）。

法國格律耶爾乳酪／GRUYÈRE FRANÇAIS（**法國**，布根地－法蘭什－康堤、奧維涅－隆河－阿爾卑斯、大東部）

IGP
自
2013

乳源｜牛乳（生乳）
尺寸｜直徑：53至63公分；厚度：13至16公分
重量｜42公斤
脂肪｜35%

地圖：198-199 頁

不同於瑞士格律耶爾，法國格律耶爾（必須）擁有豌豆或榛果大小的孔洞。淺米色外皮長滿白色絨毛，保護淺象牙色的易碎內芯。質地緊實細滑，入口後風味溫和，帶有乳香。

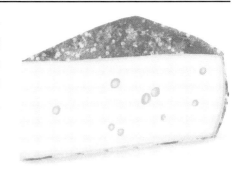

漢戴克乳酪／HANDECK（**加拿大**，安大略）

乳源｜牛乳（巴斯德殺菌法）
尺寸｜直徑：50公分；
厚度｜10公分
重量｜25公斤
脂肪｜31%

地圖：230-231 頁

這款乳酪以瑞士的同名村莊命名，因為農場主人 Shep Ysselstein（二十世紀初定居安大略省的荷蘭乳酪工匠後裔）曾到該村莊學習製作乳酪。漢戴克乳酪質地緊實但如奶油般細緻。入口後散發榛果、鮮奶油和奶油氣息。安大略省伍茲塔克的農場 Gunn's Hill 生產熟成 12 個月的漢戴克乳酪。不過這款乳酪較適合在地窖熟成 2、3 年後再食用。

海蒂乳酪／HEIDI（**澳洲**，塔斯馬尼亞）

乳源｜牛乳（生乳）
尺寸｜直徑：55公分；
厚度｜10公分
重量｜30公斤
脂肪｜35%

地圖：232-233 頁

這款乳製品商乳酪強調採用瑞士格律耶爾的技法製作。其外皮依不同熟成程度，為淺米色到淺褐色。內芯為麥稈黃到金黃色，觸感緊實絲滑。鼻聞散發青草和奶油香氣。口嘗時，海蒂入口即化，帶奶油、榛果和花朵風味。熟成時間較長後，酪氨酸為內芯帶來清脆咬感，尾韻也更綿長。

亨利四世乳酪／HENRI IV（**法國**，新阿基坦）

乳源｜山羊乳（生乳）
尺寸｜直徑：30公分；
厚度｜15公分
重量｜10 至 30 公斤
脂肪｜32%

地圖：202-203 頁

30 年前，Vandaële 家族落腳庇里牛斯山的 Lanset 農場。這群牧羊人兼

乳酪工匠於 2010 年代初期發明了非常稀有的乳酪：壓製熟山羊乳酪——亨利四世！鼻聞主要為清新的山羊氣息，伴隨青草和花朵香氣。入口後質地緊實細滑如奶油般。山羊風味結合酸香氣息和淡淡鹹味。

● **壓製熟乳酪**

卡瑟利乳酪／KASSÉRI（**希臘**，馬其頓、色薩利、北愛琴）

AOP
自
1996

乳源｜綿羊乳（巴斯德殺菌
法），或山羊乳（至多20%）
和綿羊乳（巴斯德殺菌法）
尺寸｜直徑：25至30公分；
厚度：7至10公分
重量｜1至7公斤
脂肪｜22%

地圖：226-227 頁

這款半硬質乳酪帶有白色和灰色光澤，質地緊實富彈性。鼻聞時，卡瑟利乳酪散發發酵羊乳的香氣。入口後是偏苦和略酸的乳酪，帶有鮮明的綿羊和／或山羊氣息。這款乳酪主要刨絲做為料理用。

列提瓦乳酪／L'ÉTIVAZ（**瑞士**，沃德）

AOC　**AOP**
自　　自
1999　2013

乳源｜牛乳（生乳）
尺寸｜直徑：30至65公分；
厚度：8至11公分
重量｜10至38公斤
脂肪｜33%

地圖：222-223 頁

這款高山乳酪僅在 5 月 10 日到 10 月 10 日之間，於高海拔（1000 至 2000 公尺）地區製作。這款壓製熟乳酪的獨特之處，在於用銅鍋以柴火加熱而成。這項古老技法為列提瓦增添煙燻滋味。其乾燥呈褐色的外皮略帶晶狀。切開後散發驚人的鳳梨香氣，接著是果香、青草和煙燻香氣。質地入口即化且濃郁，散發直接的奶油氣息，略帶榛果和煙燻滋味。最好的列提瓦是以手工洗皮抹油，垂直放在通風的穀倉至少 3 個月，令其乾燥，成為「碎片列提瓦」（L'Étivaz à rebibes，刨片的乾燥乳酪）。

帕馬森乳酪／PARMIGIANO REGGIANO
（**義大利**，艾米利亞－羅馬涅、倫巴底）

AOP
自
1996

乳源｜牛乳（生乳）
尺寸｜直徑：35至45公分；
厚度：20至26公分
重量｜（至少）30公斤
脂肪｜30%

地圖：210-211 頁

這款乳酪的金黃色外皮側面打印其名稱，確保血統純正。在 0.6 公分的外皮保護下，是麥桿黃顆粒狀的內芯，散發柑橘、白色水果和鮮奶油香氣。質地入口即化，細緻的顆粒散發濃郁的奶油風味和高雅鹹味，尾韻略帶一絲甜味。熟成 2 年後的帕馬森乳酪會少去四分之一的重量呢！

先鋒乳酪／PIONNIER（**加拿大**，魁北克）

乳源｜綿羊和牛乳（生乳）
尺寸｜直徑：55公分；
厚度：12公分
重量｜40公斤
脂肪｜34%

地圖：230-231 頁

這款乳酪以瑞士乾酪的傳統方式製作，不過最大的不同點是：用綿羊乳混合牛乳。象牙白的質地柔細滑潤，入口後略帶酸味且清爽，同時保留了迷人的奶油、堅果（夏威夷果仁）和花朵氣息。尾韻的甜美滋味令人想起黑糖。2017 年，先鋒乳酪曾獲選「魁北克最佳乳酪」。

快樂山脊乳酪／PLEASANT RIDGE（**美國**，威斯康辛）

乳源｜牛乳（生乳）
尺寸｜直徑：30公分；
厚度：10公分
重量｜6公斤
脂肪｜28%

地圖：228-229 頁

這款乳酪是在牛隻大啖青草的 5 月到 10 月之間製作。鼻聞散發新鮮牛乳和榛果氣息。入口質地帶有奶油的濃郁感，然後是奶油與花朵風味。這款乳酪可以熟成超過 14 個月，就成為 Pleasant Ridge Reserve，內芯布滿酪氨酸結晶。

斯賓茨乳酪／ SBRINZ （**瑞士**，琉森、舒維茲、楚格、上瓦爾登、下瓦爾登、阿爾高、伯恩）

AOP
自
2002

乳源｜牛乳（生乳）
尺寸｜直徑：45至65公分；
厚度：14至17公分
重量｜25至45公斤
脂肪｜34%

地圖：222-223 頁

在伯恩州的文獻中，「斯賓茨」一名的由來，源自十五世紀時購買此乳酪的義大利人改變城市布里恩茨（Brienz）之名。斯賓茨的表面定期以海綿擦乾，有助於形成油脂薄膜，待薄膜變得夠厚，乳酪便會放入冷涼的地窖熟成 16 個月。其質地非常緊實（甚至呈硬質）易碎。鼻聞帶有鮮奶油和玉米香氣。入口後散發奶油、花朵、動物香氣，幾乎還有辛香料氣息。斯賓茨可以切成適口大小或薄片，或是刨碎製作料理。

修士頭乳酪／ TÊTE DE MOINE （**瑞士**，伯恩、侏羅）

AOP
自
2001

乳源｜牛乳（生乳）
尺寸｜直徑：10至15公分；
厚度：7至15公分
重量｜700公克至2公斤
脂肪｜32%

地圖：222-223 頁

蜂巢狀的外皮下藏著象牙色到淺黃色的內芯，質地均勻緊實但柔細，入口後散發牛乳、乾草和蕈菇香氣。尾韻帶有一絲鹽味，還有淡淡辛辣感。這款乳酪幾乎和 1980 年代發明的切割器具——切花器（Girolle®）難分難捨：這種切割器可以刨出薄細的花朵，外型有如雞油菌（girolle）。

提洛阿爾姆乳酪／ TIROLER ALMKÄSE （**奧地利**，提洛）

AOP
自
1997

乳源｜牛乳（生乳）
重量｜30至60公斤
脂肪｜35%

地圖：222-223 頁

1544 年提洛地區的文獻中已提及此乳酪。提洛阿爾姆乳酪又稱為「提洛阿爾帕乳酪」（Tiroler Alpkäse），是只在 5 月到 10 月間製作的高山乳酪，外皮乾燥，內芯緊實濃郁。入口即化，溫和富乳香。熟成時間較長後會出現獨特風味，辛辣帶動物氣息。

提洛貝格乳酪／TIROLER BERGKÄSE（奧地利，提洛）

AOP
自
1997

乳源｜牛乳（生乳）
重量｜12公斤（至少）
脂肪｜34%

地圖：222-223 頁

提洛貝格乳酪從 1840 年代開始製造，外皮油滑，色澤從黃褐色到褐色。內芯是象牙色到淺黃色，有時富光澤。鼻聞散發花朵和青草香氣，此外也有鮮奶油或奶油氣息。質地柔潤細滑，略帶酸味，充滿奶油風味，尾韻偶爾會浮現些許辛辣口感。

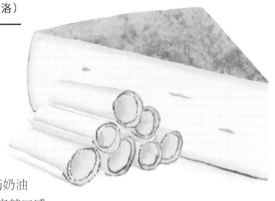

弗拉爾貝格阿爾帕乳酪／VORARLBERGER ALPKÄSE（奧地利，弗拉爾貝格）

AOP
自
1997

乳源｜牛乳（生乳）
尺寸｜直徑：35公分；
厚度：10 至 12 公分
重量｜35公斤（至少）
脂肪｜33%

地圖：222-223 頁

這款乳酪只在山區製作，十八世紀就已取名弗拉爾貝格阿爾帕乳酪。外皮乾燥帶顆粒感；質地柔軟細滑，其中偶有小孔。這款乳酪滋味溫和，帶乳香和淡淡酸味。熟成較久後，質地會轉為易碎，風味是鮮明的動物氣息和辛辣感。

弗拉爾貝格伯格乳酪／VORARLBERGER BERGKÄSE（奧地利，弗拉爾貝格）

AOP
自
1997

乳源｜牛乳（生乳）
尺寸｜直徑：50公分；
厚度：10 至 12 公分
重量｜50公斤
脂肪｜34%

地圖：222-223 頁

這款乳酪擁有厚厚的外皮，從橘褐色到褐色。內芯是淺黃到象牙色，帶有鷓鴣眼般的小孔，充滿光澤。質地柔軟細滑。這款乳酪較溫和，帶有蜂蜜、新鮮香草植物和鮮奶油風味。熟成時間越長，動物氣息越濃，味道也越鹹。

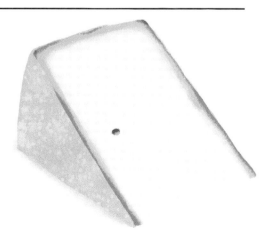

08　藍紋乳酪

這個家族的乳酪內芯刻意「培養」出的大堆黴菌令人心生畏懼，或者，至少絕對使其與眾不同。不同於給人的印象，這些乳酪並非總是風味強烈，有時甚至相當溫潤呢！

藍灣藍紋乳酪／ BAY BLUE（美國，加利福尼亞）

乳源｜牛乳（巴斯德殺菌法）
尺寸｜直徑：25公分；厚度：15公分
重量｜5公斤
脂肪｜27%

地圖：228-229 頁

Point Reyes Farmstead Cheese Company 農場成立於 1904 年，不過直到進入二十一世紀之際，農場才開始製作手工乳酪，而且一切遵循有機農法守則。自此，藍灣乳酪在美國的乳酪品嘗大賽上在藍紋乳酪類別中獲獎無數，特別是 2014 年在沙加緬度的美國乳酪協會（American Cheese Society）大會。藍灣和英國的史提頓（見 181 頁）很相似，質地柔滑，帶奶油香氣，略帶風土氣息，尾韻浮現鹽味焦糖風味。

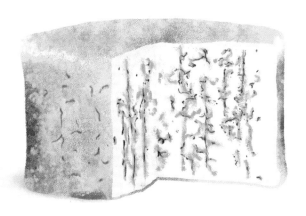

黑與藍藍紋乳酪／ BLACK & BLUE（美國，馬里蘭）

乳源｜山羊乳（巴斯德殺菌法）
尺寸｜直徑：20公分；厚度：10公分
重量｜3公斤
脂肪｜31%

地圖：228-229 頁

黑與藍乳酪是少數裹上蠟的藍紋乳酪，外觀黑色的蠟就是其名稱由來！這款乳酪以植物性凝乳酶製作，適合奶蛋素食者食用。質地柔細滑潤，卻有迷人的清爽度和高雅的強勁風味。由於使用山羊乳，尾韻略有酸味和淡淡鹹味。黑與藍從熟成地窖取出後還可以保存 1 年再享用。

奧維涅藍紋乳酪／BLEU D'AUVERGNE（**法國**，奧維涅－隆河－阿爾卑斯、新阿基坦、歐西坦尼）

AOC	AOP
自	自
1975	1996

乳源｜牛乳（生乳、熱化殺菌法或巴斯德殺菌法）
尺寸｜直徑：19至23公分；
厚度：8至11公分
重量｜2至3公斤
脂肪｜28%

地圖：202-203 頁

2018 年頒布新的法規內容，這款乳酪的命名產區從原本的 1158 個市鎮縮減至 630 個。

十九世紀中葉，多虧安東·胡賽爾（Antoine Roussel）的巧妙點子，他從黑麥麵包中取得黴菌，是第一個將微生物（此處為青黴菌）接種至凝乳中的人，這款古老粗獷的乳酪在製造、形狀與風味上都以全新面貌重回世間。經過幾年

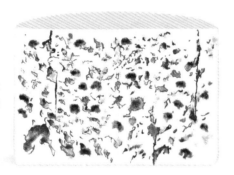

實驗，他發現這種黴菌生長時需要空氣，因此他用棒針刺穿乳酪。接著到 1860 年，他和 Clermont 先生研發出「接種針」。如此，奧維涅藍紋乳酪內芯整體的黴菌散布更平均。這款乳酪的外皮可帶有少許白色、灰色、綠色、藍色和／或黑色黴斑。內芯柔滑濃郁，色澤為象牙白與均勻的藍綠色斑紋。入口後，藍紋乳酪的強勁風味和乳霜般的溫潤感取得絕佳平衡。除了森林地面和蕈菇風味外，還有淡淡鹹味和苦味。

邦瓦藍紋乳酪／BLEU DE BONNEVAL（**法國**，奧維涅－隆河－阿爾卑斯）

乳源｜牛乳（生乳）
尺寸｜直徑：22公分；
厚度：10公分
重量｜2.4至2.8公斤
脂肪｜26%

地圖：198-199 頁

這款乳酪的牛乳來自阿邦登斯和塔林（tarine）品種，由一間坐落在莫里安河谷（vallée de la Maurienne）、靠近亞克上邦瓦（Bonneval-sur-Arc）小鎮的合作社製造。這款乳酪的外皮帶灰色，帶有白色絨毛和少許黑色光澤。鼻聞時散發地窖、森林地面和蕈菇香氣。象牙色內芯布滿藍綠色黴菌斑紋，質地緊實濃郁。若乳酪熟成時

間較長，質地會轉乾，變得易碎。這款藍紋乳酪的滋味相當強勁，主要為鮮奶油和蕈菇風味。

傑克斯藍紋乳酪╱ BLEU DE GEX（**法國**，布根地－法蘭什－康堤、奧維涅－隆河－阿爾卑斯）

AOC 自 1977	**AOP** 自 1996

乳源｜牛乳（生乳）
尺寸｜直徑：31至35公分；
厚度：8至10公分
重量｜6至9公斤
脂肪｜28%

地圖：198-199 頁

歷史傳說傑克斯藍紋乳酪是查理五世（Charles Quint）最愛的乳酪。

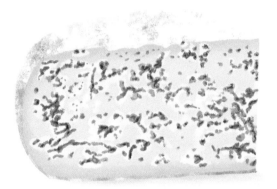

傑克斯藍紋乳酪又叫「塞蒙賽勒藍紋乳酪」（bleu de septmoncel），從十三世紀就開始在侏羅山區的高原上製造。乳酪源起自聖克勞德修道院（abbaye de Saint-Claude，侏羅的一省）的修士，不過修道院現在只剩下斷垣殘壁。這款乳酪使用蒙貝里亞或席蒙塔品種的牛乳。外皮乾燥略帶粉感，呈白色到黃色，模具上必須帶有「GEX」字樣留在外皮上。這款藍紋乳酪的內芯緊實易碎，入口風味溫和，帶乳酸、隱約的香莢蘭、辛香料和蕈菇風味，尾韻有一絲苦味。

布瓦西耶藍紋乳酪╱ BLEU DE LA BOISSIÈRE（**法國**，法蘭西島）

乳源｜山羊乳（巴斯德殺菌法）
尺寸｜直徑：17至18公分；
厚度：9至10公分
重量｜2至2.5公斤
脂肪｜28%

地圖：196-197 頁

這款乳酪是由位於伊夫林省（Yvelines），靠近朗布耶森林的Tremblaye農場製造，是法蘭西島生產的少數藍紋乳酪之一。這座農場自 1967 年開始製造乳酪，從一開始就致力於實踐環境和動物友善的農法。布瓦西耶藍紋乳酪以錫紙包起防止外皮形成，因此沒有外皮。雪白的內芯和洛克福青黴菌形成的藍紋形成對比，黴紋從藍色、灰色、黑色到綠色，質地柔細如奶油。布瓦西耶藍紋乳酪是一款細緻的藍紋乳酪，帶高雅的蕈菇和微酸風味。山羊乳帶來迷人的清爽尾韻。

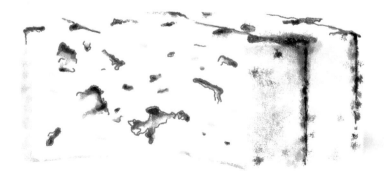

賽維哈克藍紋乳酪／ BLEU DE SÉVERAC（**法國**，歐西坦尼）

乳源｜綿羊乳（生乳）
尺寸｜直徑：12 至 13 公分；
厚度：8 至 9 公分
重量｜1 至 1.1 公斤
脂肪｜27%

地圖：202-203 頁

這是 Seguin 家族的第一款作品，他們也是皮楚內（見 125 頁）和阿維隆瑞克特（見 54 頁）製作者，賽維哈克藍紋乳酪約 40 年前由媽媽 Simone 推出。這款乳酪偏灰色外皮帶一層白色絨毛，有黑色光澤，鼻聞時散發潮濕地窖和蕈菇香氣，質地濃郁細滑如奶油，入口後是鮮奶油和蕈菇風味，藍紋高雅細緻。

喀斯藍紋乳酪／ BLEU DES CAUSSES（**法國**，歐西坦尼）

| AOC 自 1953 | AOP 自 1996 |

乳源｜牛乳（生乳）
尺寸｜直徑：20 公分；
厚度：8 至 10 公分
重量｜2.3 至 3 公斤
脂肪｜27%

地圖：202-203 頁

這款乳酪和洛克福藍紋乳酪一樣古老，歷史和以綿羊乳製作的洛克福藍紋乳酪同樣源遠流長。喀斯的居民將乳酪放在石灰岩碎石形成的天然洞穴中，以潮濕的新鮮空氣自然氧化，喀斯藍紋乳酪於焉誕生。這個環境和熟成洛克福藍紋乳酪的地窖和天然石灰岩山洞（fleurine）很相似。這款乳酪起初叫做「阿維隆藍紋乳酪」（bleu de l'Aveyron），1941 年才定名為喀斯藍紋乳酪。1953 年獲認可，得到 AOC。這款乳酪沒有外皮，內芯為象牙色澤和均勻分布的藍紋。鼻聞時散發動物和高雅的蕈菇風味。質地柔細油滑如奶油，入口風味酸香滑潤。

特米尼翁藍紋乳酪／ BLEU DE TERMIGNON（**法國，奧維涅－隆河－阿爾卑斯**）

乳源｜牛乳（生乳）
尺寸｜直徑：27至28公分；
厚度：15公分
重量｜7.3至7.7公斤
脂肪｜28%

地圖：198-199頁

特米尼翁藍紋乳酪非常罕見，因為是6月到9月之間，在海拔2300公尺處製作。今日僅剩四位製造者仍堅持採用塔林牛和阿邦登斯牛的生牛乳，以傳統方式製作這款獨特乳酪。雖然製作方式一如

經典的手工藍紋乳酪，不過特米尼翁藍紋乳酪並沒有撒上洛克福青黴菌，僅以其特性和針戳生成藍紋。針戳可以讓空氣進入內芯，有助於乳酪氧化。這款乳酪的砂狀外皮呈深栗色到米色，帶有些許赭黃反光，散發潮濕地窖的強烈氣味。切開後露出外皮下漂亮的金黃色奶油狀內芯，包圍著白色易碎的顆粒狀中心。入口後是動物、畜棚和乾草風味，尾韻浮現漂亮的酸度，增添清爽感。

維柯爾－桑那芝藍紋乳酪／ BLEU DU VERCORS-SASSENAGE（**法國，奧維涅－隆河－阿爾卑斯**）

AOC
自
1998

AOP
自
2001

乳源｜牛乳（生乳）
尺寸｜直徑：27至30公分；
厚度：7至9公分
重量｜4至4.5公斤
脂肪｜28%

地圖：200-201頁

這款乳酪起源自十四世紀，又叫做「維柯爾藍紋乳酪」或「桑那芝藍紋乳酪」，在當時可以做為稅金。不過自1338年6月28日開始，Albert de Sassenage男爵准許製造者自由販售這些乳酪，這項政策

有助於維柯爾－桑那芝藍紋乳酪的發展。這款乳酪呈扁圓柱形，外皮有白色絨毛和些許黃色、象牙色或橘色斑紋。鼻聞時，這款藍紋乳酪散發新鮮牛乳和蕈菇香氣。象牙色內芯細滑柔潤，布滿淺灰藍色紋理。滋味溫和，帶有乳香和植物風味，還有榛果和蕈菇的細緻氣息。

巴克斯頓藍紋乳酪／ BUXTON BLUE （**英國**，米德蘭茲）

乳源 │ 牛乳（巴斯德殺菌法）
尺寸 │ 直徑：20公分；
厚度 │ 19至22公分
重量 │ 8公斤
脂肪 │ 28%

地圖：216-217 頁

這款藍紋乳酪在凝乳中加入紅木或人工色素，因此呈橘色，不過遍布的藍色紋理證明也撒上了洛克福青黴菌。質地緊實，隨著熟成程度增加會越來越柔滑。巴克斯頓藍紋乳酪口感帶奶油風味，略有苦味和果香，是極富個性但不過度強勁的乳酪。這款乳酪採用植物性凝乳酶，適合奶蛋素食者食用。

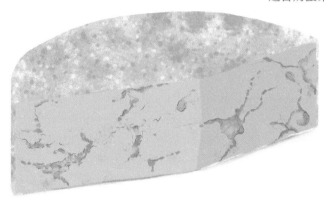

卡布拉雷斯藍紋乳酪／ CABRALES （**西班牙**，阿斯圖里亞斯）

乳源 │ 牛乳和／或山羊乳和／或綿羊乳
（生乳）
尺寸 │ 厚度：7至15公分
脂肪 │ 27%

地圖：206-207 頁

製作卡布拉雷斯的配方視集乳而定，因此冬天製成的乳酪和好天氣的季節製作的乳酪並不一樣。冬季主要使用牛乳，加入些許山羊或綿羊乳。夏季則主要選用山羊和綿羊乳為主……
卡布拉雷斯的外皮軟滑濃郁，帶灰色光澤和些許橘褐色部分。內芯柔軟但某些部分易碎。白色的內芯可看出藍綠的紋理。從製作凝乳開始，這款乳酪必須在洞穴中熟成至少 2 個月。依照綿羊或山羊乳的使用與否，這款乳酪有時風味較鮮明，有時較強勁。不過無論如何，這款藍紋乳酪非常強烈，品嘗時帶有辛辣口感。

過去卡布拉雷斯是以栗葉或楓葉包起。不過由於現代的衛生法規，此方法已消失。

凱雪藍紋乳酪® ／ CASHEL BLUE®（愛爾蘭，芒斯特）

乳源｜牛乳（巴斯德殺菌法）
尺寸｜直徑：12 至 13 公分；
厚度：8 至 9 公分
重量｜1.5 公斤
脂肪｜28%

地圖：216-217 頁

這款乳酪使用植物性凝乳酶，1984 年開始由住在蒂珀雷里郡的 Grubb 家族製作，他們也生產克羅奇耶藍紋乳酪®（見下方）。凱雪藍紋乳酪®必須在地窖熟成 6 到 10 週，質地濃郁緊實。這款美味的乳酪一入口就令人驚艷，尾韻帶怡人的辛辣感。

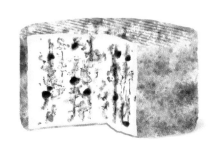

卡斯特曼紐藍紋乳酪 ／ CASTELMAGNO（義大利，皮蒙）

AOP
自
1996

乳源｜牛乳（生乳），有時加入山羊乳（至多20%）和／或綿羊乳（生乳）
尺寸｜直徑：15 至 24 公分；厚度：12 至 20 公分
重量｜2 至 7 公斤
脂肪｜27%

地圖：210-211 頁

這款乳酪的文字紀錄可追溯至 1100 年。一如特米尼翁藍紋乳酪（見 170 頁），卡斯特曼紐並沒有撒上洛克福青黴菌，不

過製作方式和藍紋乳酪相同。因此乳白色內芯易碎帶顆粒，外皮粗獷，有亞麻短桿菌，以及黑色和白色的黴點。這款乳酪帶有畜棚和地窖氣味。切開後散發乳香和新鮮香草植物香氣。滋味清爽，帶有微酸風味和淡淡鹹味，尾韻極富特色。

克羅奇耶藍紋乳酪® ／ CROZIER BLUE®（愛爾蘭，芒斯特）

乳源｜綿羊乳（巴斯德殺菌法）
尺寸｜直徑：12 至 13 公分；
厚度：8 至 9 公分
重量｜1.5 公斤
脂肪｜29%

地圖：216-217 頁

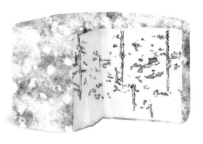

克羅奇耶藍紋乳酪®是唯一以綿羊乳製作的愛爾蘭藍紋乳酪，在地窖熟成的時間較以牛乳製作的凱雪藍紋乳酪®長（前者 12 週，後者 6 至 10 週）。灰色帶藍色光澤的外皮下是布滿藍紋和孔洞的白色內芯。口感迷人濃郁，柔潤美味，散發微酸、青草和花朵風味，是一款溫和又討喜的藍紋乳酪。

丹麥藍紋乳酪／DANABLU（**丹麥**）

IGP
自
2003

乳源｜牛乳（熱化殺菌法或巴斯德殺菌法）
尺寸｜直徑：20公分；長度：30公分；寬度：12公分
重量｜3或4公斤
脂肪｜27%

地圖：220-221 頁

無論是圓柱形還是長方形，丹麥藍紋乳酪都沒有外皮，不過表面為白色到黃色，甚至褐色。內芯帶有相同色澤，布滿藍綠色大理石般的紋理。穿刺乳酪使其透氣的痕跡清晰可見。這款乳酪的質地軟滑如奶油，入口風味由於有洛克福青黴菌加持，直接且辛辣。尾韻帶有一絲苦味。

對比藍藍紋乳酪／DISTINCTION BLUE（**紐西蘭，奧克蘭**）

乳源｜牛乳（巴斯德殺菌法）
脂肪｜27%

地圖：232-233 頁

製造對比藍的 Puhoi Valley 農場使用植物性凝乳酶製作自家乳酪，因此適合奶蛋素食者食用。這款乳酪的特色，是在地窖達到成熟度後會裹上一層黑色石蠟。此項技巧可以保存乳酪的柔滑感和特色。這是一款口感柔滑溫和，尾韻略帶辛香料氣息的藍紋乳酪。

朵賽特藍紋乳酪／DORSET BLUE CHEESE（**英國**，英格蘭、西南部）

IGP
自
1998

乳源｜牛乳（巴斯德殺菌法）
脂肪｜28%

地圖：216-217 頁

這款乳酪的內芯在製造時略微壓製，因此質地較其他藍紋乳酪緊實。其外皮呈栗色、赭黃或褐色，帶有濃烈的地窖和蕈菇氣味。內芯色澤為象牙色到黃色，帶有不規則的藍綠紋理。入口後，朵賽特藍紋乳酪相對溫和，接著浮現辛辣感和胡椒風味。

朵夫戴爾藍紋乳酪／DOVEDALE CHEESE（**英國**，英格蘭、中部）

AOP
自
1996

乳源｜牛乳（巴斯德殺菌法）
尺寸｜直徑：20公分；
厚度｜7公分
重量｜2.5公斤
脂肪｜27%

地圖：216-217 頁

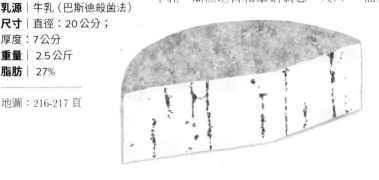

這款乳酪的外皮呈粉紅、象牙和藍灰色。質地柔滑軟潤。鼻聞時帶有牛乳、潮濕地窖和蕈菇氣息。入口後，由於朵夫戴爾在地窖熟成 3 或 4 週，風味溫和，散發乳酸、鮮奶油和微酸風味。

聖雷米藍星藍紋乳酪／ÉTOILE BLEUE DE SAINT-RÉMI（**加拿大**，魁北克）

乳源｜綿羊乳（熱化殺菌法）
重量｜1.5公斤
脂肪｜29%

地圖：230-231 頁

這款綿羊乳藍紋乳酪從 2013 年起，由位於聖雷米－廷威克（Saint-Rémi-de-Tingwick） 的 Fromagerie du charme 開始製作。聖雷米藍星由 Olivier Ducharme 發明，農場也製作牛乳乳酪。乳汁並非直接來自該農場，而是向魁北克的養殖者收購。聖雷米藍星為象牙白，帶有灰藍色斑點，質地充滿柔滑顆粒感。入口

後散發乳酸、微酸和榛果風味，還有一絲鹹味。

艾斯穆藍紋乳酪／EXMOOR BLUE CHEESE（**英國**，英格蘭、西南區）

IGP
自
1999

乳源｜牛乳（生乳）
尺寸｜直徑：12至13公分；厚度：8至9公分
重量｜1.25公斤
脂肪｜34%

地圖：216-217 頁

這款顏色鮮黃的乳酪只採用娟姍牛品種的牛乳製作。薄細的白色到黃色外皮下，藏著極為柔潤細滑的質地。口嘗時，這款藍紋乳酪相當溫和，混合了洛克福青黴菌帶來的奶油、牛乳風味和微酸氣息。艾斯穆藍紋乳酪在地窖熟成 4 至 6 週後取出。

昂貝爾圓柱藍紋乳酪／FOURME D'AMBERT （法國，奧維涅－隆河－阿爾卑斯）

| | AOC 自 1972 | AOP 自 1996 |

乳源｜牛乳（生乳或巴斯德殺菌法）
尺寸｜直徑：17至21公分；厚度：12.5至14公分
重量｜1.9至2.5公斤
脂肪｜27%

地圖：202-203 頁

這款擁有數百年歷史的乳酪直到中世紀，其配方才拍板定案，不過在中世紀之前，就有證明顯示類似乳酪的存在。建造於八世紀的

傳說高盧羅馬時代，高盧德魯伊人在弗雷茲山（massif du Forez）的皮耶高點（Pierre-sur-Haute）進行崇拜儀式，食用的就是昂貝爾圓柱藍紋乳酪。

拉修爾姆（La Chaulme）教堂石塊上，顯示當時已存在現今的昂貝爾圓柱藍紋乳酪。十八世紀時，這款乳酪做為牧場小屋（jasserie，在山區做為乳酪坊、住處和畜棚的暫時建物）租金的交易貨幣。其灰色的外皮偶爾帶有白色、黃色和／或紅色黴菌，帶有些許藍色光澤。內芯色澤呈白色到乳白色。藍綠黴紋均勻分布於乳酪整體，質地柔軟滑潤。鼻聞時，年輕的昂貝爾圓柱藍紋乳酪散發地窖和新鮮奶油香氣。熟成時間越長，會逐漸轉為花香和辛香料氣息。這款藍紋乳酪口感溫和，主要為鮮奶油和森林地面風味，尾韻意外地綿長。

蒙布里松圓柱藍紋乳酪／FOURME DE MONTBRISON （法國，奧維涅－隆河－阿爾卑斯）

| | AOC 自 1972 | AOP 自 2010 |

乳源｜牛乳（生乳或巴斯德殺菌法）
尺寸｜直徑：11.5至14.5公分；厚度：17至21公分
重量｜2.1至2.7公斤
脂肪｜27%

地圖：202-203 頁

1972 年，昂貝爾圓柱藍紋乳酪和蒙布里松圓柱藍紋乳酪同時獲得 AOC 認證，然而兩者在許多方面大不相同：昂貝爾圓柱藍紋乳酪表面抹鹽，蒙布里松圓柱藍紋乳酪則整體皆有鹽；蒙布里松平放在杉木條上熟成，昂貝爾則非如此……2002 年，兩者平步青雲，獲得各自的法規範本。蒙布里松圓柱藍紋乳酪放在木頭上熟成，因此外皮為橘黃色，觸感不規則。內芯緊實柔潤，有時易碎（熟成時間拉長時）。砂質口感入口即化，散發乳香、果香風味，滋味極美。

加蒙內多藍紋乳酪／ GAMONEDO（**西班牙**，阿斯圖里亞斯）

AOP
自
2008

乳源｜牛乳和／或綿羊乳和／或山羊乳（生乳）
尺寸｜直徑：10至30公分；
厚度：6至15公分
重量｜500公克至7公斤
脂肪｜24%

地圖：206-207 頁

這款乳酪以樺樹、歐石楠、山毛櫸或其他樹木精華煙燻，只要這些樹木來自阿斯圖里亞斯，而且不含樹脂皆可。鼻聞時散發煙燻和鮮明的香氣，入口亦然，後味帶榛果氣息。一如特米尼翁（見 170 頁），這款乳酪也沒有撒上洛克福青黴菌，而是乳酪穿刺與空氣接觸時自然生長而成的。

戈貢佐拉藍紋乳酪／ GORGONZOLA（**義大利**，倫巴底、皮蒙）

AOP
自
1996

乳源｜牛乳（生乳或巴斯德殺菌法）
尺寸｜直徑：20至30公分；
厚度：至少13公分
重量｜5.5至13.5公斤
脂肪｜29%

地圖：210-211 頁

這款乳酪並非只有柔軟滑潤溫和以及帶粉紅色外皮的版本（即大家熟知的 gorgonzola dolce），也有另一款緊實辛辣的 gorgonzola piccante，以兩種尺寸販售（大型和小型）。洛克福青黴菌在 dolce 中為稀釋，piccante 則為直接注入。

格列文布洛克藍紋乳酪／ GREVENBROECKER（**比利時**，林堡）

乳源｜牛乳（生乳）
尺寸｜直徑：25公分；
厚度：20公分
重量｜4.5公斤
脂肪｜30%

地圖：218-219 頁

製作這款藍紋乳酪的 Catharinadal 乳酪坊位於舊修道院中，格列文布洛克又名「亞克藍紋乳酪」（bleu d'Achel），2009 年曾獲選「世界最佳手工乳酪」。即使大量需求隨著頭銜而來，Boonen 兄弟仍決定維持原本的產量，這款乳酪很稀少，因此非常珍貴！不同於其他藍紋乳酪，這款乳酪的凝乳和洛克福青黴菌是一層層疊加的。其質地緊實柔滑，有如肥肝。年輕的格列文布

洛克口感溫和滑潤，帶有乳香和酸香。熟成後，風味偏強勁辛辣。

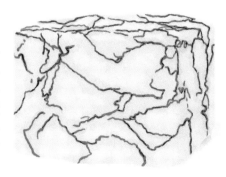

伊查蘇藍紋乳酪／ITXASSOU （**法國**，新阿基坦）

乳源│綿羊乳（巴斯德殺菌法）
尺寸│直徑：28至30公分；厚度：7.5公分
重量│5公斤
脂肪│30%

地圖：202-203 頁

這款乳酪又叫做「巴斯克藍紋乳酪」（bleu des Basques），外皮呈灰白色，側面有紋路。表面散發淡淡蕈菇和地窖香氣。切開後露出內芯均勻散布的點狀黴斑。象牙色到乳白色的內芯質地柔滑如奶油。伊查蘇風味清爽，有青草、細緻的綿羊香氣，尾韻是高雅的微微酸味。

尼合切斯卡尼瓦藍紋乳酪／尼合切斯卡茲拉塔尼瓦藍紋乳酪／JIHOČESKÁ NIVA／JIHOČESKÁ ZLATÁ NIVA （**捷克共和國**，南波希米亞）

IGP
自
2010

乳源│牛乳（巴斯德殺菌法）
尺寸│直徑：18至20公分；厚度：10公分
重量│2.8公斤
脂肪│26% 或 29%

地圖：224-225 頁

這款乳酪的外皮為乳白色到淺褐色。內芯的黴菌絲略粗，呈綠色和藍色，質地易碎，入口即化。口嘗時散發鹹味和明顯辛辣味。茲拉塔尼瓦乳酪（Zlatá Niva）擁有相同特性，不過乳脂肪含量較高（29%，一般則為 26%）。

柯帕尼斯提藍紋乳酪／KOPANISTI （**希臘**，南愛琴）

AOP
自
1996

乳源│牛乳和／或綿羊乳和／或山羊乳（生乳或巴斯德殺菌法）
脂肪│27%

地圖：226-227 頁

這款基克拉澤斯（Cyclades）的乳酪可以使用單一乳種，或是混合二至三個乳種。色澤偏黃到偏灰，質地柔滑，帶辛香料、胡椒和鹹味。柯帕尼斯提強烈的風味來自放在開放式容器中，然後置於潮濕的環境，使青黴菌生成。接著攪拌凝乳，使黴菌均勻分布。偶爾在柯帕尼斯提產區生產的奶油可以加入乳酪中（最多 15%），如此製成的乳酪風味較不強烈而且柔滑，不過仍適合塗抹。

米拉瓦藍紋乳酪／MILAWA BLUE（**澳洲，維多利亞**）

乳源｜牛乳（巴斯德殺菌法）和牛乳鮮奶油（巴斯德殺菌法）
尺寸｜剖半 17 公分；寬度：9 公分；厚度：9 公分
重量｜1 公斤
脂肪｜28%

地圖：232-233 頁

這款乳酪使用植物性凝乳酶製作，適合奶蛋素食的乳酪愛好者。米拉瓦藍紋乳酪質地柔軟滑潤，在溫和的藍紋和牛乳鮮奶油之間取得絕佳平衡。這款乳酪的濃郁度靈感來自戈貢佐拉 dolce，不過質地更接近昂貝爾圓柱藍紋乳酪。

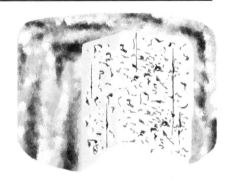

橡樹藍紋乳酪／OAK BLUE（**澳洲，維多利亞**）

乳源｜牛乳（巴斯德殺菌法）
尺寸｜直徑：20 公分；厚度：13 公分
重量｜5 公斤
脂肪｜28%

地圖：232-233 頁

這款乳酪取名自製作橡樹藍紋乳酪的 Berrys Creek 農場附近的莫斯韋爾（Moss Vale）公園周圍的無數橡樹（oak）。雖然這款乳酪的濃郁度很像戈貢佐拉藍紋乳酪，質地卻較緊實，藍綠黴紋也更明顯。橡樹藍紋乳酪熟成 3 個月後才會達到成熟度。主要為柔滑奶油般的清爽風味。

蒂涅藍紋乳酪／PERSILLÉ DE TIGNES（**法國，奧維涅－隆河－阿爾卑斯**）

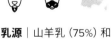

乳源｜山羊乳（75%）和牛乳（25%）（生乳）
尺寸｜直徑：11 公分；厚度：11 至 13 公分
重量｜800 公克
脂肪｜27%

地圖：198-199 頁

公元八世紀時，查理曼大帝就已經品嘗過這款乳酪。今日只剩下一間農場仍製作這款獨特細緻又高雅的乳酪。Paulette Marmottan 就是堅持不懈的製造者。一如特米尼翁藍紋乳酪（見 170 頁），蒂涅藍紋乳酪的製作方式同一般藍紋乳酪，但是沒有撒上洛克福青黴菌，因此內芯為顆粒狀白色。外皮呈栗色、米色、赭黃和黃色，粗獷不平。鼻聞散發地窖、森林地面和蕈菇香氣。砂質質地入口即化，散發微酸風味和隱約帶鹹味的山羊風味，迷人極了！

維荷斯－特雷斯維索藍紋乳酪／ PICÓN BEJES-TRESVISO（**西班牙**，坎塔布里亞）

AOP
自
1996

乳源｜牛乳、山羊乳和綿羊乳（生乳）
尺寸｜直徑：15至20公分；厚度：7至15公分
重量｜700公克至2.8公斤
脂肪｜28%

地圖：206-207 頁

淺褐色外皮下藏著（偏黃的）白色內芯，略帶孔洞，布滿絲狀和點狀洛克福青黴菌。質地柔滑帶顆粒。入口散發強勁的畜棚和動物香氣，尾韻略帶一絲辛辣感。

過去的維荷斯－特雷斯維索藍紋乳酪是以岩櫟葉包起。現在（主要）以鋁箔紙包裹。這款乳酪必須在海拔 500 至 2000 公尺的自然洞穴中熟成。

瓦德昂藍紋乳酪／ QUESO DE VALDEÓN（**西班牙**，卡斯提亞－雷昂）

IGP
自
2004

乳源｜牛乳（生乳或巴斯德殺菌法），或牛乳和綿羊乳和／或山羊乳（生乳或巴斯德殺菌法）
重量｜500公克至3公斤
脂肪｜29%

地圖：206-207 頁

這款乳酪可以完整或碎塊呈現。其薄細的外皮為黃色，帶點灰色光澤。切開後內芯是閃亮的象牙偏乳黃色，若拉長熟成時間可能會出現孔洞。黴菌孔洞介於藍綠色之間。質地為柔細的顆粒狀。入口後瓦德昂藍紋乳酪風味鮮明，帶辛辣風味，尾韻略帶辣口感受。

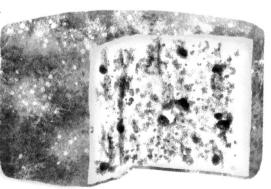

羅格河藍紋乳酪／ROGUE RIVER BLUE（**美國**，奧勒岡）

乳源｜牛乳（生乳）
尺寸｜直徑：20公分；
厚度：10公分
重量｜3公斤
脂肪｜24%

地圖：228-229 頁

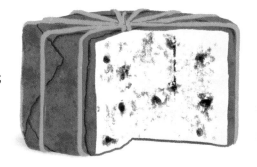

羅格河藍紋乳酪是美國第一款出口到歐洲的生乳乳酪，僅在秋季製作。這款乳酪以葡萄葉包起，浸泡在梨子酒中熟成。入口後綻放辛香料、香莢蘭、巧克力、堅果香氣，甚至還有煙燻豬脂氣息。質地為柔滑的顆粒狀。

洛克福藍紋乳酪／ROQUEFORT（**法國**，歐西坦尼）

AOC
自
1925

AOP
自
2008

乳源｜綿羊乳（生乳）
尺寸｜直徑：19至20公分；
厚度：8.5至11.5公分
重量｜2.5至3公斤
脂肪｜28%

地圖：202-203 頁

洛克福是第一款獲得 AOC 的乳酪。

傳說某個牧羊人為了追逐一位美麗的女孩，將他的食物（麵包和凝乳）忘在羊群休息的洞穴裡。他回來的時候，發現凝乳發霉了，嘗起來固然強勁，但是卻美味無比，洛克福乳酪於焉誕生！九世紀時，查理曼大帝從戰場回來的路途上，無意中在主教教堂發現了這款乳酪，立刻要求他每年寄送兩箱到亞琛（Aix-la-Chapelle）！1411 年是洛克福的轉捩點，因為查理六世（Charles VI）賦予蘇爾宗河畔洛克福（Roquefort-sur-Soulzon，阿維隆）村民熟成洛克福乳酪的

獨家權利。這項決定成為 1925 年洛克福的 AOC 規章的雛形：以拉孔恩綿羊乳製作，必須在蘇爾宗河畔洛克福的地窖中熟成。這些地窖的通風、溫度和濕度都非常適合洛克福青黴菌生長。天然的通風來自叫做「fleurine」（天然石灰岩山洞）的岩壁裂縫。Carles 是最後一個以「古法」製作洛克福的品牌，也就是說，他們以磨成粉的黑麥麵包自行培養洛克福青黴菌。這些粉末會加入凝乳，使其發霉。因此這款洛克福優雅細緻，鹹味淡，均衡度佳，還有漂亮的酸度。外皮必須乾淨無霉，呈象牙色到粉色。白色的內芯濕潤，布滿洛克福青黴菌。鼻聞時這款乳酪氣味鮮明，帶微酸香氣。質地緊實柔滑易碎，但不會過硬。入口散發鮮明的綿羊風味，酸爽和強勁口感的平衡度絕佳。

施洛普郡藍紋乳酪／SHROPSHIRE（**英國**，蘇格蘭、高地）

乳源｜牛乳（巴斯德殺菌法）
尺寸｜直徑：20公分；
厚度：30公分
重量｜5至6公斤
脂肪｜29%

地圖：216-217 頁

這款乳酪於 1970 年代，由 Andy Williamson 在蘇格蘭的印威內斯（Inverness）發明。起初這款乳酪叫做「Inverness-shire Blue」或「Blue Stuart」。這款橘色（來自天然色素紅木）藍紋乳酪的質地均勻，略微易碎，黴斑成漂亮的大理石紋。其質地入口即化，鮮明卻不過於強勁，帶有濃郁鮮奶油和畜棚風味。

這款乳酪不同於其名稱，從未在英格蘭的施洛普郡生產！

煙燻奧勒岡藍紋乳酪／SMOKEY OREGON BLUE（**美國**，奧勒岡）

乳源｜牛乳（生乳）
尺寸｜直徑：20公分；
厚度：10公分
重量｜3公斤
脂肪｜27%

地圖：228-229 頁

這款乳酪由有機農場 Rogue Creamery 製作，採用植物性凝乳酶，是世界上極少數的煙燻藍紋乳酪！煙燻手續使用榛果殼，有奶油般的質地，散發的烘烤氣息結合了堅果與烤布蕾的香氣。這是一款令人驚艷而且非常美味的乳酪！

史提頓藍紋乳酪／STILTON CHEESE（**英國**，英格蘭，中部）

AOP
自
1996

乳源｜牛乳（巴斯德殺菌法）
尺寸｜直徑：15公分；
厚度：25公分
重量｜4至5公斤
脂肪｜28%

地圖：216-217 頁

史提頓乳酪有三種：Blue Stilton、White Stilton（較年輕）和 Vintage Blue Stilton（熟成超過 15 週）。外皮帶有些許起伏，質地柔滑，略帶軟綿的顆粒感。奶油、鮮奶油風味相當平衡，尾韻迷人綿長，最後浮現洛克福青黴菌帶來的清爽感。許多乳酪迷喜歡以波特酒搭配這款乳酪。

史塔基頓藍紋乳酪／ STRACHITUNT （**義大利，倫巴底**）

AOP
自
2014

乳源｜牛乳（生乳）
尺寸｜直徑：25至28公分；
厚度：10至18公分
重量｜4至6公斤
脂肪｜29%

地圖：210-211 頁

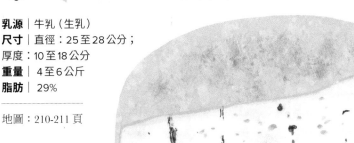

史塔基頓細薄的外皮帶紅色，有時表面略有黴斑。鼻聞散發潮濕地窖和蕈菇氣息。內芯緊實，入口即化，帶有血管狀藍綠斑紋。雖然風味濃郁，不過這款乳酪卻不強勁；若拉長熟成時間，會轉為鮮奶油、蕈菇和新鮮香料植物風味。

提洛灰藍紋乳酪／ TIROLER GRAUKÄSE （**奧地利，提洛**）

AOP
自
1996

乳源｜牛乳（生乳）
重量｜1至4公斤
脂肪｜27%

地圖：222-223 頁

這款藍紋乳酪可以直接在凝乳撒上洛克福青黴菌。提洛灰藍紋乳酪的外觀並不是藍色的，而是較偏白色或象牙黃。然而入口即化的顆粒口感和「典型」的藍紋乳酪非常相似。

都會藍紋乳酪／ URBAN BLUE （**加拿大，新蘇格蘭**）

乳源｜牛乳（巴斯德殺菌法）
尺寸｜長度：20公分；寬度：10公分；厚度：8公分
重量｜1.5公斤
脂肪｜34%

地圖：230-231 頁

這款方形乳酪由 Lyndell Findlay 經營的 Blue Harbour 農場製作，加入鮮奶油增稠，有點類似義大利的戈貢佐拉 dolce。灰色帶紋理的外皮偶爾會有一層淡淡白膜。鼻聞主要是畜棚和森林地面香氣。都會藍紋乳酪入口即化，帶有鮮奶油和蕈菇氣息。這款美味無比的乳酪尾韻帶有一絲清爽微酸。

維納斯藍紋乳酪／ VENUS BLUE （澳洲，維多利亞）

乳源｜綿羊乳（熱化殺菌法）
尺寸｜直徑：20公分；
厚度：10公分
重量｜2.1公斤
脂肪｜24%

地圖：232-233 頁

維納斯藍紋乳酪使用植物性凝乳酶，帶有紋路的外皮幾乎脆口，有森林地面和蕈菇香氣。乳酪中心比洛克福藍紋乳酪更加柔滑。入口後，藍紋的清爽風味和綿羊乳的微酸形成絕佳平衡。

維奇恩 ® 藍紋乳酪／ VERZIN® （義大利，利古里亞）

乳源｜牛乳或山羊乳（巴斯德殺菌法）
尺寸｜直徑：18至20公分；
厚度：13至15公分
重量｜2公斤
脂肪｜30%

地圖：210-211 頁

維奇恩®擁有註冊商標，由Beppino Occelli 熟成。這款乳酪的名稱來自弗拉博沙（Frabosa）名叫 verzino 或 verdolino 的大理石，乳酪內芯的血管狀藍紋神似前述的大理石。乳酪表面為灰粉色，側面有紋理。切開後是極柔軟綿滑的乳酪，白色內芯帶有藍綠色黴點。無論採用牛乳或山羊乳，維奇恩®皆入口即化，美味無比，散發鮮奶

油、新鮮乳汁和新鮮香草植物的風味。尾韻細緻，山羊乳版本略帶一絲酸味。

溫莎藍紋乳酪／ WINDSOR BLUE （紐西蘭，奧塔哥）

乳源｜牛乳（巴斯德殺菌法）
重量｜1.8公斤
脂肪｜28%

地圖：232-233 頁

這款紐西蘭乳酪的外皮為略厚的灰藍色，散發地窖、森林地面和蕈菇香氣。象牙色到黃色的內芯帶有血管狀和斑點狀灰藍黴紋。質地緊實光滑柔潤。溫莎藍紋乳酪入口後散發奶油、鮮奶油和淡淡蕈菇風味。隨著熟成程度增加，其個性也越發豐盈飽滿，但辛辣感沒有變。

09　紡絲乳酪

這個家族主要是在氣候晴朗溫暖時製作與食用，因此有如乳酪中的夏季，經常搭配少許橄欖油與一杯白酒或粉紅酒享用。

布拉塔乳酪／ BURRATA DI ANDRIA （**義大利**，普利亞）

IGP
自 2016

乳源｜牛乳（巴斯德殺菌法）和牛乳鮮奶油（巴斯德殺菌法）
重量｜100公克至1公斤
脂肪｜30%

地圖：212-215 頁

有個關於布拉塔的小故事，據說這款乳酪是由一位名叫 Lorenzo Bianchino 發明。在雪量豐沛的時期，他沒辦法帶著牛乳到鄰近城市，為了不要浪費牛乳，他決定仿製 manteche 乳酪的方法──這種紡絲乳酪放在奶油中保存熟成。他將乳酪放入鮮奶油中，布拉塔乳酪就此誕生！這款乳酪乳白色的表面就是新鮮的證明。質地帶點彈性且柔細。入口是鮮奶油、乳香、奶油和青草風味，清新爽口。

卡丘卡瓦洛席拉諾乳酪／ CACIOCAVALLO SILANO （**義大利**，巴西利卡塔、坎佩尼亞、卡拉布里亞、莫利塞、普利亞）

AOP
自 2003

乳源｜牛乳（生乳）
重量｜1至2.5公斤
脂肪｜21%

地圖：212-215 頁

別把卡丘卡瓦洛席拉諾和卡丘卡瓦洛（caciocavallo）搞混了，後者是

沒有詳細限制製作規章的同名乳酪。席拉諾這款乳酪從古時代就存在，是橢圓形或截斷的圓錐形半硬質紡絲乳酪。「caciocavallo silano」一名必須烙印在乳酪上。其質地緊實，細滑富彈性。入口散發微酸風味和青草氣息。若熟成時間較長，卡丘卡瓦洛席拉諾也可能出現辛辣口感。

梅索沃恩乳酪／ METSOVONE （**希臘**，伊庇魯斯）

AOP
自 1996

乳源｜牛乳（巴斯德殺菌法），或綿羊乳（至多20%）、山羊乳（至多20%）和牛乳（巴斯德殺菌法）
尺寸｜直徑：10公分；厚度：40公分
脂肪｜26%

地圖：226-227 頁

這是罕見的希臘紡絲乳酪。梅索沃恩是先紡絲才入模，接著乾燥，連著籃子熟成至少3個月。最後要煙燻1或2天。石蠟內藏著質地緊實、辛辣帶鹹味的乳酪。

莫札瑞拉乳酪／MOZZARELLA（**義大利**）

STG
自
1998

乳源｜牛乳（巴斯德殺菌法）
重量｜20至250公克
脂肪｜18%

地圖：210-211 頁

這款知名的球狀乳酪在全義大利皆有生產，但不可與擁有 AOP 的坎佩納水牛莫札瑞拉（下方）混為一談。莫札瑞拉使用牛乳，風味不如水牛莫札瑞拉細緻。其表面光滑閃亮，纖維狀質地中必須含有乳狀液體，有時乳酪中的小孔會含有這些液體。這款乳酪風味溫和，帶乳酸風味，清爽微酸。

坎佩納水牛莫札瑞拉乳酪／MOZZARELLA DI BUFALA CAMPANA（**義大利**，坎佩尼亞、拉吉歐、莫利塞、普利亞）

AOP
自
1996

乳源｜水牛乳（生乳或巴斯德殺菌法）
重量｜10公克至3公斤
脂肪｜21%

地圖：212-215 頁

十二世紀起，這款乳酪就在坎佩尼亞生產，可以有各種不同形狀：球形、一口大小的圓球、辮子狀、櫻桃狀、小結狀或小蛋形。其表面光滑雪白如瓷器，外皮不可超過 0.1 公分，內芯不可有任何氣孔或孔洞。鼻聞散發新鮮、青草和微酸香氣。口感細緻柔滑，帶鹹味、微酸清爽風味。

「MOZZARELLA」一字來自動詞 MOZZARE，是以食指和大拇指捏斷這款乳酪的手部動作之意。

鞭子乳酪／ORAVSKÝ KORBÁČIK（**斯洛伐克**，日利納）

IGP
自
2011

乳源｜牛乳（生乳或巴斯德殺菌法）
尺寸｜長度：10至50公分；厚度：0.2至1公分
脂肪｜21%

地圖：224-225 頁

這款乳酪產於山區，幾乎全程皆為手工製作，而且只有女性才能將蒸過的乳酪條編成辮子狀。外皮為象牙色，煙燻後偏金黃色。

由於結構富絲狀纖維，質地緊實柔細。鼻聞和口嘗皆有鹹味和淡淡酸味，當然啦，煙燻過的乳酪則帶有……煙燻氣息！

修士普沃隆乳酪／ PROVOLONE DEL MONACO（**義大利**，坎佩尼亞）

AOP
自
2010

乳源 | 牛乳（生乳）
重量 | 2.5 至 8 公斤
脂肪 | 21%

地圖：212-215 頁

這款半硬質紡絲乳酪外皮細薄光滑呈淺黃，偶有溝槽，來自熟成過程中用來綑綁乳酪的酒椰纖維細繩。其內芯為乳黃色，略帶淺黃。質地紮實富彈性，有少許稱為「鷓鴣眼」的小孔。這款乳酪風味溫和微酸，略帶鹹味。若熟成程度增加，風味可能會轉為辛辣。

瓦帕達納普沃隆乳酪／ PROVOLONE VALPADANA（**義大利**，倫巴底、艾米利亞－羅馬涅、特倫提諾）

AOP
自
1996

乳源 | 牛乳（生乳、熱化殺菌法或巴斯德殺菌法）
脂肪 | 28%

地圖：210-211 頁

臘腸、梨子、錐形、甜瓜……瓦帕達納普沃隆有各式各樣的造型。光滑的外皮呈淺黃到黃褐色。質地紮實，偶爾帶有小小孔洞。這款紡絲乳酪可以熟成（至少）10 天到 5 個月，因此風味可以溫和、微酸清爽，也可以是有煙燻、動物風味，口感辛辣。

乳房乳酪／ QUESO TETILLA（**西班牙**，加利西亞）

AOP
自
1996

乳源 | 牛乳（生乳或巴斯德殺菌法）
尺寸 | 直徑：9 至 15 公分；厚度：9 至 15 公分
重量 | 500 公克至 1.5 公斤
脂肪 | 28%

地圖：206-207 頁

這款乳酪形狀似乳房（西班牙文中 TETA 意思是「乳房」），細薄的外皮不可超過 0.3 公分。麥桿黃到金黃色的外皮下藏著柔軟綿潤、從象牙白到黃色的內芯。乳房乳酪鼻聞帶淡淡酸味，也散發酵母香氣。入口即化，帶有乳酸風味、微酸和鹹味。

瑞迪柯瓦卡乳酪／REDYKOŁKA （**波蘭**，西利西亞、小波蘭）

AOP
自
2009

乳源｜綿羊乳（生乳），或牛乳
（至多40%）和綿羊乳（生乳）
重量｜30至300公克
脂肪｜30%

地圖：224-225 頁

這款乳酪的名字來自 redyk，意思是夏天綿羊到山上牧場的時節。瑞迪柯瓦卡有多種不同造型：動物、鳥、小心形或紡錘。這款小型紡絲乳酪因為煙燻，外皮從麥桿黃到淺褐色，鼻聞時也因此為煙燻香氣。入口後同樣有煙燻氣息，還有少許綿羊乳的微酸風味。

貝利切河谷瓦斯代達乳酪／VASTEDDA DELLA VALLE DEL BELICE （**義大利**，西西里）

AOP
自
2010

乳源｜綿羊乳（生乳）
尺寸｜直徑：15至17公分；
厚度：3至4公分
重量｜500至700公克
脂肪｜31%

地圖：214-215 頁

貝利切河谷瓦斯代達是唯一以綿羊乳製作的紡絲乳酪，必須趁新鮮吃才能充分享受其美味。光滑的表面呈象牙白。內芯質地均勻，沒有任何氣孔。鼻聞散發麥桿、乾草和青草香氣，入口後有同樣風味，尾韻還有淡淡微酸。

查拉維斯凱沃爾基乳酪／ZÁZRIVSKÉ VOJKY （**斯洛伐克**，日利納）

IGP
自
2014

乳源｜牛乳（生乳或巴斯德殺菌法）
尺寸｜直徑：10至70公分；
厚度：0.2至1.6公分
重量｜100公克至1公斤
脂肪｜27%

地圖：224-225 頁

這款紡絲乳酪纖維細長，可以經過煙燻手續。未煙燻的乳酪外表顏色介於白色和乳白色之間；反之，外表則呈黃色到金黃色。內芯由柔軟的纖維構成，散發乳酸氣息和淡淡酸香。當然，若查拉維斯凱沃爾基經過煙燻，則會散發煙燻風味。斯洛伐克有另一款幾乎完全一樣的 IGP 乳酪：查拉維斯基柯爾巴奇克（ORAVSKÝ KORBÁČIK），命名產區相同，只有尺寸略微不同（後者最長 50 公分，厚度最多 1 公分）。

10 融化乳酪

此家族大部分為塗抹用的工業乳酪製品，像是伯森®（Boursin®）、微笑牛®（La Vache qui rit®）、Kiri®……等等。不過各地仍有手工特製的加工乳酪，主要特色就是……它們的特色！

康庫約特乳酪／CANCOILLOTTE（**法國**，布根地－法蘭什－康堤、大東部）

乳源｜牛乳（生乳或巴斯德殺菌法）
脂肪｜5%

地圖：198-199 頁

在法蘭什－康堤，這款乳酪因為質地而被暱稱為「漿糊」。

康庫約特是道地的法蘭什－康堤產物，以「莫通」（metton，脫脂凝乳）混合水和奶油製成。某些配方或加入白酒或大蒜。質地濃郁，甚至呈液態，帶黃綠色光澤。這款乳酪冷熱享用皆適宜。入口是淡淡酸味、奶油味，若加入大蒜，風味更顯鮮明甚至強勁。

貝蒂訥強勁乳酪／FORT DE BÉTHUNE（**法國**，上法蘭西）

乳源｜牛乳（生乳或巴斯德殺菌法）

地圖：196-197 頁

十九世紀時，貝蒂訥強勁乳酪從碎石堆和「煤碳工」之中誕生，原本是礦工、工人和窮人的零食，因為是以剩餘的乳酪製成（主要為瑪華乳酪）。這些剩餘乳酪加入辛香料（胡椒、孜然……）、白酒、奶油，有時加入蒸餾酒，全部混合後（呈白色、綠色或灰色）放入鍋中待其發酵。不多久，貝蒂訥強勁乳酪就完成了：濃郁，氣味強勁，入口風味強烈。

弗瑪傑乳酪／FOURMAGÉE（**法國**，諾曼地）

乳源｜牛乳（生乳或巴斯德殺菌法）

地圖：194-195 頁

這款乳酪源自十七世紀，使用軟質乳酪和較硬的切碎乳酪製作。加入蘋果汽泡酒、香草植物和胡椒，全部放入陶罐中蓋起，如此開始發酵。幾個月後，弗瑪傑就完成了。外觀呈黃色到灰色，氣味鮮明，風味強勁辣口。

料理乳酪／KOCHKÄSE（**德國**，巴登－符騰堡、巴伐利亞）

乳源｜牛乳（生乳或巴斯德殺菌法）

地圖：218-219 頁

這款德國乳酪與法國的康庫約特很相似，但可不是法國的康庫約特像它唷！製作過程相同，唯一改變的是不同配方中的部分材料。氣味、質地和滋味方面，料理乳酪皆強勁濃郁，帶有微酸的奶油和胡椒風味，甚至有點辣口。

梅真乳酪／MÉGIN（**法國**，大東部）

乳源｜牛乳（生乳或巴斯德殺菌法）

地圖：196-197 頁

梅真乳酪又稱為「fremgeye」、「frem'gin」或「guéyin」，經常被視為洛林的康庫約特。不過這款乳酪並不是以脫脂凝乳，而是以新鮮凝乳製作（如白乳酪）。新鮮凝乳瀝乾後切塊，與胡椒、鹽和茴香混合。接著放入熟成軟質乳酪的地窖（hâloir）數個月。從地窖取出後，梅真乳酪辛辣，氣味鮮明，由於加入茴香而帶有八角氣息。

科西嘉乳酪缽乳酪／PÔT CORSE（**法國**，科西嘉）

乳源｜綿羊乳（生乳或巴斯德殺菌法）
重量｜一缽200公克

地圖：200-201 頁

科西嘉乳酪缽依照同樣的融化乳酪配方製作。唯一的不同點在於使用綿羊乳。混合菲力塔（filetta）、貝費烏瑞度或其他乳酪後，加入白酒、辛香料和科西嘉香草植物攪碎。色澤灰白，質地柔滑軟潤。鼻聞氣味強烈，帶有畜棚香氣。入口帶青草、辛香料風味，有時也有辛辣口感。

11 再製乳酪

這些「仿」乳酪以乳製品為基底，加入酪乳、奶油、鮮奶油和／或香料（辛香料、香草植物……等）。除了有品牌的再製乳酪，每個人都能依照喜好自行調整變化配方。

亞弗嘉比圖乳酪／ AFUEGA'L PITU（**西班牙**，阿斯圖里亞斯）

 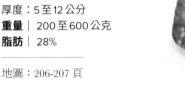

AOP
自
2008

乳源｜牛乳（生乳或巴斯德殺菌法）
尺寸｜底部直徑：8至14公分；
厚度：5至12公分
重量｜200至600公克
脂肪｜28%

地圖：206-207 頁

亞弗嘉比圖為圓錐狀，呈黃色（加入辣椒時則為紅色），共有四個版本：atroncau blancu、atroncau roxu、trapu blancu 和 trapu roxu。Roxu 版本的乳酪使用辣椒，鼻聞口嘗皆有辛辣感。質地柔滑帶顆粒。沒有辣椒的版本略帶酸味，尾韻有一絲苦澀感。

阿維訥小球乳酪／ BOULETTE D'AVESNES（**法國**，上法蘭西）

乳源｜牛乳（生乳或巴斯德殺菌法）
尺寸｜底部直徑：6至9公分；
厚度：8至10公分
重量｜150至300公克
脂肪｜24%

地圖：196-197 頁

不同於名稱，這款「小球」其實並不是球狀，而是白色（稀少）或紅色（使用煙燻紅椒時）錐形。這款乳酪使用酪乳或瑪華乳酪塊，加入胡椒、龍艾蒿、巴西里和／或丁香（視配方而定）。阿維訥小球源自十八世紀末。鼻聞的氣味強烈。入口後，切碎的香草植物和辛香料使這款乳酪風味強勁辛辣，帶苦澀味。

卡努之腦乳酪／ CERVELLE DE CANUT（**法國**，奧維涅－隆河－阿爾卑斯）

乳源｜牛乳（生乳或巴斯德殺菌法）

地圖：198-199 頁

「卡努」（CANUT）意指十九世紀時里昂的絲綢工人，貧困的他們滿足於以脫脂白乳酪取代肉品（彼時頗受歡迎的小羊腦）。這款「窮人的肉品」是攪打後加入鹽、胡椒和辛香料（細香蔥、紅蔥頭、洋蔥、青蔥、大蒜、橄欖油、白酒、醋等）；因此卡努之腦有眾多配方。重點在於成品必須新鮮，風味強度必須均衡，質地適合塗抹。

奧維涅加佩隆乳酪／ GAPERON D'AUVERGNE （法國，奧維涅－隆河－阿爾卑斯）

乳源｜牛乳（生乳或巴斯德殺菌法）
尺寸｜底部直徑：5至10公分；厚度：5至9公分
重量｜250至500公克
脂肪｜24%

地圖：202-203 頁

這款乳酪的名稱來自奧維涅土話 gaspe 或 gape，意思是「酪乳」。因此這款乳酪當然是由牛乳凝乳和酪乳所製成啦。顆粒狀外皮呈白色到灰色，有時會布滿黃色色素。象牙色到白色內芯質地如非常緊實的慕斯，帶有小黑點（胡椒）。這款乳酪新鮮（無外皮）或熟成後（有外皮）享用都適合。風味強烈視熟成程度而定。

賈努乳酪／ JĀNU SIERS （拉脫維亞）

STG
自
2015

乳源｜牛乳（生乳或巴斯德殺菌法）
尺寸｜直徑：8至30公分；厚度：4至6公分
脂肪｜24%

地圖：220-221 頁

這款乳酪名稱的字面意思是「聖尚節的乳酪」（也就是夏至）。賈努乳酪的故事因此和這個傳統宗教節日有關，外型亦然，因為相對較扁的圓盤形狀象徵著太陽。里加（Riga，拉脫維亞的首都）耶穌會在十六世紀末的紀錄中提及此乳酪的配方。這款乳酪使用凝乳，加入奶油、鮮奶油、蛋、鹽和葛縷子。整體加熱後，混合均勻的乳酪團便入模。質地柔潤緊實，略帶顆粒。

葛縷子均勻分布在內芯中。這款個性鮮明的乳酪主要為葛縷子溫暖風味。

耶科波斯基澤爾斯馬哲內乳酪／ WIELKOPOLSKI SER SMAŻONY （波蘭，盧布斯卡省）

IGP
自
2009

乳源｜牛乳（生乳）
脂肪｜24%

地圖：224-225 頁

這款乳酪的製作過程經過油炸。配方中明確指出乳酪必須使用乾燥捏碎、磨碎的凝乳，加入奶油（分量不等）、鹽，有時可加入孜然籽。其顏色從乳黃到黃色。入口後微酸，由於加入孜然籽而風味鮮明。

Terroirs et Territoires

風土與產區

p. 194-195	法國／布列塔尼和諾曼地
p. 196-197	法國／東北部
p. 198-199	法國／中部－東部
p. 200-201	法國／東南部
p. 202-203	法國／奧維涅和西南部
p. 204-205	法國／中部－西部
p. 206-207	西班牙／北部
p. 208-209	西班牙（南部）和葡萄牙
p. 210-211	義大利／北部
p. 212-213	義大利／中部
p. 214-215	義大利／南部
p. 216-217	英國和愛爾蘭
p. 218-219	比利時、荷蘭和德國
p. 220-221	丹麥、瑞典、拉脫維亞和立陶宛
p. 222-223	瑞士、奧地利和斯洛維尼亞
p. 224-225	波蘭、捷克、斯洛伐克和羅馬尼亞
p. 226-227	希臘和塞浦路斯
p. 228-229	美國和加拿大
p. 230-231	美國和加拿大（續）
p. 232-233	澳洲和紐西蘭

法國／布列塔尼和諾曼地

 乳酪	•• 城市　　　河流　　　省分

50 KM　　　　N

🐮 巴登諾乳酪	🐮 立伐洛乳酪
見 80 頁	見 87 頁
🐮 貝斯沃乳酪	🐮 路庫路斯乳酪
見 71 頁	見 77 頁
🐮 諾曼地卡蒙貝爾乳酪	🐮 新堡乳酪
見 74 頁	見 78 頁
🐮 多維爾 乳酪	🐮 主教橋乳酪
見 83 頁	見 91 頁
🐮 弗瑪傑乳酪	🐮 提瑪胡桃乳酪
見 188 頁	見 95 頁

Brest　　　　　　　　Saint-Brieuc

CÔTES-D'ARMOR

FINISTERE

Aulne

Quimper　　　　　　🧀 提瑪胡桃乳酪
　　　　　　　　　　　　布雷昂

大西洋

Blavet

Lorient　　　*MORBIHAN*

🧀 巴登諾乳酪　　**Baden**　　Vannes

英國

英吉利海峽

.AOP.
新堡乳酪

Dieppe

Neufchâtel-en-Bray

貝斯沃乳酪

羅洛

諾曼地卡蒙貝爾乳酪 .AOP.

SOMME

Somme

Cherbourg

SEINE-MARITIME

.AOP.
立伐洛乳酪

多維爾乳酪

Le Havre

盧昂

Deauville

OISE

Pont-l'Évêque

Caen

Touques

Risle

Élbeuf

EURE

Seine

Vire

CALVADOS

Saint-Lô

Boissey

Livarot

Évreux

路庫路斯乳酪

MANCHE

Camembert

Flers

Orne

Eure

YVELINES

ORNE

Dreux

Malo

Mortagne-au-Perche

弗瑪傑乳酪

Chartres

.AOP.
主教橋乳酪

Couesnon

Alençon

LLE-ET-VILAINE

Mayenne

Sarthe

EURE-ET-LOIR

雷恩

MAYENNE

Laval

Huisne

Vilaine

Le Mans

SARTHE

LOIRET

Orléans

Sarthe

DIRE-ATLANTIQUE

Loir

LOIR-ET-CHER

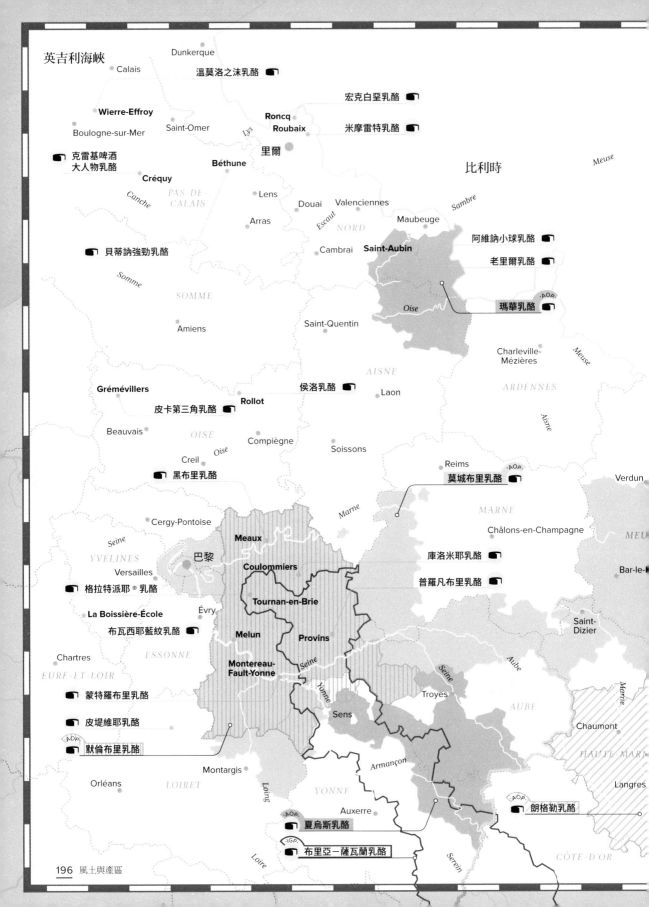

英吉利海峽

Dunkerque

Calais

溫莫洛之沬乳酪

宏克白堊乳酪

米摩雷特乳酪

Wierre-Effroy

Roncq
Roubaix

Saint-Omer

Boulogne-sur-Mer

里爾

比利時

Meuse

克雷基啤酒
大人物乳酪

Béthune

Créquy

PAS-DE-
CALAIS

Canche

Lens

Douai

Valenciennes

Maubeuge

阿維訥小球乳酪

Arras

Cambrai

Saint-Aubin

老里爾乳酪

貝蒂訥強勁乳酪

NORD

Sambre

Somme

SOMME

Oise

瑪華乳酪 AOP.

Charleville-
Mézières

Meuse

Amiens

Saint-Quentin

AISNE

ARDENNES

Grémévillers

侯洛乳酪

Laon

Aisne

皮卡第三角乳酪

Rollot

Beauvais

OISE

Oise

Compiègne

Soissons

Creil

黑布里乳酪

Reims

莫城布里乳酪 AOP.

MARNE

Verdun

Cergy-Pontoise

Seine

YVELINES

Meaux

Châlons-en-Champagne

MEU

巴黎

Coulommiers

庫洛米耶乳酪

Versailles

格拉特派耶® 乳酪

Bar-le-

Tournan-en-Brie

普羅凡布里乳酪

La Boissière-École

Évry

布瓦西耶藍紋乳酪

Melun

Provins

Saint-
Dizier

Chartres

ESSONNE

Montereau-
Fault-Yonne

Seine

Seine

Aube

Marne

蒙特羅布里乳酪

Yonne

Troyes

AUBE

皮堤維耶乳酪

Sens

Chaumont

默倫布里乳酪 AOP.

Montargis

Armançon

HAUTE-MAR

Orléans

LOIRET

Loing

YONNE

朗格勒乳酪

Langres

Auxerre

夏烏斯乳酪 AOP.

布里亞-薩瓦蘭乳酪 IGP.

Loire

Serein

CÔTE-D'OR

法國／東北部

🐄 乳酪　　∙∙ 城市　　 河流　　　省分　　　　　　　　　　　 50 KM　　N

🐄 巴爾卡斯乳酪 見 100 頁	🐄 黑布里乳酪 見 73 頁	🐄 貝蒂訥強勁乳酪 見 188 頁	🐄 芒斯特乳酪 見 89 頁
🐐 布瓦西耶藍紋乳酪 見 168 頁	🐄 布里亞－薩瓦蘭乳酪 見 73 頁	🐄 格拉特派耶 ® 乳酪 見 77 頁	🐄 小格雷斯乳酪 見 90 頁
🐄 阿維訥小球乳酪 見 190 頁	🐄 夏烏斯乳酪 見 75 頁	🐄 大洛林乳酪 見 85 頁	🐄 皮堤維耶乳酪 見 78 頁
🐄 莫城布里乳酪 見 71 頁	🐄 庫洛米耶乳酪 見 75 頁	🐄 朗格勒乳酪 見 86 頁	🐄 侯洛乳酪 見 92 頁
🐄 默倫布里乳酪 見 72 頁	🐄 宏克白堊乳酪 見 82 頁	🐄 瑪華乳酪 見 88 頁	🐄 克雷基啤酒大人物乳酪 見 93 頁
🐄 蒙特羅布里乳酪 見 72 頁	🐄 溫莫洛之沫乳酪 見 76 頁	🐄 梅真乳酪 見 189 頁	🐄 皮卡第三角乳酪 見 95 頁
🐄 普羅凡布里乳酪 見 72 頁	🐄 法國中部－東部 艾曼塔乳酪 見 157 頁	🐄 米摩雷特乳酪 見 116 頁	🐄 老里爾乳酪 見 97 頁

METZ　小格雷斯乳酪 🐄

MOSELLE

Rhin

MEURTHE-ET MOSELLE

Sarrebourg

梅真乳酪 🐄

南錫

大洛林乳酪 🐄

史特拉斯堡

Sarre

德國

Meurthe

萊茵河

Moselle

Saint-Dié

Épinal

巴爾卡斯乳酪 🐄

VOSGES

Colmar

法國中部－東部艾曼塔乳酪 🐄　I.G.P.

HAUT-RHIN

A.O.P.

🐄 芒斯特乳酪

Mulhouse

Belfort

Saône

Vesoul

BÂLE

瑞士

HAUTE-SAÔNE

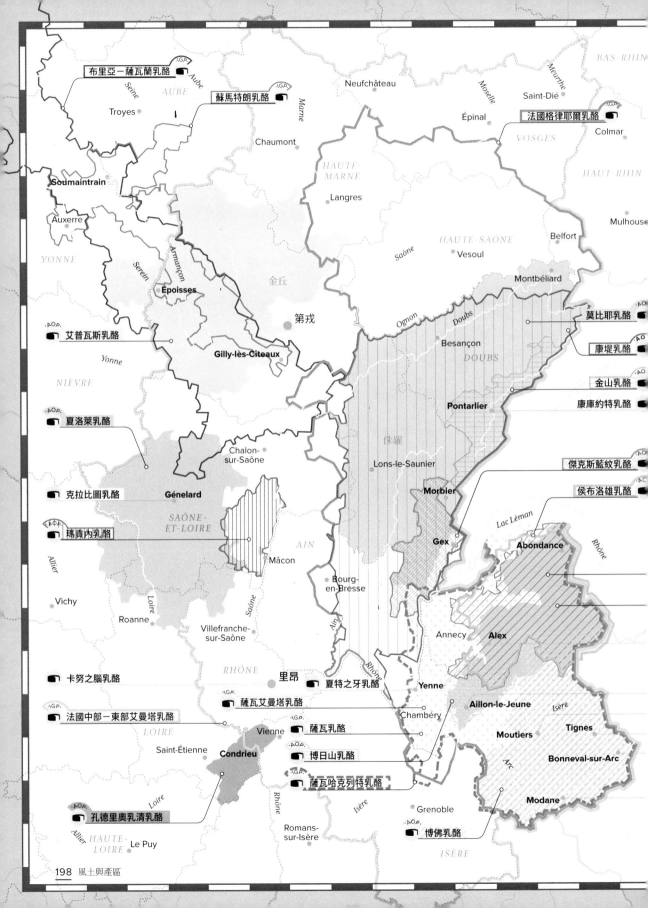

布里亞－薩瓦蘭乳酪 .IGP.

蘇馬特朗乳酪 .IGP.

Neufchâteau

Saint-Dié

法國格律耶爾乳酪 .IGP.

Colmar

BAS-RHIN

Moselle

Meurthe

Épinal

VOSGES

Mulhouse

HAUT-RHIN

Seine

Aube

AUBE

Marne

Troyes

Chaumont

HAUTE-MARNE

Langres

HAUT-RHIN

HAUTE-SAÔNE

Belfort

Soumaintrain

Vesoul

Saône

Montbéliard

Auxerre

YONNE

Serein

Armançon

金丘

第戎

Ogmon

Doubs

莫比耶乳酪 .AO.

Besançon

康堤乳酪 .AO.

Époisses

艾普瓦斯乳酪 .AOP.

Yonne

Gilly-lès-Cîteaux

DOUBS

金山乳酪 .AO.

康庫約特乳酪

NIÈVRE

Pontarlier

夏洛萊乳酪 .AO.

侏羅

Lons-le-Saunier

傑克斯藍紋乳酪 .AC.

克拉比圖乳酪 .AO.

Génelard

Morbier

侯布洛雄乳酪 .AC.

瑪貢內乳酪 .AOP.

SAÔNE-ET-LOIRE

Gex

Lac Léman

Abondance

Rhône

Chalon-sur-Saône

AIN

卡努之腦乳酪

Allier

Mâcon

Vichy

Roanne

Bourg-en-Bresse

Annecy

Alex

Villefranche-sur-Saône

Loire

Saône

Ain

RHÔNE

里昂

夏特之牙乳酪

Yenne

Isère

法國中部－東部艾曼塔乳酪 .IGP.

薩瓦艾曼塔乳酪 .IGP.

Aillon-le-Jeune

Chambéry

LOIRE

Vienne

薩瓦乳酪 .AOP.

Moutiers

Tignes

Saint-Étienne

Condrieu

博日山乳酪 .AOP.

Bonneval-sur-Arc

薩瓦哈克列特乳酪

Arc

孔德里奧乳清乳酪 .AOP.

Grenoble

Modane

Loire

Rhône

Isère

博佛乳酪 .AOP.

HAUTE-LOIRE

Le Puy

Romans-sur-Isère

ISÈRE

法國／中部－東部

乳酪　　●● 城市　　河流　　省分　　　　　　　　50 KM

阿邦登斯乳酪 見 152 頁	卡努之腦乳酪 見 190 頁	艾普瓦斯乳酪 見 84 頁	孔德里奧乳清乳酪 見 64 頁
博佛乳酪 見 154 頁	夏洛萊乳酪 見 59 頁	法國格律耶爾乳酪 見 160 頁	塞哈克乳酪 見 55 頁
邦瓦藍紋乳酪 見 167 頁	雪芙洛坦乳酪 見 106 頁	瑪貢內乳酪 見 61 頁	蘇馬特朗乳酪 見 94 頁
傑克斯藍紋乳酪 見 168 頁	克拉比圖® 乳酪 見 60 頁	金山乳酪 見 88 頁	白堊乳酪 見 146 頁
特米尼翁藍紋乳酪 見 170 頁	康堤乳酪 見 156 頁	莫比耶乳酪 見 117 頁	薩瓦乳酪 見 147 頁
布里亞－薩瓦蘭乳酪 見 73 頁	夏特之牙乳酪 見 156 頁	蒂涅藍紋乳酪 見 178 頁	博日山乳酪 見 145 頁
康庫約特乳酪 見 188 頁	薩瓦艾曼塔乳酪 見 157 頁	薩瓦哈克列特乳酪 見 134 頁	博日瓦雪杭乳酪 見 96 頁
	法國中部－東部 艾曼塔乳酪 見 157 頁	侯布洛雄乳酪 見 136 頁	

阿邦登斯乳酪

雪芙洛坦乳酪

白堊乳酪

博日瓦雪杭乳酪

塞哈克乳酪

蒂涅藍紋乳酪

邦瓦藍紋乳酪

特米尼翁藍紋乳酪

義大利

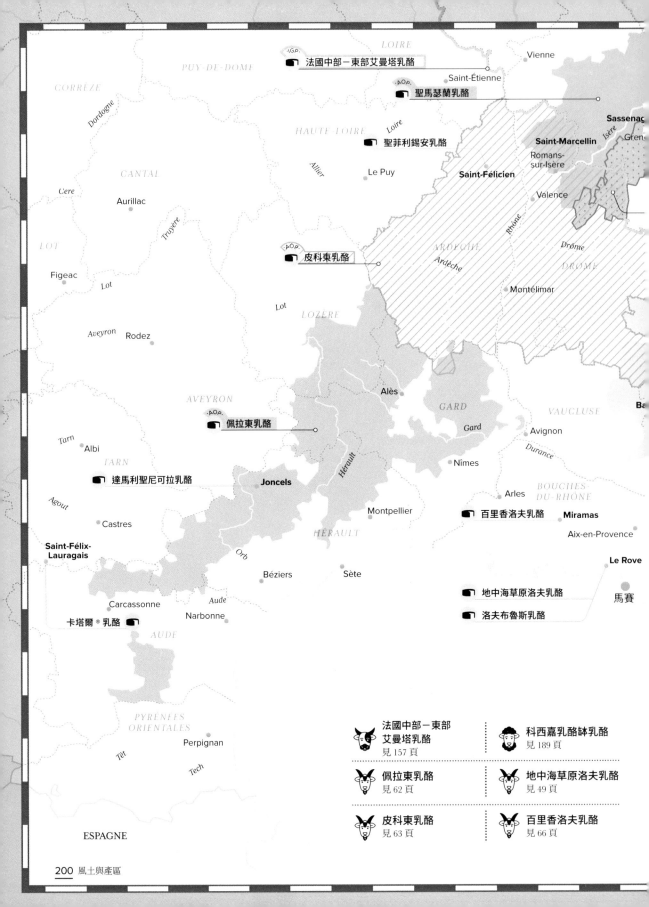

LOIRE

IGP.
法國中部－東部艾曼塔乳酪

PUY-DE-DÔME

Vienne

Saint-Étienne

AOP.
聖馬瑟蘭乳酪

CORRÈZE

Dordogne

Sassenac

Saint-Marcellin

Isère

Gren

HAUTE-LOIRE

Loire

聖菲利錫安乳酪

Romans-
sur-Isère

CANTAL

Allier

Le Puy

Saint-Félicien

Saint-Félicien

Cère

Valence

Aurillac

Truyère

LOT

AOP.
皮科東乳酪

ARDÈCHE

Rhône

Drôme

DRÔME

Figeac

Lot

Ardèche

Lot

Lot

LOZÈRE

Montélimar

Aveyron

Rodez

Alès

GARD

VAUCLUSE

AVEYRON

AOP.
佩拉東乳酪

Gard

Avignon

Ba

Tarn

Albi

Hérault

Nîmes

Durance

TARN

達馬利聖尼可拉乳酪

Joncels

BOUCHES-
DU-RHÔNE

Agout

Arles

百里香洛夫乳酪

Miramas

Castres

Montpellier

Aix-en-Provence

Saint-Félix-
Lauragais

HÉRAULT

Orb

Le Rove

Béziers

Sète

地中海草原洛夫乳酪

Aude

馬賽

卡塔爾®乳酪

Carcassonne

Narbonne

洛夫布魯斯乳酪

AUDE

PYRÉNÉES
ORIENTALES

Perpignan

Tèt

Tech

ESPAGNE

法國中部－東部	科西嘉乳酪缽乳酪
艾曼塔乳酪	見 189 頁
見 157 頁	
佩拉東乳酪	地中海草原洛夫乳酪
見 62 頁	見 49 頁
皮科東乳酪	百里香洛夫乳酪
見 63 頁	見 66 頁

法國／東南部

乳酪　　城市　　河流　　省分

50 KM

N

圖例：

阿卡辛卡乳酪
見 80 頁

布洛丘乳酪
見 52 頁

巴儂乳酪
見 56 頁

維蘇比布魯斯乳酪
見 52 頁

貝費烏瑞度乳酪
見 81 頁

洛夫布魯斯乳酪
見 43 頁

維柯爾－桑那芝
藍紋乳酪
見 170 頁

卡塔爾® 乳酪
見 58 頁

聖菲利錫安乳酪
見 79 頁

科西嘉風味乳酪
見 50 頁

聖馬瑟蘭乳酪
見 67 頁

維納科乳酪
見 97 頁

達馬利聖尼可拉乳酪
見 67 頁

Briançon

維柯爾－桑那芝藍紋乳酪 AOP

HAUTES-ALPES

ITALIE

Drac

Ubaye

ALPES-DE-HAUTE-PROVENCE

Durance

Verdon

Digne-les-Bains

巴儂乳酪 AOP

Var

Lantosque

維蘇比布魯斯乳酪

ALPES-MARITIMES

Grasse

摩納哥

尼斯

Draguignan

Argens

Cannes

VAR

地中海

Toulon

布洛丘乳酪 AOP

科西嘉風味乳酪

阿卡辛卡乳酪

貝費烏瑞度乳酪

Bastia
Furiani

HAUTE-CORSE

Golo

Vescovato

科西嘉乳酪缽乳酪

維納科乳酪

Corte

Tavignano

Venaco

Ajaccio

Taravo

CORSE-DU-SUD

法國／奧維涅和西南部

🧀 乳酪　　•• 城市　　河流　　省分　　　　　　50 KM　　N

貝特馬勒乳酪 見 101 頁	蒙布里松圓柱藍紋乳酪 見 175 頁	歐索－伊拉提乳酪 見 120 頁	聖涅克塔乳酪 見 137 頁
奧維涅藍紋乳酪 見 167 頁	煙燻乳酪 見 109 頁	佩雷卡巴斯乳酪 見 63 頁	薩勒乳酪 見 138 頁
賽維哈克藍紋乳酪 見 169 頁	奧維涅加佩隆乳酪 見 191 頁	庇里牛斯小費昂雪乳酪 見 90 頁	亞提松乳酪 見 145 頁
喀斯藍紋乳酪 見 169 頁	黑古爾乳酪 見 61 頁	費比斯乳酪 見 124 頁	里亞克乳酪 見 146 頁
康塔爾乳酪 見 104 頁	葛耶爾乳酪 見 52 頁	皮楚內乳酪 見 125 頁	庇里牛斯乳酪 見 147 頁
科斯納爾乳酪 見 105 頁	亨利四世乳酪 見 161 頁	瑞克特乳酪 見 54 頁	瑪侯特乳酪 見 148 頁
卡拉亞克綿滑乳酪 見 82 頁	伊查蘇藍紋乳酪 見 177 頁	洛凱卡巴斯乳酪 見 64 頁	凡塔度松露乳酪 見 69 頁
邱比特乳酪 見 83 頁	拉吉歐乳酪 見 114 頁	侯卡莫杜爾乳酪 見 65 頁	
恩卡拉乳酪 見 76 頁	拉沃爾乳酪 見 115 頁	洛克福藍紋乳酪 見 180 頁	
昂貝爾圓柱藍紋乳酪 見 175 頁	路卡露蘇乳酪 見 87 頁	塔恩圓片乳酪 見 65 頁	

比斯開灣

Dax

歐索－伊拉提乳酪 🧀

Adour

AOP

Bayonne
Biarritz　　Adour

Itxassou

Gave de Pau

Gave d'Oloron

🧀 伊查蘇藍紋乳酪

PYRÉNÉES-
ATLANTIQUES

Pau

Tarb

🧀 葛耶爾乳酪

西班牙

Aydius

🧀 亨利四世乳酪

HAUTE
PYRÉNÉ

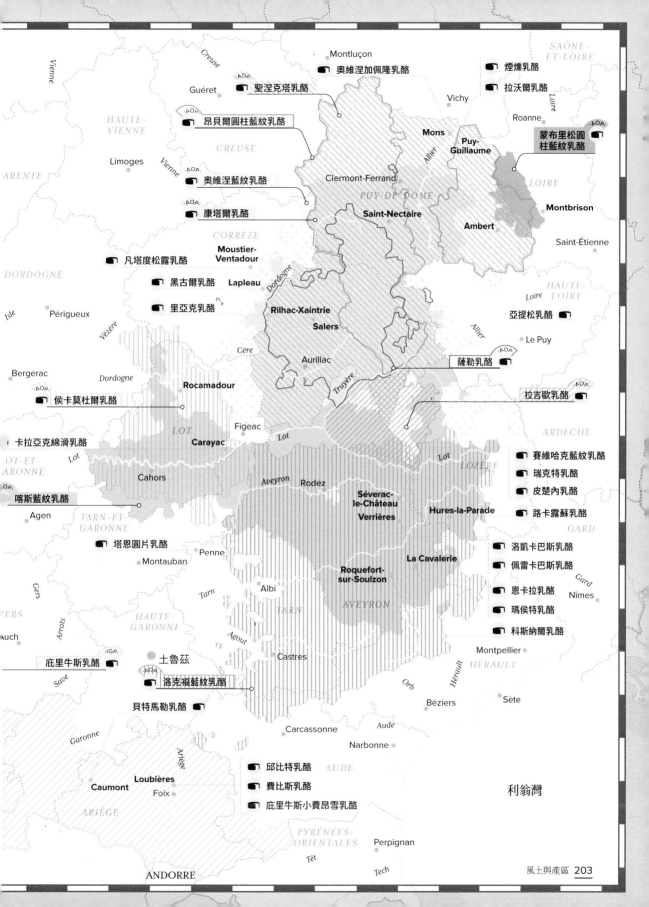

Montluçon

奧維涅加佩隆乳酪

煙燻乳酪

拉沃爾乳酪

Vichy

聖涅克塔乳酪

Roanne

昂貝爾圓柱藍紋乳酪

蒙布里松圓柱藍紋乳酪

Guéret

HAUTE-VIENNE

CREUSE

Mons

Puy-Guillaume

Limoges

Vienne

奧維涅藍紋乳酪

Clermont-Ferrand

LOIRE

ARENTE

康塔爾乳酪

PUY-DE-DOME

Montbrison

CORRÈZE

Saint-Nectaire

Ambert

Saint-Étienne

凡塔度松露乳酪

Moustier-Ventadour

黑古爾乳酪

Lapleau

里亞克乳酪

Rilhac-Xaintrie

DORDOGNE

Salers

亞提松乳酪

HAUTE-LOIRE

Périgueux

Isle

Dordogne

Le Puy

Bergerac

Dordogne

Aurillac

薩勒乳酪

侯卡莫杜爾乳酪

Rocamadour

拉吉歐乳酪

ARDÈCHE

LOT

Figeac

Lot

卡拉亞克綿滑乳酪

Carayac

賽維哈克藍紋乳酪

LOT-ET-ARONNE

Cahors

瑞克特乳酪

皮楚內乳酪

LOZÈRE

喀斯藍紋乳酪

Aveyron

Rodez

路卡露蘇乳酪

Agen

TARN-ET-GARONNE

Séverac-le-Château

Verrières

Hures-la-Parade

GARD

塔恩圓片乳酪

Penne

洛凱卡巴斯乳酪

佩雷卡巴斯乳酪

Montauban

La Cavalerie

恩卡拉乳酪

Gers

HAUTE-GARONNE

Roquefort-sur-Soulzon

瑪侯特乳酪

Gard

Nîmes

Albi

AVEYRON

科斯納爾乳酪

Tarn

TARN

Montpellier

庇里牛斯乳酪

土魯茲

Castres

HÉRAULT

洛克福藍紋乳酪

Orb

Hérault

Sète

貝特馬勒乳酪

Béziers

Carcassonne

Aude

Narbonne

Garonne

Ariège

邱比特乳酪

AUDE

費比斯乳酪

Caumont

Loubières

庇里牛斯小費昂雪乳酪

Foix

ARIÈGE

PYRÉNÉES-ORIENTALES

利翁灣

Perpignan

Têt

Tech

ANDORRE

法國／中部－西部

乳酪　　　**城市**　　**河流**　　　省分

N

50 KM

加汀木塞乳酪 見 57 頁	葉片莫泰乳酪 見 62 頁
普瓦圖夏畢舒乳酪 見 59 頁	普里尼－聖皮耶乳酪 見 63 頁
無花果夾心乳酪 見 44 頁	杜蘭聖莫爾乳酪 見 66 頁
洛什環狀 ® 乳酪 見 60 頁	謝爾塞勒乳酪 見 68 頁
夏維諾克魯坦乳酪 見 61 頁	夏朗鼴鼠窩 ® 乳酪 見 68 頁
南特神父 ® 乳酪 見 83 頁	瓦倫賽乳酪 見 69 頁
草蓆乳酪 見 46 頁	

LOIRE ATLANTIQUE

Loire

南特

Pornic

南特神父 ® 乳酪

La Roche-sur-Yo

VENDÉE

Île de Ré

La Rochel

Île d'Oléron

草蓆乳酪

Rochefo

大西洋

Arcachon

SARTHE

LOIRET

Orléans

Loing

AOP 謝爾塞勒乳酪

AOP 夏維諾克魯坦乳酪

Loir

LOIR-ET-CHER

Blois

Loire

MAINE-ET-LOIRE

Angers

Loire

Chavignol

Loire

Tours

INDRE-ET-LOIRE

Cher

Selles-sur-Cher

Bourges

CHER

AOP 杜蘭聖莫爾乳酪

Vienne

Sainte-Maure-de-Touraine

Valençay

Betz-le-Château

洛什環狀® 乳酪

Creuse

Indre

Châtellerault

Châteauroux

Vienne

DEUX-SEVRES

Poitiers

Pouligny-Saint-Pierre

INDRE

Cher

ALLIER

Verruyes

加汀木塞乳酪

葉片莫泰乳酪

瓦倫賽乳酪 AOP

Niort

La Mothe-Saint-Héray

普里尼－聖皮耶乳酪 AOP

Montluçon

Guéret

Creuse

普瓦圖夏畢舒乳酪 AOP

HAUTE-VIENNE

CREUSE

HARENTE-ARITIME

CHARENTE

Limoges

Vienne

Clermont-Ferrand

PUY-DE-DOME

Charente

Angoulême

Roullet-Saint-Estèphe

夏朗謳鼠窩® 乳酪

Thiviers

無花果夾心乳酪

CORRÈZE

Dordogne

CANTAL

Isle

Périgueux

Vézère

Brive-la-Gaillarde

DORDOGNE

Cère

Aurillac

爾多

Bergerac

Dordogne

Garonne

GIRONDE

LOT

Truyère

LOT-ET-GARONNE

Figeac

Lot

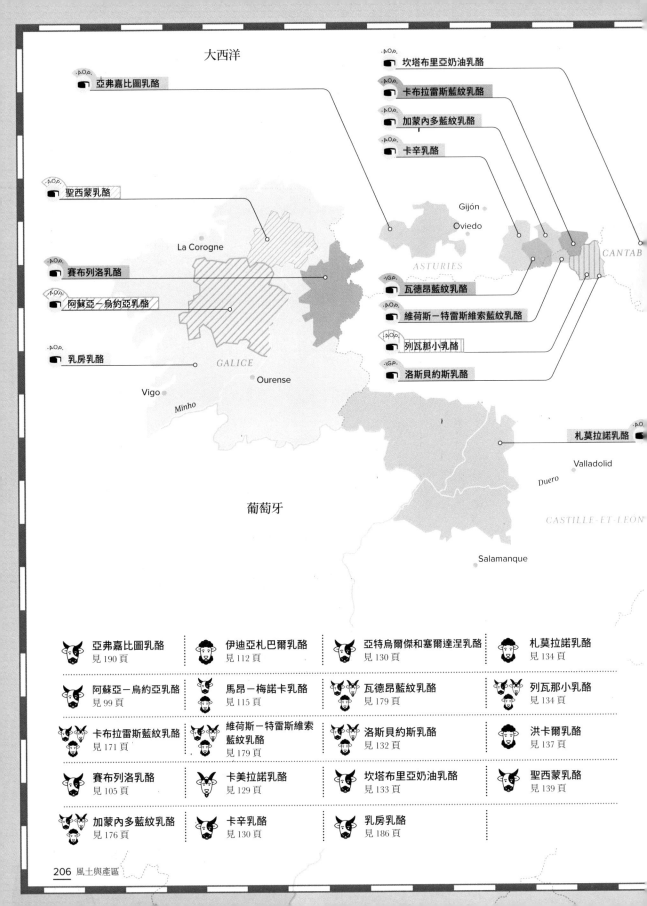

大西洋

大西洋

AOP. ■ 亞弗嘉比圖乳酪

AOP. ■ 坎塔布里亞奶油乳酪

AOP. ■ 卡布拉雷斯藍紋乳酪

AOP. ■ 加蒙內多藍紋乳酪

AOP. ■ 卡辛乳酪

AOP. ■ 聖西蒙乳酪

AOP. ■ 賽布列洛乳酪

AOP. ■ 阿蘇亞－烏約亞乳酪

AOP. ■ 乳房乳酪

IGP. ■ 瓦德昂藍紋乳酪

AOP. ■ 維荷斯－特雷維索藍紋乳酪

AOP. ■ 列瓦那小乳酪

IGP. ■ 洛斯貝約斯乳酪

AO. 札莫拉諾乳酪

Gijón

Oviedo

ASTURIES

CANTAB

La Corogne

GALICE

Ourense

Vigo

Minho

葡萄牙

Valladolid

Duero

CASTILLE-ET-LEON

Salamanque

亞弗嘉比圖乳酪
見 190 頁

伊迪亞札巴爾乳酪
見 112 頁

亞特烏爾傑和塞爾達涅乳酪
見 130 頁

札莫拉諾乳酪
見 134 頁

阿蘇亞－烏約亞乳酪
見 99 頁

馬昂－梅諾卡乳酪
見 115 頁

瓦德昂藍紋乳酪
見 179 頁

列瓦那小乳酪
見 134 頁

卡布拉雷斯藍紋乳酪
見 171 頁

維荷斯－特雷維索藍紋乳酪
見 179 頁

洛斯貝約斯乳酪
見 132 頁

洪卡爾乳酪
見 137 頁

賽布列洛乳酪
見 105 頁

卡美拉諾乳酪
見 129 頁

坎塔布里亞奶油乳酪
見 133 頁

聖西蒙乳酪
見 139 頁

加蒙內多藍紋乳酪
見 176 頁

卡辛乳酪
見 130 頁

乳房乳酪
見 186 頁

西班牙／北部

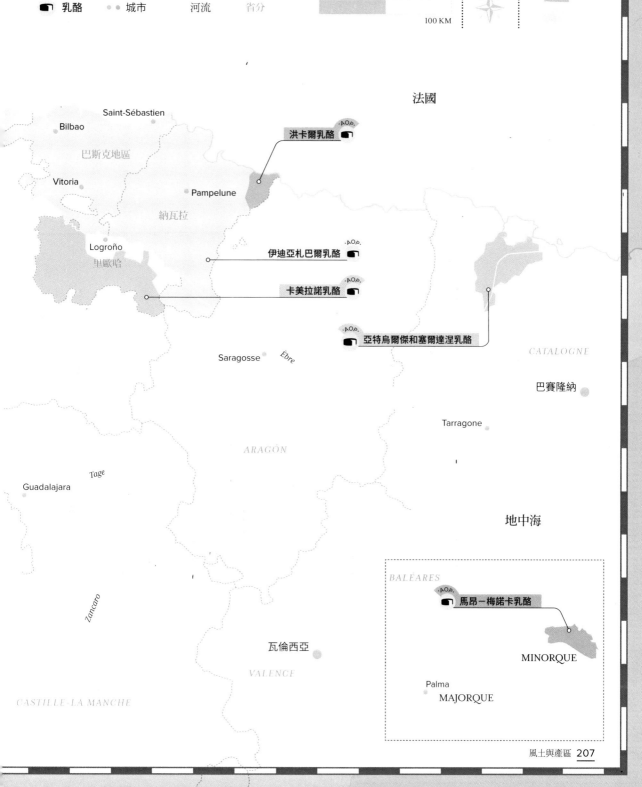

乳酪　　城市　　河流　　省分　　　　　　　　　　100 KM　　N

法國

Saint-Sébastien

Bilbao

巴斯克地區

Vitoria

洪卡爾乳酪　AOP.

Pampelune

納瓦拉

Logroño

里歐哈

伊迪亞札巴爾乳酪　AOP.

卡美拉諾乳酪　AOP.

亞特烏爾傑和塞爾達涅乳酪　AOP.

CATALOGNE

Saragosse　Èbre

巴賽隆納

Tarragone

ARAGON

Tage

Guadalajara

地中海

BALÉARES

馬昂－梅諾卡乳酪　AOP.

Zancaro

MINORQUE

瓦倫西亞

VALENCE

Palma
MAJORQUE

CASTILLE-LA MANCHE

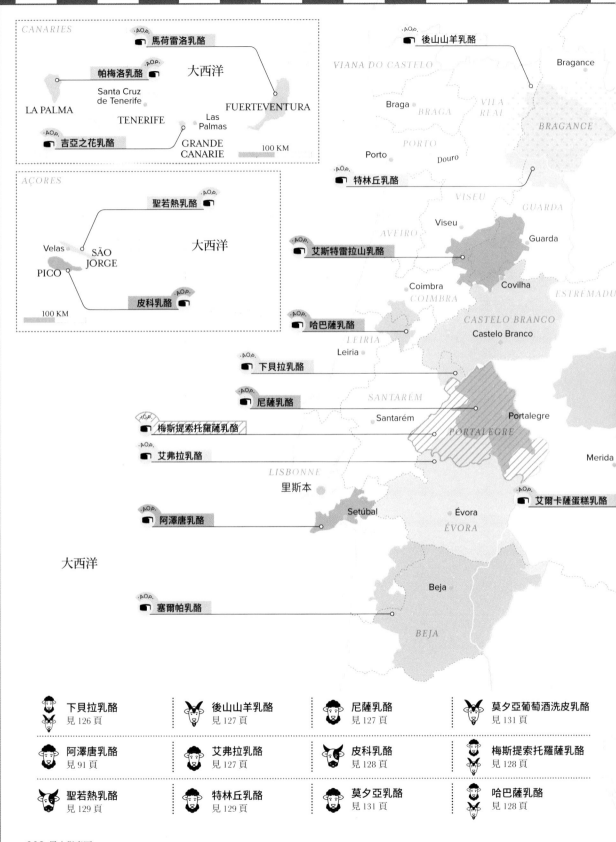

CANARIES

馬荷雷洛乳酪 ·AOP·

大西洋

帕梅洛乳酪 ·AOP·

Santa Cruz de Tenerife

LA PALMA

TENERIFE

吉亞之花乳酪 ·AOP·

Las Palmas

GRANDE CANARIE

FUERTEVENTURA

100 KM

AÇORES

聖若熱乳酪 ·AOP·

大西洋

Velas

SÃO JORGE

PICO

皮科乳酪 ·AOP·

100 KM

後山山羊乳酪 ·AOP·

VIANA DO CASTELO

Bragance

Braga BRAGA

VILA REAL

BRAGANCE

PORTO

Porto

Douro

特林丘乳酪 ·AOP·

VISEU

GUARDA

Viseu

Guarda

艾斯特雷拉山乳酪 ·AOP·

AVEIRO

Covilhã

Coimbra

COIMBRA

ESTREMADU

哈巴薩乳酪 ·AOP·

CASTELO BRANCO

LEIRIA

Castelo Branco

Leiria

下貝拉乳酪 ·AOP·

尼薩乳酪 ·AOP·

SANTARÉM

梅斯提索托羅薩乳酪 ·IGP·

Santarém

Portalegre

PORTALEGRE

艾弗拉乳酪 ·AOP·

LISBONNE

里斯本

Merida

艾爾卡薩蛋糕乳酪 ·AOP·

阿澤唐乳酪 ·AOP·

Setúbal

Évora

ÉVORA

大西洋

Beja

塞爾帕乳酪 ·AOP·

BEJA

下貝拉乳酪 見 126 頁	後山山羊乳酪 見 127 頁	尼薩乳酪 見 127 頁	莫夕亞葡萄酒洗皮乳酪 見 131 頁
阿澤唐乳酪 見 91 頁	艾弗拉乳酪 見 127 頁	皮科乳酪 見 128 頁	梅斯提索托羅薩乳酪 見 128 頁
聖若熱乳酪 見 129 頁	特林丘乳酪 見 129 頁	莫夕亞乳酪 見 131 頁	哈巴薩乳酪 見 128 頁

西班牙（南部）和葡萄牙

乳酪　　城市　　河流　　省分　　　　　　　　　　　100 KM　　N

CASTILLE-ET-LEÓN

MADRID
Guadalajara
MADRID

ARAGÓN

依波雷斯乳酪　　AOP.

Tage

Tolède

曼徹格乳酪　AOP.

瓦倫西亞

CASTILLE-LA-MANCHE

VALENCE

Guadiana

瑟雷納乳酪　AOP.

Alicante

MURCIE
Murcie

Guadalquivir
Cordoue

莫夕亞乳酪　AOP.
莫夕亞葡萄酒洗皮乳酪

安達魯西雅

Carthagène

曼徹格乳酪 見 133 頁	吉亞之花乳酪 見 130 頁	馬荷雷洛乳酪 見 132 頁
塞爾帕乳酪 見 91 頁	瑟雷納乳酪 見 131 頁	帕梅洛乳酪 見 133 頁
艾斯特雷拉山乳酪 見 92 頁	依波雷斯乳酪 見 132 頁	艾爾卡薩蛋糕乳酪 見 148 頁

阿席亞戈乳酪
見 99 頁

皮亞維乳酪
見 125 頁

席爾特乳酪
見 140 頁

塔雷吉歐乳酪
見 143 頁

比托乳酪
見 155 頁

瓦帕達納普沃隆乳酪
見 186 頁

朱地卡利耶斯普烈
沙乳酪
見 141 頁

皮蒙乳酪
見 144 頁

布拉乳酪
見 103 頁

莫埃那普佐內乳酪／
斯普列恣茲瓦利乳酪
見 126 頁

羅馬涅斯夸克洛涅
乳酪
見 51 頁

奧斯塔河谷乳酪
見 150 頁

特雷維索軟質乳酪
見 44 頁

倫巴底夏季乳酪
見 49 頁

史戴維歐乳酪
見 142 頁

瓦特里納卡瑟拉乳酪
見 150 頁

卡斯特曼紐藍紋乳酪
見 172 頁

拉斯凱拉乳酪
見 135 頁

史塔基頓藍紋乳酪
見 182 頁

維奇恩® 藍紋乳酪
見 183 頁

馮提納乳酪
見 108 頁

洛卡維拉諾洛比歐
拉乳酪
見 64 頁

盧伊諾半硬質乳酪
見 108 頁

薩爾瓦乳酪
見 138 頁

索利亞諾洞穴乳酪
見 109 頁

布倫伯河谷山乳酪
見 109 頁

戈貢佐拉藍紋乳酪
見 176 頁

格拉納帕達諾乳酪
見 159 頁

蒙塔席歐乳酪
見 116 頁

維洛納山乳酪
見 117 頁

莫札瑞拉乳酪 （STG）
見 185 頁
（全義大利皆生產）

穆拉札諾乳酪
見 62 頁

特隆皮亞河谷
諾斯特拉諾乳酪
見 119 頁

歐索拉諾乳酪
見 121 頁

帕馬森乳酪
見 163 頁

瓦特里納卡瑟拉乳酪

比托乳酪

史塔基頓藍紋乳酪

盧伊諾半硬質乳酪

歐索拉諾乳酪

瑞士

Domodossola

Lugano

Côme

Aoste

Doire Baltée

VAL D'AOSTE

Gorgonzola

米蘭

馮提納乳酪

奧斯塔河谷乳酪

戈貢佐拉藍紋乳酪

塔雷吉歐乳酪

Novare

Tessin

杜林

Pô

PIEMONT

Asti

Tanaro

法國

Pô

Bra

Stura

Roccaverano

LIGURIE

Gênes

穆拉札諾乳酪

Castelmagno

布拉乳酪

Frabosa

Tanaro

維奇恩®
藍紋乳酪

皮蒙乳酪

卡斯特曼紐
藍紋乳酪

洛卡維拉諾洛比歐拉乳酪

拉斯凱拉乳酪

熱那亞灣

義大利／北部

🫕 乳酪　•• 城市　　河流　　省分　　　　　　　　　50 KM　　　N

史戴維歐乳酪 🫕

布倫伯河谷山乳酪 🫕 ᴬᴼᴾ

莫埃那普佐內乳酪／斯普列恣茲瓦利乳酪 🫕 ᴬᴼᴾ

席爾特乳酪 🫕 ᴬᴼᴾ

奧地利

皮亞維乳酪 🫕 ᴬᴼᴾ

薩爾瓦乳酪 🫕 ᴬᴼᴾ

朱地卡利耶斯普烈沙乳酪 🫕 ᴬᴼᴾ

蒙塔席歐乳酪 🫕 ᴬᴼᴾ

TRENTIN-HAUT-ADIGE

*FRIOUL-
VÉNÉTIE JULIENNE*

斯洛維尼亞

Udine

特隆皮亞河谷諾斯特拉諾乳酪 🫕 ᴬᴼᴾ

Adige

塔雷吉歐乳酪 🫕 ᴬᴼᴾ

特雷維索軟質乳酪 🫕 ᴬᴼᴾ

Trieste

Brescia

LOMBARDIE

Vérone

VÉNÉTIE

Trévise

阿席亞戈乳酪 🫕 ᴬᴼᴾ

Venise

克羅埃西亞

倫巴底夏季乳酪 🫕 ᴬᴼᴾ

維洛納山乳酪 🫕 ᴬᴼᴾ

瓦帕達納普沃隆乳酪 🫕 ᴬᴼᴾ

Pò

Parme

Reno

Reggio d'Émilie

羅馬涅斯夸克洛涅乳酪 🫕 ᴬᴼᴾ

ÉMILIE-ROMAGNE

Bologne

索利亞諾洞穴乳酪 🫕 ᴬᴼᴾ

格拉納帕達諾乳酪 🫕 ᴬᴼᴾ

Rimini

MER ADRIATIQUE

帕馬森乳酪 🫕 ᴬᴼᴾ

TOSCANE

MARCHES

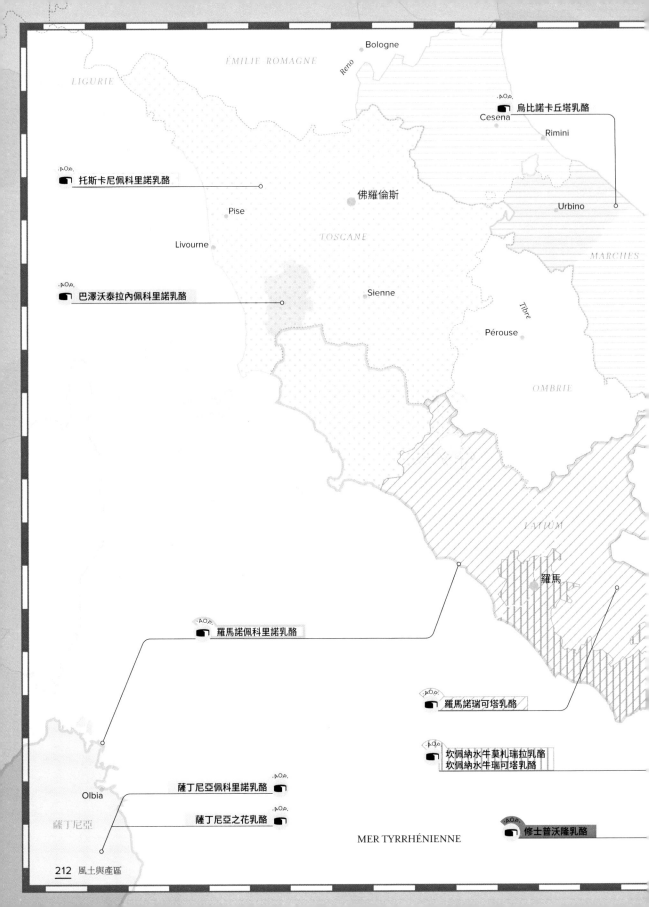

Bologne

ÉMILIE ROMAGNE

LIGURIE

Reno

🗾AOP🗾 ▬ 烏比諾卡丘塔乳酪

Cesena

Rimini

🗾AOP🗾 ▬ 托斯卡尼佩科里諾乳酪

佛羅倫斯

Urbino

Pise

TOSCANE

MARCHES

Livourne

▬ 巴澤沃泰拉內佩科里諾乳酪

Sienne

Tibre

Pérouse

OMBRIE

LATIUM

羅馬

🗾AOP🗾 ▬ 羅馬諾佩科里諾乳酪

🗾AOP🗾 ▬ 羅馬諾瑞可塔乳酪

🗾AOP🗾 ▬ 坎佩納水牛莫札瑞拉乳酪
　　　 坎佩納水牛瑞可塔乳酪

Olbia

🗾AOP🗾 ▬ 薩丁尼亞佩科里諾乳酪

薩丁尼亞

🗾AOP🗾 ▬ 薩丁尼亞之花乳酪

🗾AOP🗾 ▬ 修士普沃隆乳酪

MER TYRRHÉNIENNE

義大利／中部

 乳酪　　 城市　　河流　　省分　　　　　　　　50 KM　　　　N

 布拉塔乳酪
見 184 頁

 薩丁尼亞之花乳酪
見 107 頁

 巴澤沃泰拉內佩科里諾乳酪
見 122 頁

 薩丁尼亞佩科里諾乳酪
見 123 頁

 卡丘卡瓦洛席拉諾乳酪
見 184 頁

 索利亞諾洞穴乳酪
見 109 頁

 費里安諾佩科里諾乳酪
見 122 頁

 托斯卡尼佩科里諾乳酪
見 124 頁

 普利亞卡內斯特拉托乳酪
見 103 頁

 莫札瑞拉乳酪（STG）
見 185 頁
（全義大利皆生產）

 皮希尼斯科佩科里諾乳酪
見 122 頁

修士普沃隆乳酪
見 186 頁

 烏比諾卡丘塔乳酪
見 104 頁

 坎佩納水牛莫札瑞拉乳酪
見 185 頁

 羅馬諾佩科里諾乳酪
見 123 頁

坎佩納水牛瑞可塔乳酪
見 54 頁

羅馬諾瑞可塔乳酪
見 55 頁

 索利亞諾洞穴乳酪

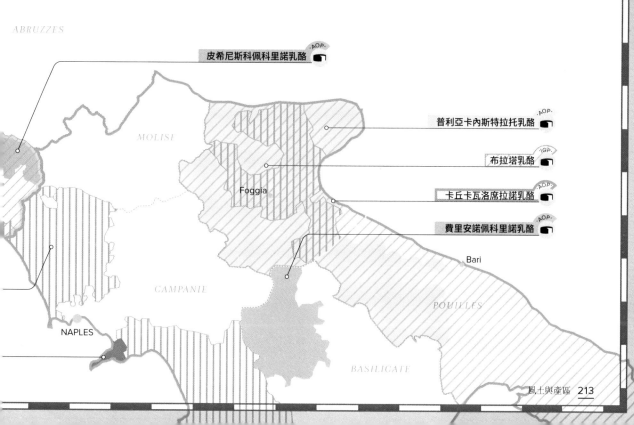

Pescara

MER ADRIATIQUE

ABRUZZES

皮希尼斯科佩科里諾乳酪

MOLISE

普利亞卡內斯特拉托乳酪

布拉塔乳酪

Foggia

卡丘卡瓦洛席拉諾乳酪

費里安諾佩科里諾乳酪

Bari

CAMPANIE

POUILLES

NAPLES

BASILICATE

義大利／南部

 乳酪　　 城市　　 河流　　 省分　　 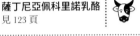　　50 KM

布拉塔乳酪 見 184 頁	莫札瑞拉乳酪（STG） 見 185 頁 （全義大利皆生產）	羅馬諾佩科里諾乳酪 見 123 頁	修士普沃隆乳酪 見 186 頁
卡丘卡瓦洛席拉諾乳酪 見 184 頁	坎佩納水牛莫札瑞拉 乳酪 見 185 頁	薩丁尼亞佩科里諾乳酪 見 123 頁	哈古薩諾乳酪 見 135 頁
普利亞卡內斯特拉托 乳酪 見 103 頁	克羅托內佩科里諾乳酪 見 121 頁	西西里佩科里諾乳酪 見 123 頁	坎佩納水牛瑞可塔乳酪 見 54 頁
薩丁尼亞之花乳酪 見 107 頁	費里安諾佩科里諾乳酪 見 122 頁	皮亞桑提努艾尼斯乳酪 見 124 頁	貝利切河谷瓦斯代達 乳酪 見 187 頁

AOP.
羅馬諾佩科里諾乳酪

Olbia

Sassari

MER TYRRHÉNIENNE

薩丁尼亞

貝利切河谷瓦斯代達乳酪 　AOP.

Palerme

Marsala

西西里

Enna

AOP. 皮亞桑提努艾尼斯乳酪

Cagliari

薩丁尼亞佩科里諾乳酪 AOP.

薩丁尼亞之花乳酪 AOP.

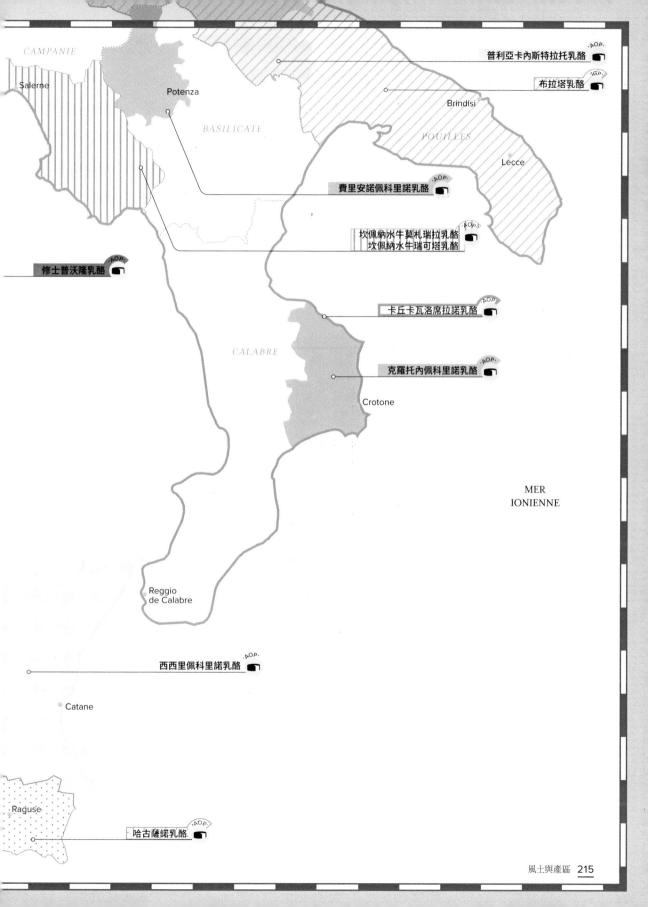

CAMPANIE

Salerne

Potenza

BASILICATE

普利亞卡內斯特拉托乳酪

布拉塔乳酪

Brindisi

POUILLES

Lecce

費里安諾佩科里諾乳酪

坎佩納水牛莫札瑞拉乳酪
坎佩納水牛瑞可塔乳酪

修士普沃隆乳酪

卡丘卡瓦洛席拉諾乳酪

CALABRE

克羅托內佩科里諾乳酪

Crotone

MER
IONIENNE

Reggio
de Calabre

西西里佩科里諾乳酪

Catane

Raguse

哈古薩諾乳酪

英國和愛爾蘭

乳酪　　●● 城市　　　河流　　　省分

200 KM　　N

畢肯費勒傳統蘭開夏乳酪
見 100 頁

紅萊斯特乳酪
見 136 頁

邦切斯特乳酪
見 70 頁

施洛普郡藍紋乳酪
見 181 頁

巴克斯頓藍紋乳酪
見 171 頁

單一格魯斯特乳酪
見 140 頁

凱雪藍紋乳酪 ®
見 172 頁

史塔福郡乳酪
見 141 頁

庫利尼乳酪
見 75 頁

史提頓藍紋乳酪
見 181 頁

克羅奇耶藍紋乳酪 ®
見 172 頁

斯維爾戴爾乳酪
見 142 頁

朵賽特藍紋乳酪
見 173 頁

斯維爾戴爾綿羊乳酪
見 143 頁

朵夫戴爾藍紋乳酪
見 174 頁

特維歐戴爾乳酪
見 144 頁

艾斯穆藍紋乳酪
見 174 頁

傳統艾爾郡登洛普乳酪
見 149 頁

戈爾那莫納乳酪
見 76 頁

傳統威爾斯卡菲利乳酪
見 149 頁

依摩基利瑞加多乳酪
見 112 頁

西部鄉下農舍切達乳酪
見 151 頁

穆爾島乳酪
見 112 頁

約克郡溫斯雷戴爾乳酪
見 151 頁

奧克尼蘇格蘭島切達乳酪
見 119 頁

Donegal

IRLANDE
DU NORD

Sligo

Shannon

Galway

愛爾蘭

戈爾那莫納乳酪　🧀
庫利尼乳酪　🧀
凱雪藍紋乳酪 ®　🧀
克羅奇耶藍紋乳酪 ®　🧀

Thurles

Kilker

Fethard

Killarney

Waterford

Cork

🅰AOP

🧀 依摩基利瑞加多乳酪

大西洋

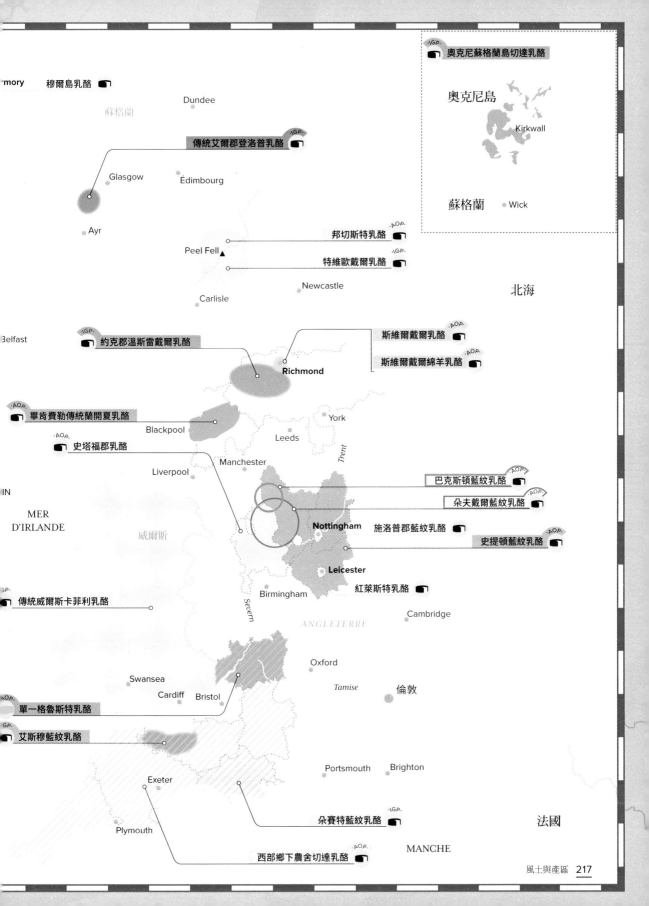

奧克尼蘇格蘭島切達乳酪

奧克尼島

Kirkwall

蘇格蘭　● Wick

mory

穆爾島乳酪

蘇格蘭

Dundee

傳統艾爾郡登洛普乳酪 IGP.

Glasgow

Édimbourg

Ayr

Peel Fell ▲

邦切斯特乳酪 AOP.

特維歐戴爾乳酪 IGP.

Newcastle

Carlisle

北海

Belfast

約克郡溫斯雷戴爾乳酪 IGP.

斯維爾戴爾乳酪 AOP.

斯維爾戴爾綿羊乳酪 AOP.

Richmond

York

畢肯費勒傳統蘭開夏乳酪 AOP.

史塔福郡乳酪 AOP.

Blackpool

Leeds

Trent

Liverpool

Manchester

MER
D'IRLANDE

威爾斯

巴克斯頓藍紋乳酪 AOP.

朵夫戴爾藍紋乳酪 AOP.

Nottingham

施洛普郡藍紋乳酪

史提頓藍紋乳酪 AOP.

Leicester

傳統威爾斯卡菲利乳酪 GP.

Birmingham

紅萊斯特乳酪

Severn

ANGLETERRE

Cambridge

Oxford

Tamise

倫敦

Swansea

Cardiff　Bristol

單一格魯斯特乳酪 AOP.

艾斯穆藍紋乳酪 GP.

Portsmouth

Brighton

Exeter

朵賽特藍紋乳酪 IGP.

法國

Plymouth

西部鄉下農舍切達乳酪 AOP.

MANCHE

風土與產區 217

丹麥

北海

荷斯坦提斯特乳酪 `IGP` `黑`

坎特乳酪 `AOP` `黑`

北荷蘭艾登乳酪 `AOP` `黑`

北荷蘭高達乳酪 `AOP` `黑`

荷蘭山羊乳酪 `IGP` `黑`

荷蘭艾登乳酪 `IGP` `黑`

荷蘭高達乳酪 `IGP` `黑`

萊頓乳酪 `AOP` `黑`

格列文布洛克藍紋乳酪 `黑`

Kiel

SCHLESWIG-HOLSTEIN

Hambou

Leeuwarden

Groningue

Brême

FRISE

德國

Hanovre

HOLLANDE
SEPTENTRIONALE

Edam

AMSTERDAM

Leyde

LA HAYE

Gouda

HOLLANDE-
MÉRIDIONALE

荷蘭

Ems

Weser

尼海姆乳酪 `IGP` `黑`

Nieheim

RHÉNANIE-DU-NORD-
WESTPHALIE

THUR

Eindhoven

Bruges

Anvers

Gand

比利時

Achel

BRUXELLES

Cologne

HESSE

艾沃乳酪 `AOP` `黑`

Liège

Rhin

英國

法國

黑森手工乳酪 `IGP` `黑`

歐登森林早餐乳酪 `AOP` `黑`

Francfort

Moselle

Mayence

Main

Mannheim

Stuttgart

BADE-WURTEMBERG

Ulm

阿爾高貝格乳酪 `AOP` `黑`

阿爾高艾曼塔乳酪 `AOP` `黑`

瑞士

比利時、荷蘭和德國

 乳酪　　 城市　　　河流　　　省分

N

200 KM

阿爾高貝格乳酪 見 152 頁	黑森手工乳酪 見 53 頁
阿爾高艾曼塔乳酪 見 153 頁	荷蘭山羊乳酪 見 111 頁
阿爾高森艾爾普乳酪 見 153 頁	荷斯坦提斯特乳酪 見 111 頁
阿爾高白乳酪 見 80 頁	坎特乳酪 見 113 頁
老城山羊乳酪 見 70 頁	料理乳酪 見 189 頁
萊頓乳酪 見 102 頁	尼海姆乳酪 見 54 頁
荷蘭艾登乳酪 見 107 頁	北荷蘭艾登乳酪 見 118 頁
荷蘭高達乳酪 見 110 頁	北荷蘭高達乳酪 見 118 頁
格列文布洛克藍紋乳酪 見 176 頁	歐登森林早餐乳酪 見 89 頁
艾沃乳酪 見 85 頁	

波蘭

柏林

SAXE-ANHALT

Leipzig

Elbe

SAXE

Gera

老城山羊乳酪 　A.O.P.

捷克共和國

BAVIERE

Ratisbonne

Danube

斯洛伐克

料理乳酪

Inn

慕尼黑　　　奧地利

阿爾高森艾爾普乳酪　A.O.P.

阿爾高白乳酪　A.O.P.

匈牙利

丹麥、瑞典、
拉脫維亞和立陶宛

🧀 乳酪　•• 城市　　河流　　省分

N

300 KM

🐄 丹麥藍紋乳酪 見 173 頁	🐄 賈努乳酪 見 191 頁
🐄 丹波乳酪 見 106 頁	🐄 立陶宛夸克乳酪 見 47 頁
🐄 艾斯洛姆乳酪 見 107 頁	🐄 利利普塔斯乳酪 見 115 頁
🐄 哈瓦蒂乳酪 見 110 頁	🐄 丹麥王子乳酪 見 125 頁
🐄 家庭乳酪 見 111 頁	🐄 斯維席亞乳酪 見 142 頁

瑞典

Indalsälv

Sundsvall

挪威

Klarälv

Dalälv

Uppsala

北海

斯德哥爾摩

IGP. 斯維席亞乳酪

Göteborg

🧀 丹麥王子乳酪

IGP. 🧀 丹波乳酪

IGP. 🧀 艾斯洛姆乳酪

IGP. 🧀 哈瓦蒂乳酪

IGP. 🧀 丹麥藍紋乳酪

Aalborg

Silkeborg

丹麥

Aarhus

哥本哈根

Malmö

Odense

德國　　　　波蘭

Luleåiv

Luleå

波斯尼亞灣

芬蘭

.STG.

家庭乳酪

波羅的海

愛沙尼亞

俄國

Ventspils

拉脫維亞

里加

.STG.

賈努乳酪

Liepaga

Rezekne

Dvina occidentale

Klaipeda

立陶宛

Niémen

.IGP.

利利普塔斯乳酪

維爾紐斯

Kaunas

.IGP.

立陶宛夸克乳酪

BIÉLORUSSIE

瑞士、奧地利和斯洛維尼亞

乳酪　　城市　　河流　　省分　　　　　　　　100 KM

安南乳酪 見153頁

伯恩阿爾帕乳酪 見155頁

博韋茨乳酪 見102頁

蓋爾塔阿爾姆乳酪 見158頁

亞本塞勒乳酪 見98頁

伯恩霍伯乳酪 見155頁

艾曼塔乳酪 見157頁

格拉瑞斯阿爾帕乳酪 見110頁

貝蒙托瓦乳酪 見154頁

布洛德酸乳酪 見43頁

提契諾阿爾帕乳酪 見108頁

格律耶爾乳酪 見160頁

布洛德酸乳酪

亞本塞勒乳酪

艾曼塔乳酪

德國

斯賓茨乳酪

卡特巴赫乳酪

Bâle
Rhin
ARGOVIE
THURGOVIE
Bregenz
ZURICH
蘇黎世
Appenzell

修士頭乳酪

法國
JURA
VORARLBERG
SAINT GALL

安南乳酪

貝蒙托瓦乳酪

NEUCHÂTEL
BERNE
Kaltbach
LUGERNE
SCHWYZ
GLARIS

金山瓦雪杭乳酪

伯爾尼
URI
Rhin
GRISONS

格律耶爾乳酪

VAUD
FRIBOURG
Lausanne
Rhône
Tessin
TESSIN

格拉瑞斯阿爾帕乳酪

GENÈVE
Sion
VALAIS

提契諾阿爾帕乳酪

佛利堡瓦雪杭乳酪

Lugano

列提瓦乳酪

伯恩霍伯乳酪

Doire Baltée

伯恩阿爾帕乳酪

瓦雷哈克列特乳酪

義大利

Pô

卡特巴赫乳酪
見 113 頁

瓦雷哈克列特乳酪
見 135 頁

提洛貝格乳酪
見 165 頁

金山瓦雪杭乳酪
見 96 頁

列提瓦乳酪
見 162 頁

斯賓茨乳酪
見 164 頁

提洛灰藍紋乳酪
見 182 頁

弗拉爾貝格阿爾帕乳酪
見 165 頁

莫罕乳酪
見 47 頁

修士頭乳酪
見 164 頁

托爾明克乳酪
見 144 頁

弗拉爾貝格伯格乳酪
見 165 頁

那諾斯乳酪
見 118 頁

提洛阿爾姆乳酪
見 164 頁

佛利堡瓦雪杭乳酪
見 149 頁

弗拉爾貝格阿爾帕乳酪 AOP.

提洛阿爾姆乳酪 AOP.

弗拉爾貝格伯格乳酪 AOP.

提洛貝格乳酪 AOP.

提洛灰藍紋乳酪 AOP.

奧地利

蓋爾塔阿爾姆乳酪 AOP.

Inn

Innsbruck

TYROL

Graz

Mur

Drave

CARINTHIE

Klagenfurt

Maribor

博韋茨乳酪 AOP.

托爾明克乳酪 AOP.

莫罕乳酪 AOP.

Bovec

Tolmin

LJUBLJANA

那諾斯乳酪 AOP.

斯洛維尼亞

Vipava

亞得里亞海

克羅埃西亞

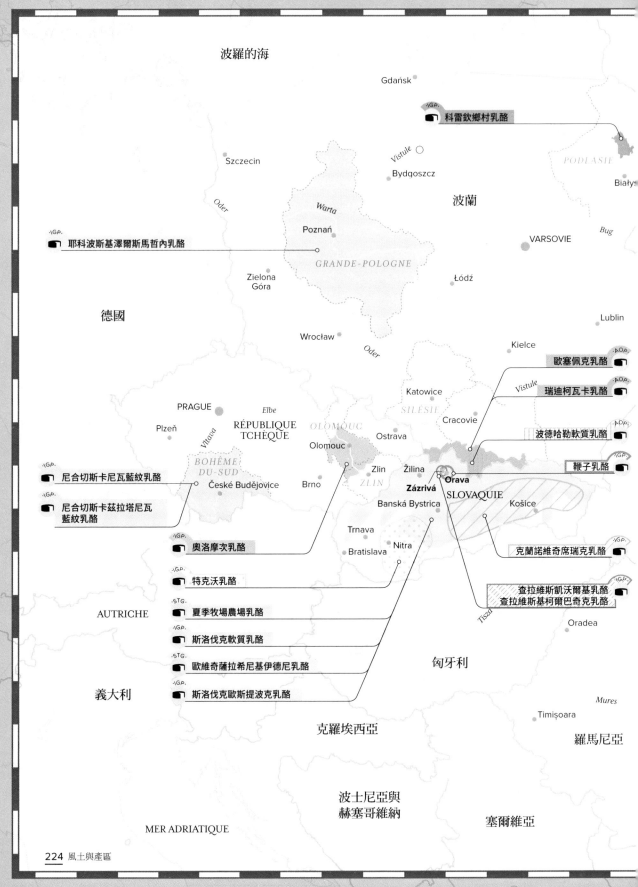

波羅的海

Gdańsk

波蘭、捷克、斯洛伐克和羅馬尼亞

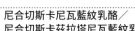 乳酪　　 城市　　河流　　省分

白俄羅斯

N

200 KM

 波德哈勒軟質乳酪
見 43 頁

尼合切斯卡尼瓦藍紋乳酪／
尼合切斯卡茲拉塔尼瓦藍紋乳酪
見 177 頁

克蘭諾維奇席瑞克乳酪
見 114 頁

奧洛摩次乳酪
見 119 頁

鞭子乳酪
見 185 頁

歐塞佩克乳酪
見 120 頁

夏季牧場農場乳酪
見 48 頁

歐維奇薩拉希尼基伊德尼乳酪
見 121 頁

瑞迪柯瓦卡乳酪
見 187 頁

科雷欽鄉村乳酪
見 139 頁

斯洛伐克軟質乳酪
見 50 頁

斯洛伐克歐斯提波克乳酪
見 141 頁

特克沃乳酪
見 143 頁

伊巴內斯提特雷米亞乳酪
見 51 頁

耶科波斯基澤爾斯馬哲內乳酪
見 191 頁

查拉維斯基柯爾巴奇克乳酪
見 187 頁

查拉維斯凱沃爾基乳酪
見 187 頁

烏克蘭

Ibănești　伊巴內斯提特雷米亞乳酪

lt

● Brașov

BUCAREST

Danube　● Constanta

黑海

保加利亞

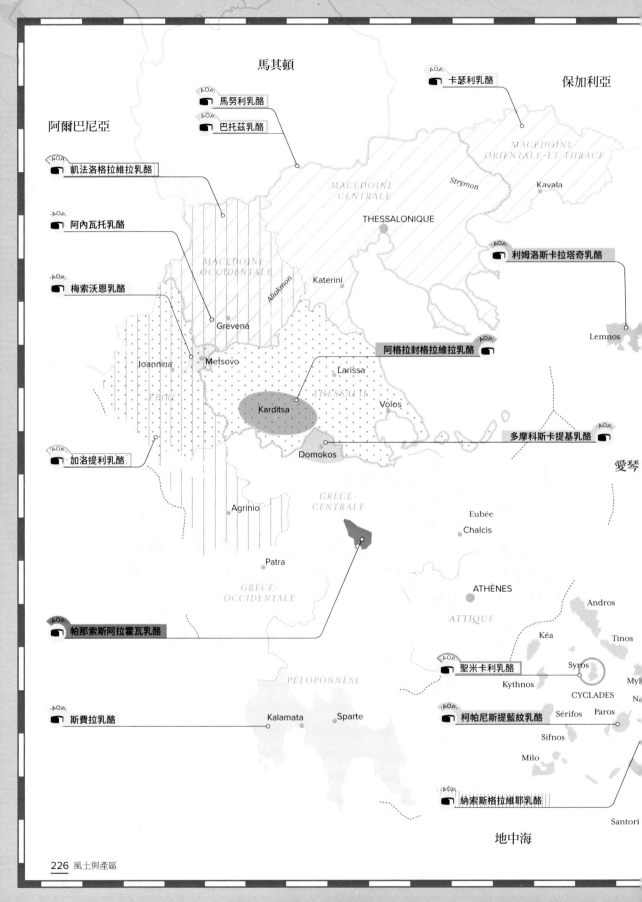

馬其頓

保加利亞

阿爾巴尼亞

AOP 卡瑟利乳酪

AOP 馬努利乳酪

AOP 巴托茲乳酪

MACEDOINE
ORIENTALE-ET-THRACE

AOP 凱法洛格拉維拉乳酪

MACEDOINE
CENTRALE

Strymon

Kavala

AOP 阿內瓦托乳酪

THESSALONIQUE

AOP 利姆洛斯卡拉塔奇乳酪

MACEDOINE
OCCIDENTALE

Katerini

AOP 梅索沃恩乳酪

Aliakmon

Grevená

Lemnos

Metsovo

阿格拉封格拉維拉乳酪 AOP

Larissa

Joannina

EPIRE

THESSALIE

Volos

Karditsa

多摩科斯卡提基乳酪 AOP

AOP 加洛提利乳酪

Domokos

愛琴

GRÈCE-
CENTRALE

Eubée

Chalcis

Agrinio

GRÈCE-
OCCIDENTALE

Patra

ATHÈNES

Andros

AOP 帕那索斯阿拉霍瓦乳酪

ATTIQUE

Kéa

Tinos

AOP 聖米卡利乳酪

Syros

Myl

PÉLOPONNÈSE

Kythnos

CYCLADES

Na

AOP 斯費拉乳酪

Kalamata

Sparte

AOP 柯帕尼斯提藍紋乳酪

Sérifos

Paros

Sifnos

Milo

AOP 納索斯格拉維耶乳酪

Santori

地中海

希臘和塞浦路斯

🧀 乳酪　••城市　河流　省分　　　　　　　　　　100 KM　N

阿內瓦托乳酪 見 42 頁	阿格拉封格拉維拉乳酪 見 159 頁	卡瑟利乳酪 見 162 頁	梅索沃恩乳酪 見 184 頁
巴托茲乳酪 見 42 頁	克里特格拉斯卡提亞乳酪 見 159 頁	多摩科斯卡提基乳酪 見 46 頁	哈尼亞奶酪乳酪 見 48 頁
費塔乳酪（AOP） 見 45 頁 （幾乎全希臘皆生產）	納索斯格拉維耶乳酪 見 160 頁	凱法洛格拉維拉乳酪 見 113 頁	聖米卡利乳酪 見 139 頁
帕那索斯阿拉霍瓦乳酪 見 158 頁	哈羅米乳酪 見 45 頁	柯帕尼斯提藍紋乳酪 見 177 頁	斯費拉乳酪 見 140 頁
加洛提利乳酪 見 45 頁	利姆洛斯卡拉塔奇乳酪 見 46 頁	拉多提米提里尼斯乳酪 見 114 頁	西加洛席泰亞乳酪 見 51 頁
		馬努利乳酪 見 53 頁	克里特乳清乳酪 見 55 頁

〇─拉多提米提里尼斯乳酪 🧀 AOP.

Mytilène

Lesbos

土耳其

地中海

哈羅米乳酪 🧀 AOP.　〇

Kyrenia

NICOSIE

Famagouste

塞浦路斯

Paphos

Larnaca

Limassol

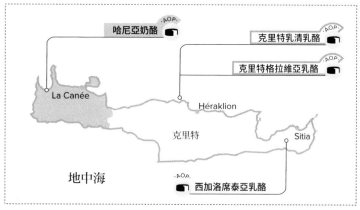

哈尼亞奶酪 🧀 AOP.　　克里特乳清乳酪 🧀 AOP.

克里特格拉維亞乳酪 🧀 AOP.

La Canée

Héraklion

克里特

Sitia

地中海　　🧀 AOP. 西加洛席泰亞乳酪

美國和加拿大

乳酪　　城市　　河流　　省分

750 KM

N

Edmonton

Red Deer　　老灰熊乳酪

COLOMBIE
BRITANNIQUE

Calgary

ALBERTA

加拿大

水牛布里乳酪　　Courtenay

巴斯勒乳酪　　Vancouver
Mapple Ridge

Missouri

Seattle
WASHINGTON

鋸齒乳酪　　Trout Lake

小茅屋乳酪　　Portland
Columbia
Molalla

OREGON

班特河乳酪

羅格河藍紋乳酪

煙燻奧勒岡藍紋乳酪　　Central Point

嗡嗡乳酪　　Uintah

Salt Lake City

Denver

美國

UTAH

藍灣藍紋乳酪

Point Reyes Station

舊金山

太平洋

CALIFORNIE

Las Vegas

洛杉磯

Colorado

Phoenix

San Diego

Rio Grande

墨西哥

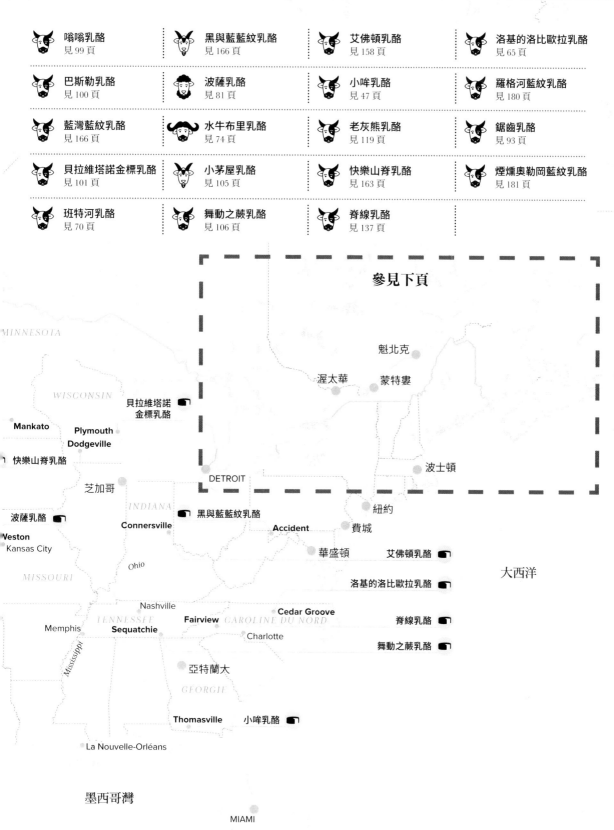

嗡嗡乳酪
見 99 頁

黑與藍藍紋乳酪
見 166 頁

艾佛頓乳酪
見 158 頁

洛基的洛比歐拉乳酪
見 65 頁

巴斯勒乳酪
見 100 頁

波薩乳酪
見 81 頁

小哞乳酪
見 47 頁

羅格河藍紋乳酪
見 180 頁

藍灣藍紋乳酪
見 166 頁

水牛布里乳酪
見 74 頁

老灰熊乳酪
見 119 頁

鋸齒乳酪
見 93 頁

貝拉維塔諾金標乳酪
見 101 頁

小茅屋乳酪
見 105 頁

快樂山脊乳酪
見 163 頁

煙燻奧勒岡藍紋乳酪
見 181 頁

班特河乳酪
見 70 頁

舞動之蕨乳酪
見 106 頁

脊線乳酪
見 137 頁

參見下頁

MINNESOTA

WISCONSIN

魁北克

渥太華　蒙特婁

貝拉維塔諾
金標乳酪

Mankato

Plymouth
Dodgeville

快樂山脊乳酪

芝加哥

波士頓

DETROIT

INDIANA

黑與藍藍紋乳酪

紐約

波薩乳酪

Connersville

Accident

費城

Weston
Kansas City

Ohio

華盛頓

艾佛頓乳酪

MISSOURI

洛基的洛比歐拉乳酪

大西洋

Nashville

Cedar Groove

Fairview　CAROLINE DU NORD

脊線乳酪

Memphis

TENNESSEE

Sequatchie

Charlotte

舞動之蕨乳酪

Mississippi

亞特蘭大

GEORGIE

Thomasville

小哞乳酪

La Nouvelle-Orléans

墨西哥灣

MIAMI

美國和加拿大（續）

🧀 乳酪　•••城市　河流　省分　　　　　　　　　200 KM

N

阿加特乳酪　見 56 頁	走私乳酪　見 81 頁	哈比松乳酪　見 85 頁	白蹄乳酪　見 66 頁
珠寶乳酪　見 57 頁	柯諾比克乳酪　見 60 頁	綿羊之雪乳酪　見 53 頁	聖約翰乳酪　見 49 頁
好好吃乳酪　見 57 頁	聖雷米藍星藍紋乳酪　見 174 頁	風之腳乳酪　見 90 頁	就是綿羊乳酪　見 68 頁
布法林那乳酪　見 103 頁	漢戴克乳酪　見 161 頁	先鋒乳酪　見 163 頁	都會藍紋乳酪　見 182 頁

Cobalt

加拿大

Mont-Laurier

🧀 柯諾比克乳

Sudbury

Sainte-Élizabeth-de-Warwick

North Bay

🧀 白蹄乳酪

Saint-Roch-de-l'Achigan

Pembroke

ONTARIO

蒙特婁

🧀 聖約翰乳酪　　渥太華

Saint-Laurent

🧀 布法林那乳酪　　Kingston

Picton

好好吃乳酪 🧀

多倫多

NEW YORK　珠寶乳酪 🧀

Bay City

Warrensburg

🧀 漢戴克乳酪

🧀 就是綿羊乳酪

MICHIGAN

Woodstock

Hamilton　Niagara Falls　• Rochester

Sarnia

London　　　　　　　　　　　Syracuse

底特律

美國　　　　　　　Albany

Cap-Chat

Gaspe

Chicoutimi

Rimouski

聖羅倫斯灣

風之腳乳酪

Témiscouata-sur-le-Lac

走私乳酪

Bathurst

Edmundston

Havre-aux-Maisons

QUEBEC

NOUVEAU-
BRUNSWICK

Chatham

魁北克

Saint-Damien-
de-Buckland

阿加特乳酪

Sainte-Sophie-d'Halifax

綿羊之雪乳酪

Sainte-Hélène-de-Chester

Moncton

Saint-Rémi-de-Tingwick

聖雷米藍星藍紋乳酪

Racine

先鋒乳酪

New Glasgow

Saint-John

MAINE

Bangor

哈比松乳酪

NOUVELLE-
ECOSSE

Halifax

Greensboro Bend

Augusta

都會藍紋乳酪

ebsterville

Portland

NEW
HAMPSHIRE

大西洋

Concord

波士頓

澳洲和紐西蘭

 乳酪　　•• 城市　　河流　　省分

250 KM

N

澳洲

阿德雷

Murray

銀絲乳酪
布里吉之井乳酪

Wangaratta

VICTORIA

Milawa

海蒂乳酪

墨爾本
Mulgrave
Mornington

Portland

Bena
Fish Creek

地平線乳酪
黃金羅盤乳酪
純山羊凝乳酪

米拉瓦藍紋乳酪
國王河之金乳酪
瑟瑞德溫乳酪

維納斯藍紋乳酪
烏拉麥之霧乳酪
瓦拉塔乳酪

剪羊毛人的選擇乳酪
日出平原乳酪
橡樹藍紋乳酪

Pyengana
皮恩加納乳酪

Launceston
Queenstown
塔斯馬尼亞

印度洋

塔斯曼海

Hobart

布里吉之井乳酪 見58頁	地平線乳酪 見77頁	純山羊凝乳酪 見48頁	日出平原乳酪 見94頁
瑟瑞德溫乳酪 見58頁	國王河之金乳酪 見86頁	皮恩加納乳酪 見126頁	維納斯藍紋乳酪 見183頁
黃金羅盤乳酪 見82頁	米拉瓦藍紋乳酪 見178頁	剪羊毛人的選擇乳酪 見93頁	瓦拉塔乳酪 見97頁
海蒂乳酪 見161頁	橡樹藍紋乳酪 見178頁	銀絲乳酪 見50頁	烏拉麥之霧乳酪 見79頁

考皮洛乳酪

● Whangarei

對比藍藍紋乳酪

● Puhoi

奧克蘭

Matatoki　　　　　　　　　　起司農莊茅屋起司乳酪

阿洛哈豐饒平原乳酪

● Te Aroha

● Putaruru

銀河之金乳酪

黑綿羊乳酪

火山乳酪

塔斯曼海

● Napier

● Palmerston North

瓦加佩卡乳酪

威靈頓

Nelson

Westport

Kaikoura　　比利小子乳酪

Hokitika

紐西蘭　　　　　Christchurch

Timaru

Queenstown　　　　　　　　溫莎藍紋乳酪　　　　太平洋

Oamaru

Dunedin

Invercargill

阿洛哈豐饒平原乳酪 見 98 頁	起司農莊茅屋起司乳酪 見 44 頁	考皮洛乳酪 見 86 頁	溫莎藍紋乳酪 見 183 頁
比利小子乳酪 見 101 頁	對比藍藍紋乳酪 見 173 頁	火山乳酪 見 79 頁	
黑綿羊乳酪 見 102 頁	銀河之金乳酪 見 84 頁	瓦加佩卡乳酪 見 150 頁	

La dégustation
品嘗乳酪

p.236-239	風味哪裡來？
p.240-241	乳酪的香氣與風味
p.242-245	與飲品的搭配
p.246-249	乳酪盤組合
p.250-251	三種乳酪盤的經典和創意搭配
p.252-253	五種乳酪盤的經典和創意搭配
p.254-255	七種乳酪盤的經典和創意搭配
p.256-261	如何包裝乳酪

風味哪裡來？

乳酪的滋味和氣味來自熟成過程中生成的微生物：細菌、黴菌以及酵母。每一種微生物都是獨一無二，彼此合作或競爭。熟成師的工作就是要讓這些微生物與原料和諧的共存。

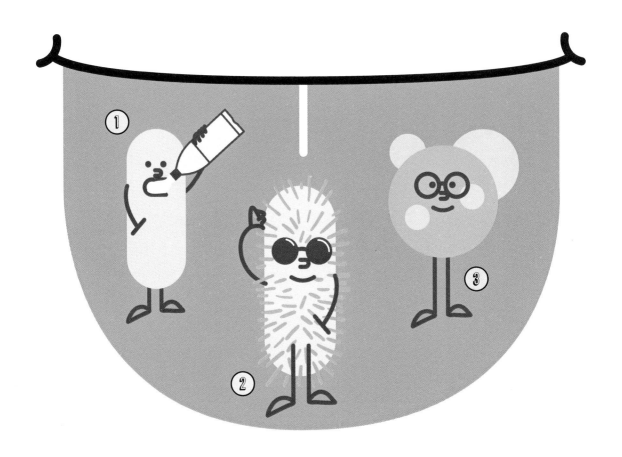

① 細菌

自然存在於乳汁中，但是也可以在製作乳酪的過程中加入。在乳酪世界中，可以分成三類細菌：

－乳酸菌

－丙酸桿菌

－表面細菌

② 黴菌

它們無疑是乳酪世界中最為人熟知的微生物。黴菌常常令人心生畏懼，因為她們給人腐爛、疾病、感染的印象。事實上，黴菌對於生物的存在非常重要。黴菌對於乳酪這種活生生的原料而言正是不可或缺的存在。

③ 酵母

酵母是單細胞真菌（只有一個細胞），能夠讓葡萄酒、啤酒、麵包和乳酪等食品發酵。依照不同的食物、採用的酵母，發酵也各有不同。端看製造者如何操作，以得到最佳結果。

① 細菌

事實上，同樣一種細菌可以是某款乳酪的優點，也可以是另一款乳酪的缺點，一切取決於屬於哪一個乳酪家族。例如亞麻短桿菌（*Brevibacterium linens*）能讓某些乳酪染上橘紅色澤，像是立伐洛或艾普瓦斯。但是注意了，這種細菌如果出現在不同的乳酪家族，就代表缺陷。另一種代表缺陷的表面細菌是螢光假單胞菌（*Pseudomonas fluorescencs*），經常來自製造乳酪時使用的水。這種細菌會讓表面帶螢光黃，味道偏酸。另外也要注意深紅沙雷氏菌（*Serratia rubideae*），會讓乳酪呈粉紅色。鼻聞帶有紅甜菜根的香氣，但是入口後這種細菌會帶來惱人的苦味，還有少許辛辣味！

乳汁酸化
形成凝乳

形成滋味

生成質地

乳酸菌

它們有助於乳酸發酵，也就是將乳糖轉換成乳酸。乳酸菌可幫助乳汁酸化形成凝乳，形成滋味，並生成乳酪的質地。乳酸菌在乳汁凝結和熟成時介入作用。它們還能幫助藍紋乳酪形成氣孔，排放出二氧化碳。

表面細菌

在有氧氣和帶鹽的環境中，這些細菌會在表面生成。白黴外皮軟質乳酪和洗皮軟質乳酪就含有這類細菌，有助於蛋白質分解（幫助軟化乳酪的化學現象）和解脂（在外皮下方引發乳酪將之轉化成奶油狀質地的生物作用，尤其是在這兩大乳酪家族）。

丙酸桿菌

它們是厭氧微生物，只在沒有氧氣的環境中才會生長。這些細菌能將乳糖轉換成丙酸和醋酸，是香氣來源的脂肪酸。丙酸桿菌能夠讓艾曼塔等壓製乳酪形成孔洞，這些乳酪的孔洞就是來自於這些細菌。注意別把艾曼塔和瑞士格律耶爾或法國格律耶爾搞混了，後兩者是沒有孔洞的（不過滋味更豐富）！

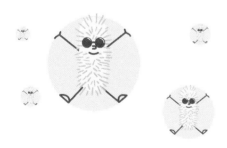

關於乳清的二三事

乳清是由每個農場的特定細菌所構成，擁有各自的微生物生態系。因此，每個農場的乳清各不相同。

② 黴菌

黴菌是微小的真菌，會以化學方式改變其生長的環境。在乳酪的世界裡，黴菌為乳酪帶來滋味、質地和色澤。黴菌種類數以千計，但並非每一種都能食用。對於某些乳酪而言，黴菌就是它們的 DNA，讓人能夠一眼認出種類。通常製造者會在乳酪凝乳中撒上黴菌，熟成師負責在地窖中創造最適合黴菌生長的環境，並避免接觸不想要的黴菌。雖然黴菌千百種，乳酪世界中主要為以下四種。

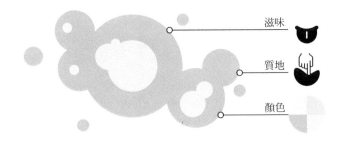

滋味

質地

顏色

洛克福青黴菌
(*Penicillium rpqueforti*)

這是洛克福和絕大多數藍紋乳酪的代表性黴菌。顏色從灰藍到淺灰。生長時會形成粉狀的厚厚絨毛。在顯微鏡下可以看見長長的梗，末端有如扇狀「酒瓶」。洛克福青黴菌對藍紋乳酪發展滋味和質地，扮演關鍵性角色。

卡蒙貝提青黴菌
(*Penicillium camemberti*)

卡蒙貝爾和布里乳酪的白色都要歸功於卡蒙貝提黴菌！這種白黴菌帶有藍色光澤，隨著時間過去，顏色也會越來越深。生長在表面時會形成某種絲狀羊毛感的絨毛。這種黴菌會帶來淡淡鹹味和乳香味。若拉長熟成時間，則會出現森林地面和蕈菇風味。

毛黴
(*Mucor*)

這種黴菌又被暱稱為「貓毛」(poil de chat)，因為帶有長長的灰色、黑色和白色菌絲。毛黴會生長在表面，無害，但是會嚴重損害某些乳酪的表皮。它們的存在與否端看乳酪師和乳製品師的手法。若有毛黴，會帶來森林地面和榛果滋味。

乾酪孢子內絲黴菌
(*Sporendonema casei*)

這種黴菌出現在康塔爾或薩勒等大型乳酪中，乳酪外皮上的紅色小點即是 *Sporendonema casei*。它們帶來獨特風味和酸味。在其他乾酪表面上也可以看到，即鮮豔的磚紅色。
顯微鏡下，這種黴菌有如長長的肋狀菌絲。

黴菌和缺陷

一如細菌，某種黴菌在某款乳酪上可能是正常的，但在別款乳酪上卻是缺陷。例如毛黴應該生長在聖涅克塔上，但是不應該出現在如普里尼－聖皮耶等天然外皮乳酪上。乳酪製造者稱毛黴為「貓毛」，只要手工擦拭外皮就能去除。同理，若卡蒙貝提青黴菌和其親戚白地黴酵母（*Geotrichum candidum*）在外皮上過度生長，就會形成稱為「蟾蜍皮」的缺陷，乳酪會變得過苦，質地過度呈現乳霜狀。

③ 酵母

乳酪世界裡出現的酵母菌名稱聽起來都很兇猛粗魯，
不過其實它們的作用相當單純呢！

德巴利酵母

這些酵母自然存在於乳汁和乳酪中。德巴利酵母（*Debaryomyce*s）有助於讓凝乳較不酸，因為它們喜歡乳糖和乳酸菌。它們對於乳酪的質地也扮演重要角色，能夠（或無法！）幫助黴菌與細菌好朋友在熟成階段清出生長空間。

克魯維酵母

克魯維酵母（*Kluyveromices*）主要影響滋味的部分，某方面來說是天然的風味散發劑。

假絲酵母

假絲酵母（*Candida*）自然存在於我們的腸道，數量不多的時候能夠參與消化。在乳酪中，它們的用途是讓乳酪成熟，降低其酸度。

白地黴酵母

白地黴酵母（*Geotrichum candidum*）過去長久以來被認為是黴菌，現在則歸類為酵母。它們的角色是形成乳酪的外皮，賦予乳酪香氣滋味（品嘗食物時所引發的口感、滋味和香氣等整體感受）。這種酵母快速附著在凝乳上，讓凝乳較不酸，並對抗毛黴真菌。白地黴在藍紋乳酪、洗皮軟質乳酪、白黴外皮軟質乳酪或壓製生乳酪上都能生長良好。

哪種發酵法？

酵母結合乳酸菌，有助於發酵，進而保存食品。
在乳酪的世界中有三大類發酵法。

乳酸發酵

乳糖轉換成乳酸。

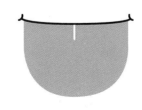

丙酸桿菌發酵

壓製熟乳酪（康堤、艾曼塔、博佛）的滋味、孔洞和質地主要來自於丙酸桿菌發酵。

丁酸發酵

發生丁酸發酵時代表缺陷，因為丁酸發酵會讓乳酪或奶油帶有油耗味。

乳酪的香氣與風味

一如葡萄酒、咖啡或啤酒，乳酪鼻聞香氣的重要性不亞於口嘗滋味。因此乳酪溫度不可過高也不可過低，整體而言回復室溫最理想！

鼻聞有哪些香氣？

每個人都有自己的香氣經驗。因此，同一款乳酪，每一個乳酪愛好者都能發現不同的香氣。在

乳酪世界裡可以分辨出至少一百種（還不只如此呢！）香氣，可以分成八大家族。

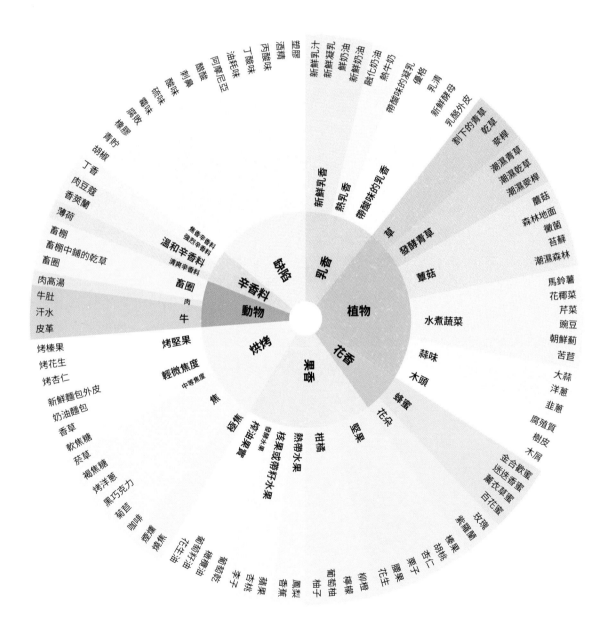

為什麼有些乳酪的氣味這麼濃烈？

如我們前面提及，乳酪的外皮上住著一大堆微生物（酵母、細菌、黴菌），它們彼此為生存而競爭。這時候細菌（亞麻短桿菌類，紅色發酵物）會製造甲基硫醇，這是一種會散發濃烈氣味的硫化物。乳酪的濃烈氣味就是由此而來。

味蕾上有哪些風味？

味蕾有五大味覺：甜、鹹、苦、酸和鮮味。不過鮮味究竟是什麼呢？1908 年，東京帝國大學的教授池田菊苗發現了鮮味。字面上的意思是「美味」或「鮮美」。品嘗過程中，鮮味會讓瞳孔放大，帶來直接但實在的「這好美味啊！」的感受。鮮味會令人分泌唾液，口齒留香。許多熟成度絕佳的乳酪中都有鮮味，質地緊實柔細，帶淡淡鹹味。化學上，鮮味物質可溶於水，由麩胺酸鹽、肌苷酸鹽和鳥苷酸構成。

在這五種公認的風味之外，越來越多乳酪愛好者偏好以七種程度，對應乳酪不同的強度。

新鮮風味
新鮮乳酪，乳清乳酪，極年輕的天然外皮乳酪。

中性風味
極年輕的乳酪，最常以巴斯德殺菌法乳汁製作。

溫和風味
年輕的白黴外皮軟質乳酪，年輕的壓製生、熟乳酪，加入鮮奶油的年輕乳酪。

清淡風味
大部分尚未完成熟成的軟質乳酪。

鮮明風味
熟成程度達到理想狀態的乳酪，年輕的藍紋乳酪。

強烈風味
洗皮軟質乳酪，熟成的藍紋乳酪，壓製生乳酪，極熟成的壓製熟乳酪。

強勁、辛辣風味
阿維訥小球之類的乳酪，極熟成的藍紋乳酪，長時間浸泡在葡萄酒渣中的乳酪。

香氣
氣味
風味

氣味、香氣、風味，差別是什麼？

氣味只由鼻腔辨別。香氣是由鼻後嗅覺的嗅覺黏膜辨別，能夠捕捉與空氣接觸的細微氣味。風味則是入口後與味蕾直接接觸的感受。

與飲品的搭配

不同的乳酪家族該搭配哪些飲品呢？依照每個人的喜好與習慣，搭配的可能性非常多樣化。不過還是有一些經典和較具原創性的搭配。

 葡萄酒

現在有許多主廚、侍酒師或乳製品商，越來越傾向建議紅酒以外的酒款。當然啦，紅酒固然是不可或缺的酒款，不過乳酪與其他酒款的搭配也能帶來意外美味的體驗喔。

新鮮乳酪、乳清乳酪、紡絲乳酪

粉紅酒
côtes-de-provence, touraine, côtes-du-roussillon 產區

不甜型白酒
côtes-de-bourg, jasnières, chablis 產區

微甜型白酒
vouvray, anjour, ajaccio 產區

單寧不過強勁的果香型紅酒
porto-vecchio, bourgueil, touraine-amboise 產區

天然外皮軟質乳酪

粉紅酒
 touraine, tavel, lirac 產區

不甜型白酒
quincy, rully, sancerre 產區，搭配偏熟成的乳酪

VINS BLANCS 微甜型白酒
vouvray, faugères, mâcon 產區，搭配熟成的乳酪

VINS ROUGES FRUITÉS 單寧不過強勁的果香型紅酒
chinon, côte-de-beaune, saint-chinian 產區，搭配較年輕的乳酪

白黴外皮軟質乳酪

果香不過重的不甜型白酒
sancerre, montlouis, jasnières 產區

單寧不過強勁的果香型紅酒
chiroubles, côtes-de-nuits, anjou 產區

壓製生乳酪

不甜型白酒
côte roannaise, viré-clessé, meursault 產區，搭配年輕乳酪

不澀的果香型紅酒
saumur-champigny, listrac, moulis, pauillac, châteauneuf-du-pape 產區，搭配年輕和半熟成乳酪

自然甜酒
maury, rivesaltes, banyuls 產區，搭配偏熟成的乳酪

壓製熟乳酪

不甜型白酒
givry, rully, meursault, saint-péray 產區

侏羅黃酒

紅酒
saint-émilion, côtes-de-bourg, volnay, clos-de-vougeot 產區，搭配年輕乳酪

洗皮軟質乳酪

甜白酒或甜酒
côteaux-de-l'aubance, bonnezeaux, côteaux-du-layon, jurançon, gewurztraminer 產區

藍紋乳酪

甜白酒或甜酒 *sauternes, barsac, loupiac, vouvray, jurançon* 產區
單寧柔潤的陳年紅酒 *cahors, madiran, irouléguy* 產區
自然甜酒 *banyuls, maury, rasteau* 產區

啤酒

越來越多人喜歡各式各樣的啤酒與乳酪的搭配了！因為一如白酒，啤酒也帶有非常適合搭配乳酪脂肪的酸度（但較細緻）。啤酒的氣泡也能洗淨味覺，讓味蕾保持在最佳狀態。

 白啤酒
（酸度、細緻苦味、檸檬香氣）

 淡金色啤酒
（淡淡穀物香氣）

 不甜果香型金色啤酒
（苦味、果香氣息）

苦味金色啤酒
（鮮明苦味）

 琥珀啤酒
（泡沫帶有香氣）

 黑啤酒
（柔潤甜美）

白啤酒

新鮮乳酪
（草蓆、地中海草原洛夫、費塔）

乳清乳酪
（布洛丘、瑞克特、羅馬諾瑞可塔）

天然外皮軟質乳酪
（佩雷卡巴斯、白蹄、珠寶）

紡絲乳酪
（坎佩納水牛莫札瑞拉、布拉塔）

淡金色啤酒

天然外皮軟質乳酪
（普里尼－聖皮耶、瑪賈內、柯諾比克──半熟成乳酪）

白黴外皮軟質乳酪
（戈爾那莫納、邦切斯特、莫城布里──偏年輕的乳酪，才不會搶了啤酒風頭）

不甜果香型金色啤酒

壓製生乳酪
（拉沃爾、瑪侯特、薩爾瓦──半熟成乳酪）

壓製熟乳酪
（康堤、安南、先鋒──年輕乳酪）

苦味金色啤酒

壓製熟乳酪
（博佛、列提瓦、海蒂──熟成乳酪）

天然外皮軟質乳酪
（杜蘭聖莫爾、好好吃、穆拉札諾──熟成乳酪）

琥珀啤酒

壓製生乳酪
（康塔爾、高達、羅馬諾佩科里諾──熟成乳酪）

藍紋乳酪
（喀斯、蒙布里松圓柱、都會）

白黴外皮軟質乳酪
（諾曼地卡蒙貝爾、水牛布里、烏拉麥之霧──熟成乳酪）

洗皮軟質乳酪
（艾普瓦斯、剪羊毛人的選擇、銀河之金）

黑啤酒

藍紋乳酪
（洛克福、聖雷米藍星、卡布拉雷斯──強勁的乳酪）

白黴外皮軟質乳酪
（立伐洛、芒斯特──熟成乳酪）

威士忌

對於想要嘗試威士忌的人而言，品嘗乳酪不失為一個入門的好方法。威士忌和乳酪有眾多搭配的可能性。

**白黴外皮
軟質乳酪**

（極熟成乳酪）

單一純麥威士忌
和愛爾蘭威士忌

壓製生乳酪
（熟成乳酪）

純麥威士忌、單
一純麥威士忌、
穀物威士忌、愛
爾蘭威士忌

壓製熟乳酪
（熟成乳酪）

純麥威士忌、單
一純麥威士忌、
愛爾蘭威士忌

洗皮軟質乳酪

單一純麥威士
忌、純麥威士
忌、愛爾蘭威士
忌

藍紋乳酪

純麥威士忌、單
一純麥威士忌、
愛爾蘭威士忌

 茶

茶和乳酪皆有季節性且多樣化，與乳酪的搭配也越來越受歡迎⋯⋯

新鮮乳酪
春季大吉嶺
頂級包種茶
本山茶

乳清乳酪
春季大吉嶺
頂級包種茶
本山茶

**天然外皮
軟質乳酪**
中國紅茶
頂級包種茶
白牡丹白茶

**白黴外皮
軟質乳酪**
（年輕乳酪）
番茶焙茶綠茶
帝王雲滇茶
本山茶

壓製生乳酪
（熟成乳酪）
普洱茶
夏季大吉嶺
阿薩姆茶
帝王雲滇茶

壓製熟乳酪
夏季大吉嶺
阿薩姆茶
帝王雲滇茶

洗皮軟質乳酪
春季大吉嶺
印度紅茶
阿薩姆茶

藍紋乳酪
雲南紅茶
錫蘭茶
虎茶
（thé du tigre，來自台灣的煙燻茶）

紡絲乳酪
春季大吉嶺
頂級包種茶
本山茶

果汁

果汁的好處是可以和兒童、孕婦（或哺乳中的婦女）或不喜歡酒精飲料的人一同分享。可以選擇不過甜的果汁，突顯果香。

新鮮乳酪
水果原汁
（桃子、杏桃、洋梨）
紅色莓果果汁
（覆盆子、草莓、紅醋栗）
大黃果汁

乳清乳酪
水果原汁
（桃子、杏桃、洋梨）
紅色莓果果汁
（覆盆子、草莓、紅醋栗）
大黃果汁

天然外皮
軟質乳酪
蘋果汁
草莓汁
水果原汁
（洋梨、白桃、扁桃）

白黴外皮
軟質乳酪
蘋果汁
洋梨汁
醋栗汁
水果原汁
（扁桃、杏桃）

壓製生乳酪
紅色莓果果汁
（藍莓、紅醋栗、櫻桃）
芒果原汁

壓製熟乳酪
水果原汁
（鳳梨、百香果）

洗皮軟質乳酪
黃香李汁
荔枝汁
葡萄乾汁
原汁
（杏桃、黃桃）

藍紋乳酪
洋梨原汁
紅色水果汁
（草莓、覆盆子）

紡絲乳酪
原汁
（桃子、杏桃、洋梨）
紅色莓果果汁
（覆盆子、草莓、紅醋栗）
大黃果汁

蘋果或洋梨汽泡酒

乳酪搭配蘋果或洋梨氣泡酒雖然令人意外，但是效果出奇的好。

新鮮乳酪

乳清乳酪

天然外皮
軟質乳酪
（偏年輕或半硬質的乳酪）

白黴外皮
軟質乳酪
（熟成度絕佳的乳酪）

洗皮軟質乳酪
（偏年輕的乳酪）

紡絲乳酪

乳酪盤組合

雖然製作乳酪盤有些必要規則，不過也因此更能增加品嘗享用的經驗和愉悅感。

人人都有吃乳酪的權利！

人人都能吃乳酪！不同於一般大眾的觀念，其實素食者、全素食者以及懷孕婦女都有能食用的乳酪。

奶蛋素食者

無論是宗教素食者或是道德素食者（為了動物權益），或是出於健康因素而吃素，都能找到不使用動物性凝乳酶製作的乳酪。若有疑問，可詢問乳製品商家。

孕婦

「我懷孕了，醫生不建議我吃生乳製的乳酪……」
首先，還有各式各樣美妙的巴斯德殺菌法或熱化殺菌法乳汁製作的乳酪。那麼生乳製乳酪呢？你可以選擇生乳製壓製熟乳酪，完全沒有風險，因為它們是熟的！必知：李斯特菌只存在於略潮濕的乳酪表面。擔心嗎？那就去掉外皮吧。還是擔心嗎？那就加熱乳酪……然後好好享用吧！

純素食者

純素食者拒絕消費任何來自動物以及剝削動物的產品。最直接的結果：對他們而言，食用乳酪是不可能的事，因為乳酪是以乳汁製成，也就是動物性原料。不過現在有以植物性和／或化學原料製成的「仿乳酪」或「素乳酪」（vromage）。總之，雖然不是「真正的」乳酪，看起來還是很像，連滋味都很接近！

乳酪盤該放多少乳酪？

以乳酪為主角的夜晚，要為每個人準備250至300公克的乳酪。至於種類，七種乳酪絕對讓大家心滿意足。數量不要太多，因為可能導致味蕾疲勞，而且即便某些乳酪很討喜，也未必人人都喜愛……乳酪種類越多，每一種乳酪的分量就應該越少。為了不要整

個晚上都在解釋乳酪的名稱，請你的乳製品商給你小標籤，寫上每一款乳酪的名稱、原產地和乳源。

如果乳酪是自助晚餐的一部分，那麼準備五到七種，以每人150公克計算。若為晚餐後的乳酪，為每位客人準備80至100公克（三至五種乳酪）就足夠了。

何時端出乳酪？

一如某些酒款，讓乳酪回復至室溫也非常重要，才能喚醒所有沉睡其中的香氣。在品嘗前提早至少一個小時取出。

乳酪盤該用什麼材質？

這個問題似乎是較次要，重要的是能夠突顯乳酪的本色。讓乳酪和托盤之間呈現對比最理想。粗獷和天然的材質皆有其一席之地：木頭、石板、陶瓷。避免塑膠或金屬材質，因為有可能沾染氣味。

該用哪些刀具和工具呢？

切割和品嘗乳酪的刀具和工具多不勝數，以下是幾種類別。

刨刀或刮片刀

這種刀具最適合乾燥或硬質乳酪，將之刨成極薄的乳酪片。

布里刀

這種刀具外型優雅，適合切割大部分的乳酪，同時也可以維持乳酪的完整度。

取用乳酪的刀具

使用長而寬的刀具，以免破壞乳酪完整性；也可使用傳統的雙彎尖刀，叉起乳酪裝盤。

湯匙

是盛裝流質乳酪的實用工具，如金山乳酪或艾爾卡薩蛋糕乳酪。

乳酪斧刀

很適合硬質乳酪，如巴斯克乳酪或博佛乳酪。偏重的刀柄可確保切割乳酪時不會彎曲。

線刀

線刀（又稱洛克福刀）帶有 0.03 到 0.05 公分粗的尼龍線，體積也可以非常大。選擇和切肥肝工具一樣帶有木板的小型線刀即可。

該以何種順序品嘗呢？

為了達到最美好的品嘗體驗，乳酪盤必須依照風味強弱排列。因此從新鮮乳酪開始，以藍紋乳酪做結束。如果有任何疑問，就從顏色最淺的開始排列到顏色最深的乳酪，最後以藍紋乳酪做結。藍紋乳酪具有代表性，能為品嘗的最後帶來迷人的清爽口感。另一個優點是藍紋乳酪很容易消化。

① 新鮮乳酪
② 紡絲乳酪
③ 融化乳酪
（即使部分乳酪風味鮮明）
④ 天然外皮軟質乳酪
⑤ 白黴外皮軟質乳酪
⑥ 壓製熟乳酪
⑦ 壓製生乳酪
⑧ 再製乳酪
⑨ 洗皮軟質乳酪
⑩ 藍紋乳酪

切割乳酪的藝術！

重點是要讓大家都心滿意足，因此每一塊乳酪都要有一部分中心和一部分外皮。

金字塔形乳酪（例如瓦倫賽）

一如圓形乳酪，從中心往外皮切，然後切成扇形。

理想工具：線刀。

如果線刀用得不順手，也可使用布里刀。

小圓柱形（例如夏洛萊）或大圓柱形乳酪（例如杜蘭聖莫爾）

小型乳酪切成如圓形乳酪，不過要切得較薄較長，要切到整塊乳酪的厚度。至於大型乳酪，則要沿著橫切成薄片。

理想工具（兩種尺寸）：線刀。

若為聖莫爾，要小心取下麥桿，以免損壞乳酪塊。

小型圓乳酪（例如卡蒙貝爾）

切割方式如切蛋糕，從中心點到邊緣切成等分。

理想工具：布里刀。

切片乾酪（例如康堤）

從中心開始，平行地切三至四片。側面則切成扇形。

理想工具：乳酪斧刀。

正方形乳酪（例如瑪華）

切法如圓形乳酪，不過要先切兩條對角線，然後將各四分之一再切為二。

理想工具：布里刀。

特殊形狀乳酪（例如新堡心形）

從中心往外皮切。每一份的大小不等，但是美味不減！

理想工具：布里刀。

藍紋乳酪（例如洛克福）

從中心開始呈扇形切割。

理想工具：線刀。

大型圓乳酪（例如布里）

首先如小型圓乳酪般切成長條型，然後切下尖角，接著是中間約 2／3 的部分（切成兩份或三份），然後是最後三分之一（切成等分）。

極硬質乳酪（例如陳年米摩雷特）

剁碎，或者用削皮刀刨片。

流質乳酪（例如金山）

在外皮上挖一個洞（不要丟棄，外皮也可以吃！），用茶匙（或湯匙）盛取。

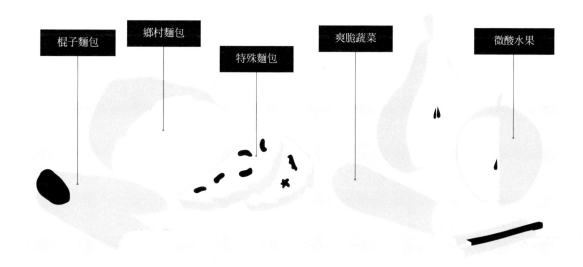

棍子麵包　鄉村麵包　特殊麵包　爽脆蔬菜　微酸水果

該搭配哪些麵包？

最適合的莫過於鄉村麵包，滋味中性，是所有乳酪的最佳夥伴。如果你想要選擇特殊麵包，當心別搭配錯誤了。棍子麵包和布里等軟質乳酪很合拍，不過並不適合硬質或乾燥的乳酪。黑麥麵包或水果麵包很適合藍紋乳酪，如喀斯藍紋乳酪；胡桃或榛果麵包和陳年壓製熟乳酪（博佛、康堤）搭配得宜。橄欖、番茄或普羅旺斯香草麵包則建議搭配新鮮乳酪享用。

甜味的搭配呢？

最好選擇不過甜的搭配品。果醬、水果軟糖或過甜的蜂蜜都會「掩蓋」（並且糟蹋！）乳酪的滋味。這類甜品只要加「一小滴」就綽綽有餘。

該搭配哪些蔬菜和水果？

不過甜的水果較適切，才不會蓋過乳酪的滋味。最好選擇微酸的蘋果（granny smith、belchard、melrose、elstar 等品種）或洋梨（packham's triumph、passe-crassane、conférence 等），或是不甜白葡萄。柑橘類由於汁液和酸度，也能搭配。爽脆蔬菜如小黃瓜和胡蘿蔔可以在品嘗過程中帶來清爽口感。同樣的，某些品種的番茄也非常適合與乳酪搭配。你也可以選擇橄欖油浸漬的蔬菜（甜椒、櫛瓜、茄子、蘑菇等），或是以橄欖油和檸檬汁簡單調味的綠葉沙拉。若選擇沙拉，與其選萵苣（味道過澀），不如橡葉生菜（feuille de chêne）或闊葉苦苣（scarole）。無論如何，都要先吃蔬菜水果以「清洗」味覺，讓味蕾重振元氣！

品嘗乳酪之後

保存已開封的乳酪

如果乳酪盤上有剩下的乳酪，小心地將各個乳酪以原來的包裝紙包好，以免乳酪太快變乾。接著放入冰箱的蔬果抽屜櫃。避免使用塑膠密封盒，因為這樣乳酪就無法呼吸啦！

料理剩餘的乳酪

剩餘的乳酪可以用來料理醬汁、歐姆蛋、鹹派、舒芙蕾……。你還可以將剩下的乳酪混合生乳鮮奶油、切碎的紅蔥頭和新鮮香草植物（細香蔥、羅勒、蒔蘿……），創造自己的乳酪「抹醬」。乳酪可不是能隨意丟棄的食物！

三種乳酪盤的經典搭配

每一款乳酪盤皆依循以下標準：一桌六位成人，餐後食用，平均一人 100 公克。乳酪是依照品嘗順序排列，通常從最溫和排列到風味最強勁的乳酪。乳酪盤未必剛好 600 公克，因為某些乳酪是整塊販售，有些可能會大一點或小一點。

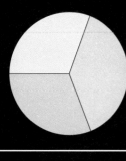

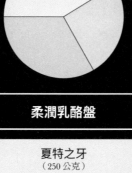

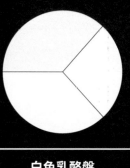

AOP 乳酪盤

康堤
（200 公克）

杜蘭聖莫爾
（250 公克）

洛克福藍紋乳酪
（200 公克）

柔潤乳酪盤

夏特之牙
（250 公克）

佩雷卡巴斯
（150 公克）

布瓦西耶藍紋乳酪
（200 公克）

白色乳酪盤

布洛丘
（250 公克）

2 個地中海草原洛夫
（180 公克）

1 個諾曼地卡蒙貝爾
（250 公克）

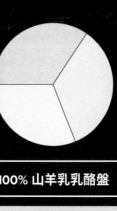

山區乳酪盤

1/2 個庇里牛斯小費昂雪
（150 公克）

列提瓦
（250 公克）

賽維哈克藍紋乳酪
（200 公克）

100% 山羊乳乳酪盤

1 個黑古爾
（200 公克）

亨利四世
（220 公克）

1/2 個阿卡辛卡
（180 公克）

100% 綿羊乳乳酪盤

2 個洛凱卡巴斯
（160 公克）

曼徹格
（240 公克）

伊查蘇藍紋乳酪藍紋乳酪
（200 公克）

特別三種乳酪盤

一如經典三種乳酪盤，以下每一款乳酪盤皆遵循同樣標準：一桌六位成人，餐後食用，平均一人 100 公克。乳酪是依照品嘗順序排列，通常從最溫和排列到風味最強勁的乳酪。乳酪盤未必剛好 600 公克，因為某些乳酪是整塊販售，有些可能會大一點或小一點。

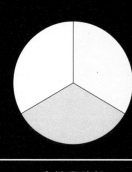

島嶼乳酪盤

哈羅米 （200 公克） 塞浦路斯
皮科 （200 公克） 亞速群島
克羅奇耶藍紋乳酪 （200 公克） 愛爾蘭

拉丁風乳酪盤

恩卡拉 （250 公克）
皮蒙 （200 公克）
卡布拉雷斯藍紋乳酪 （200 公克）

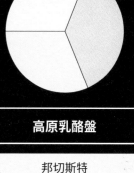

高原乳酪盤

邦切斯特 （200 公克）
3 個夏維諾克魯坦 （240 公克）
1 個艾沃 （200 公克）

新阿基坦乳酪盤

葛耶爾 （200 公克）
凡塔度松露 （350 公克）
里亞克 （200 公克）

搭配茶的乳酪盤

阿邦登斯 （200 公克）
中國青茶 地平線乳酪 （200 公克）
中國普洱茶 克羅托內佩可里諾（熟成超過 6 個月，200 公克）夏季大吉嶺

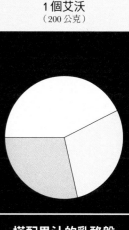

搭配果汁的乳酪盤

1/2 個科西嘉風味 （300 公克） 覆盆子果汁
芒斯特 （200 公克） 荔枝果汁
加蒙內多藍紋乳酪 （200 公克） 洋梨果汁

五種乳酪盤的經典搭配

以下每一款乳酪盤皆遵循同樣標準：一桌六位成人，乳酪全餐，平均一人 250 公克。乳酪是依照品嚐順序排列，通常從最溫和排列到風味最強勁的乳酪。乳酪盤未必剛好 1500 公克，因為某些乳酪是整塊販售，有些可能會大一點或小一點。

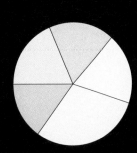

AOP 乳酪盤

博佛	（250 公克）
2 個普瓦圖夏畢舒	（240 公克）
歐索－伊拉提	（250 公克）
1/2 個瑪華	（400 公克）
喀斯藍紋乳酪	（200 公克）

柔潤乳酪盤

米摩雷特	（250 公克）
2 個聖菲利錫安	（240 公克）
1 個克拉比圖	（250 公克）
1 個貝費烏瑞度	（400 公克）
邦瓦藍紋乳酪	（200 公克）

100% 山羊乳乳酪盤

6 個洛夫布魯斯	（240 公克）
2 個白蹄	（300 公克）
戈爾那莫納	（250 公克）
2 個謝爾塞勒	（300 公克）
1/2 個蒂涅藍紋乳酪	（400 公克）

100% 綿羊乳乳酪盤

羅馬諾瑞可塔	（250 公克）
1 個就是綿羊	（225 公克）
拉沃爾	（250 公克）
克里特格拉維亞	（250 公克）
卡拉亞克綿滑乳酪	（300 公克）

100% 牛乳乳酪盤

1 個貝斯洛	（240 公克）
貝蒙托瓦	（250 公克）
1 個提瑪胡桃	（300 公克）
卡努之腦	（250 公克）
格列文布洛克藍紋乳酪	（200 公克）

奧維涅－隆河－阿爾卑斯乳酪盤

塞哈克	（250 公克）
聖涅克塔	（250 公克）
皮科東	（360 公克）
煙燻	（250 公克）
維柯爾－桑那芝藍紋乳酪	（250 公克）

五種乳酪盤的創意搭配

以下每一款乳酪盤皆遵循同樣標準：一桌六位成人，乳酪全餐，平均一人 250 公克。乳酪是依照品嘗順序排列，通常從最溫和排列到風味最強勁的乳酪。乳酪盤未必剛好 1500 公克，因為某些乳酪是整塊販售，有些可能會大一點或小一點。

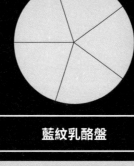

地中海乳酪盤

費塔	（250 公克）
馬昂－梅諾卡	（250 公克）
梅索沃恩	（250 公克）
薩丁尼亞佩科里諾	（250 公克）
科西嘉乳酪缽	（250 公克）

藍紋乳酪盤

昂貝爾圓柱藍紋乳酪	（250 公克）
溫莎藍紋乳酪	（250 公克）
維奇恩 ® 藍紋乳酪	（250 公克）
施洛普郡藍紋乳酪	（250 公克）
黑與藍藍紋乳酪	（250 公克）

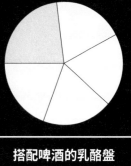

搭配啤酒的乳酪盤

柯諾比克	（300 公克）
西西里佩科里諾	（250 公克）
默倫布里	（250 公克）
拉吉歐	（250 公克）
風之腳	（250 公克）

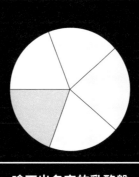

奶蛋素乳酪盤

聖約翰	（350 公克）
巴澤沃泰拉內佩科里諾	（250 公克）
阿澤唐乳酪	（250 公克）
國王河之金	（250 公克）
凱雪藍乳酪 ®	（200 公克）

唸不出名字的乳酪盤

西加洛席泰亞	（250 公克）
查拉維斯基柯爾巴奇克	（250 公克）
3 個歐維奇薩拉希尼 基伊德尼	（300 公克）
耶科波斯基澤爾斯馬哲內	（250 公克）
尼合切斯卡茲拉塔尼瓦 藍紋乳酪	（250 公克）

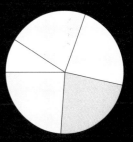

情人節乳酪盤

1 個無花果夾心	（80 公克）
1/2 個皮楚內	（190 公克）
1 個新堡心形乳酪	（200 公克）
1 個好好吃	（200 公克）
1 個丘比特	（210 公克）

七種乳酪盤的經典搭配

以下每一款乳酪盤皆遵循同樣標準：一桌六位成人，豐盛乳酪全餐，平均一人 350 公克。乳酪是依照品嘗順序排列，通常從最溫和排列到風味最強勁的乳酪。乳酪盤未必剛好 2100 公克，因為某些乳酪是整塊販售，有些可能會大一點或小一點。

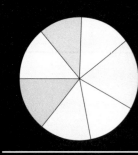

AOP 乳酪盤

塔雷吉歐	（300 公克）
1 個普里尼－聖皮耶	（250 公克）
特林丘	（300 公克）
1 個金山瓦雪杭	（400 公克）
薩勒	（300 公克）
芒斯特	（300 公克）
奧維涅藍紋乳酪	（300 公克）

柔潤乳酪盤

瑪侯特	（300 公克）
1 個庫洛米耶	（400 公克）
2 個加汀木塞	（280 公克）
1/4 個博日瓦雪杭	（350 公克）
西部鄉下農舍切達	（300 公克）
維納科	（350 公克）
煙燻奧勒岡藍紋乳酪	（300 公克）

100% 山羊乳乳酪盤

2 個銀絲	（280 公克）
3 個阿加特	（180 公克）
荷蘭山羊	（300 公克）
帕那索斯阿拉霍瓦	（300 公克）
3 個巴儂	（300 公克）
帕梅洛	（300 公克）
富朱	（foudjou，300 公克）

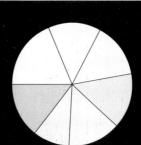

100% 綿羊乳乳酪盤

貝利切河谷瓦斯代達	（500 公克）
1/4 個馬努利	（200 公克）
烏拉麥之霧	（250 公克）
莫夕亞	（300 公克）
艾爾卡薩蛋糕	（500 公克）
波薩	（300 公克）
聖雷米藍星藍紋乳酪	（200 公克）

100% 牛乳乳酪盤

3 個草蓆	（390 公克）
1 個布拉塔	（300 公克）
1 個皮堤維耶	（300 公克）
法國格律耶爾	（300 公克）
紅萊斯特	（300 公克）
1 個南特神父 ®	（200 公克）
丹麥藍紋乳酪	（300 公克）

聖誕乳酪盤

維蘇比布魯斯	（300 公克）
2 個達馬利聖尼可拉	（280 公克）
1 個布里亞－薩瓦蘭	（250 公克）
2 個洛什環狀乳酪 ®	（340 公克）
安南乳酪	（300 公克）
1 個艾普瓦斯	（250 公克）
史提頓藍紋乳酪	（300 公克）

七種乳酪盤的創意搭配

一如經典乳酪盤，以下每一款乳酪盤皆遵循同樣標準：一桌六位成人，豐盛乳酪全餐，平均一人 350 公克。乳酪是依照品嘗順序排列，通常從最溫和排列到風味最強勁的乳酪。乳酪盤未必剛好 2100 公克，因為某些乳酪是整塊販售，有些可能會大一點或小一點。

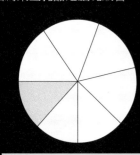

搭配紅酒的乳酪盤

後山山羊	（300 公克）
蒙特羅布里	（300 公克）
康塔爾	（300 公克）
博日山	（300 公克）
1 個奧維涅加佩隆	（250 公克）
1 個瓦拉塔	（230 公克）
蒙布里松圓柱藍紋乳酪	（250 公克）

搭配白酒的乳酪盤

1 個布里吉之井	（670 公克）
1 個瓦倫賽	（250 公克）
法國中部－東部艾曼塔	（250 公克）
6 個佩拉東	（360 公克）
科斯納爾	（300 公克）
6 個瑪貢內	（300 公克）
史塔基頓藍紋乳酪	（200 公克）

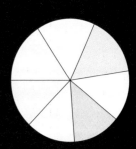

搭配氣泡酒的乳酪盤

羅馬諾佩科里諾	（300 公克）
莫城布里	（300 公克）
比托	（300 公克）
1 個夏烏斯	（250 公克）
1 格夏洛萊	（250 公克）
1 格雪芙洛坦	（250 公克）
1/2 個宏克白堊	（240 公克）

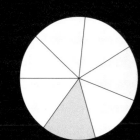

伊比利乳酪盤

1/2 個乳房	（250 公克）
1 個賽布列洛	（300 公克）
伊迪亞札巴爾	（300 公克）
艾斯特雷拉山	（300 公克）
卡辛	（300 公克）
瓦德昂藍紋乳酪	（300 公克）
亞弗嘉比圖	（300 公克）

歐陸以外的乳酪盤

純山羊凝乳	（300 公克）
水牛布里	（300 公克）
先鋒	（300 公克）
巴斯勒	（300 公克）
銀河之金	（250 公克）
剪羊毛人的選擇	（250 公克）
米拉瓦藍紋乳酪	（250 公克）

「多些點綴」的乳酪盤

3 個百里香洛夫 添加食材：百里香精	（300 公克）
莫夕亞葡萄酒洗皮 添加食材：葡萄酒	（300 公克）
康庫約特 添加食材：白葡萄酒	（300 公克）
嗡嗡 添加食材：咖啡、薰衣草	（300 公克）
萊頓乳酪 添加食材：孜然	（300 公克）
1 個克雷基啤酒大人物 添加食材：啤酒	（280 公克）
羅格河藍紋乳酪 添加食材：葡萄葉、洋梨烈酒	（300 公克）

如何包裝乳酪

包裝乳酪的方法不只一種，每個乳製品商人都有自己的手法與風格。不過以下這些圖示教學可以讓你的乳酪保存狀態更佳。

圓形乳酪
（例如諾曼地卡蒙貝爾）

乳酪放在紙張中央，
然後往乳酪方向折起一邊的紙。

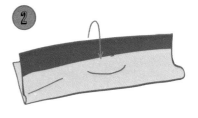

另一邊的紙也往乳酪方向折起。

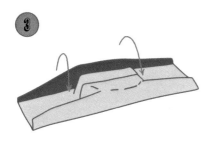

乳酪左右兩翼的兩個側邊，
分別向下壓平，再向內收攏壓折。

將步驟3完成的兩片折角折到乳酪下方。

角形乳酪
（例如莫城布里）

乳酪放在紙張中央，
長邊和紙張的一邊平行。

從長邊蓋上紙張，
並將紙向下貼合乳酪斷面。

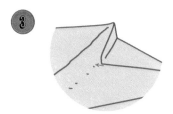

捏住乳酪尖角處的紙張，
向下壓折整平。

再將乳酪鄰邊的紙張整平。

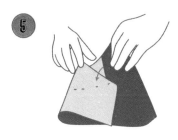

食指壓住乳酪鄰邊的紙，往乳酪方向折起，
整理包好的兩個長邊，使紙張貼合乳酪。

將最後一個邊向下壓平，
再向內收攏壓折，再折到乳酪下方。

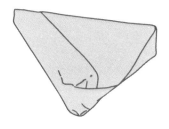

方形或長方形乳酪
（例如主教橋或切片康堤）

乳酪放在紙張中央，
接著將一邊的紙蓋在乳酪上。

另一邊的紙也蓋在乳酪上。

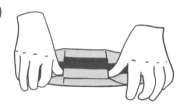

整平乳酪左右兩翼的紙。

左右兩翼的兩個側邊，
分別向下壓平，再向內收攏壓折。

整平紙張，使乳酪兩翼
各有一個尖角。

將步驟 5. 的尖角折到乳酪底下。

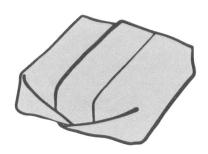

圓柱形乳酪
（例如杜蘭聖莫爾）

乳酪放在紙張中央，接著一邊折向乳酪。

另一邊的紙張也折向乳酪。

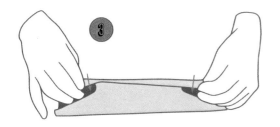

整平乳酪兩翼的紙。

將乳酪左右兩翼的兩個側邊，
分別向下壓平，再向內收攏壓折。

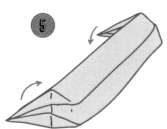

將步驟 4. 兩翼的折角折到乳酪下方。

金字塔形乳酪
（例如瓦倫賽、普里尼－聖皮耶或阿維訥小球）

乳酪放在紙張中央，紙張一邊
往乳酪方向折起，蓋住乳酪頂端。

另一邊的紙張也往上折起。

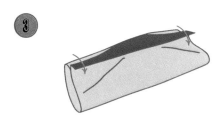

整平乳酪兩邊的紙。

乳酪左右兩翼的兩個側邊，
分別向下壓平，再向內收攏壓折。
整平紙張，使乳酪兩翼的紙折成三角形。

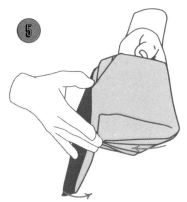

將步驟 4. 的兩個三角形折到乳酪底下。

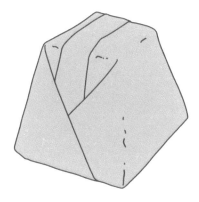

心形乳酪
（例如新堡乳酪）

 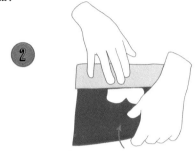

 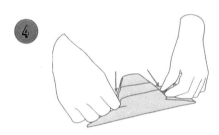

乳酪放在紙張中央，
接著將三分之一的紙往乳酪方向折。

另一邊的紙張也往乳酪方向折。

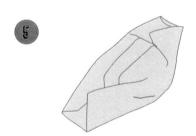 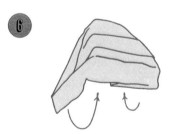

在乳酪上方折起多餘的紙張。

乳酪左右兩翼的兩個側邊，
分別向下壓平，再向內收攏壓折。

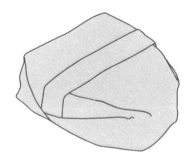

整平兩翼，使乳酪兩翼的紙變成三角形。

將步驟 5. 的三角形折到乳酪底下。

AFFINAGE ／熟成
讓乳酪發展香氣、滋味與形成質地的成熟過程。

BABEURRE ／酪乳
鮮奶油和／或奶油攪打成奶油後剩下的乳汁液體。

BACTÉRIE ／細菌
有助於乳酪的滋味、質地和香氣的微生物。

BIOFILM ／生物膜
生長在熟成乳酪的木板上的微生物叢（細菌、酵母、黴菌）。

CAILLÉ ／凝乳
乳汁凝結後形成的固體。

COAGULATION ／凝結
加入凝乳酶，使液體（此處為乳汁）轉變為固體（此處為凝乳）的變化。

CRÉMERIE ／乳製品商店
販售乳酪作坊的產品的地方。

EMPRÉSURER ／加入凝乳酶
在乳汁中加入凝乳酶（凝結劑），使其變成凝乳的動作。

FAISSELLE ／瀝水籃
內壁和底部有孔的容器。考古時發現最古老的瀝水籃超過一萬兩千年，證明了乳酪本身和製作乳酪的悠久歷史。隨著世紀推演，瀝水籃出現各種材質（瓷、陶、木頭、金屬、白鐵、塑膠、柳條）和各式形狀（圓形、圓柱形、方塊形），但是最終用途都是相同的：瀝去乳清，讓乳汁形成凝乳，製成乳酪。

FLAVEUR ／味覺
品嘗食物時，感受到的觸覺、滋味和氣味的整體感受。

FROMAGE ／乳酪
最早的文獻記錄可追溯至十二世紀，當時拼寫為「formage」。這個字後來逐漸演變，十四世紀時為「fourmage」，十五世紀時為「fromaige」，最後變成fromage。令凝乳成形的動作就是這個字的起源。不過有趣的是，我們可以發現乳酪在義大利文中寫做 cacio，德文為 käse，英文則為 cheese，皆來自拉丁文 caseus，意思就是「乳酪」。

FROMAGEABILITÉ ／乳酪可製性
形容乳汁可製成乳酪的性質。

FROMAGERIE ／乳酪作坊
製作乳酪的地方。

FRUITIÈRE ／乳酪坊
侏羅和阿爾卑斯山區製作和／或熟成乳酪的地方。

LACTOSÉRUM ／乳清

乳酪形成凝乳瀝水時流出的液體。

LAIT RIBOT ／酪乳

鮮奶油攪打變成奶油後，會出現白色帶疙瘩的液體（petit-lait），在布列塔尼又稱為 lait ribot，因為「ribotte」一字在此地區意指攪打奶油的動作。

LEVURE ／酵母

單細胞真菌（只有一個細胞），可讓啤酒、葡萄酒或乳酪等食品發酵。

MOISISSURE ／黴菌

生長在乳酪表面或中心的微小真菌，可影響乳酪的滋味和香氣。

MORGE ／洗皮鹽水

水混合鹽（有時混合醋）和發酵酶（酵母、真菌），用來熟成某些乳酪。

PENICILLIUM ／青黴菌

這種真菌可以讓某些乳酪長出白色外皮（卡蒙貝提黴菌或白地黴）或藍綠灰色的內芯（洛克福青黴菌）。

PRÉSURE ／凝乳酶

未斷奶的反芻幼獸分泌的凝乳物質，其中含有一種酶（chymosine，凝乳酶，在幼獸的胃裡）可幫助乳汁凝結，也就是讓乳汁從液態轉變為膠狀。也有植物性凝乳酶和化學性凝乳酶。

SAUMURE ／鹽水

鹽水，主要用於為乳酪抹鹽。

TAUX BUTYREUX ／乳脂含量

關於乳汁中的乳脂含量。一如乳蛋白含量，這點對乳汁是否能製成乳酪至關重要。

TAUX PROTÉIQUE ／乳蛋白含量

關於乳汁中的乳蛋白含量。一如乳脂含量，這點對於乳汁是否能製成乳酪至關重要。

TYROSINE ／酪胺酸

這是一種胺基酸，出現在壓製熟乳酪中，外型是類似粗鹽的白色小結晶。

乳酪索引

粗體數字為乳酪介紹頁面

A

Acasinca ／阿卡辛卡乳酪 **80**, 81, 201, 250

Abondance ／阿邦登斯乳酪 8, 13, 16, 23, 38, **152**, 198, 199, 251

Afuega'l Pitu ／亞弗嘉比圖乳酪 37, **190**, 206, 255

Agate ／阿加特 **56**, 230, 231, 254

Allgäuer Bergkäse ／阿爾高貝格乳酪 **152**, 218, 219

Allgäuer Emmentaler ／阿爾高艾曼塔乳酪 **153**, 218, 219

Allgäuer Sennalpkäse ／阿爾高森艾爾普乳酪 **153**, 219

Allgäuer Weisslacker ／阿爾高白乳酪 **80**, 219

Altenburger Ziegenkäse ／老城山羊乳酪 **70**, 219

Anevato ／阿內瓦托乳酪 **42**, 226, 227

Annen ／安南乳酪乳酪 **153**, 222, 243, 254

Appenzeller ／亞本塞勒乳酪 **98**, 222

Aroha Rich Plain ／阿洛哈豐饒平原乳酪 **98**, 233

Arzúa-Ulloa ／阿蘇亞－烏約亞乳酪 **99**, 206

Asiago ／阿席亞戈乳酪 **99**, 210, 211

B

Badennois ／巴登諾乳酪 **80**, 194

Banon ／巴儂乳酪 12, **56**, 201, 254

Barely Buzzed ／嗡嗡乳酪 **99**, 228, 229, 255

Bargkass ／巴爾卡斯乳酪 **100**, 197

Basler ／巴斯勒乳酪 **100**, 228, 229, 255

Batzos ／巴托茲乳酪 **42**, 226, 227

Bay Blue ／藍灣藍紋乳酪 **166**, 228, 229

Beacon Fell Traditional Lancashire Cheese ／畢肯費勒傳統蘭開夏乳酪 **100**, 216, 217

Beaufort ／博佛乳酪 13, 16, 23, 26, 33, **154**, 198, 199, 239, 243, 247, 249, 252

Bel fiuritu ／貝費烏瑞度乳酪 **81**, 189, 201, 252

Bellavitano Gold ／貝拉維塔諾金標乳酪 **101**, 229

Bémontois ／貝蒙托瓦乳酪 **154**, 222, 252

Bent River ／班特河乳酪 **70**, 228, 254

Berner Alpkäse ／伯恩阿爾帕乳酪 **155**, 222

Berner Hobelkäse ／伯恩霍伯乳酪 **155**, 222

Bethmale ／貝特馬勒乳酪 **101**, 202, 203

Bijou ／珠寶乳酪 29, **57**, 230, 243

Billy the Kid ／比利小子乳酪 **101**, 233

Bitto ／比托乳酪 **155**, 210, 255

Black & Blue ／黑與藍藍紋乳酪 **166**, 229, 253

Black Sheep ／黑綿羊乳酪 **102**, 233

Bleu d'Auvergne ／奧維涅藍紋乳酪 26, 34, **167**, 202, 203, 254

Bleu de Bonneval ／邦瓦藍紋乳酪 **167**, 199, 252

Bleu de Gex ／傑克斯藍紋乳酪 8, 25, **168**, 198, 199

Bleu de La Boissière ／布瓦西耶藍紋乳酪 **168**, 196, 197, 250

Bleu de Séverac ／賽維哈克藍紋乳酪 10, 125,

Bleu de Termignon ／特米尼翁藍紋乳酪 **170**, 172, 176, 178, 199

Bleu des Causses ／喀斯藍紋乳酪 **169**, 202, 203, 243, 249, 252

Bleu du Vercors-Sassenage ／維柯爾－桑那芝藍紋乳酪 16, **170**, 201, 252

Bloder-Sauerkäse ／布洛德酸乳酪 **43**, 222

Boeren-Leidse met sleutels ／萊頓乳酪 **102**, 218, 219, 255

Bonchester Cheese ／邦切斯特乳酪 30, **70**, 144, 216, 217, 243, 255

Bonde de Gâtine ／加汀木塞乳酪 **57**, 204, 205

Bonne Bouche ／好好吃乳酪 **57**, 230, 243, 253

Bossa ／波薩乳酪 31, **81**, 229, 254

Boulette d'Avesnes ／阿維訥小球乳酪 26, 37, **190**, 196, 197, 241, 260

Bovški sir ／博韋茨乳酪 **102**, 222, 223

Bra ／布拉乳酪 **103**, 210

Breslois ／貝斯洛乳酪 **71**, 194, 195, 252

Brie de Meaux ／莫城布里乳酪 13, 26, 30, **71**, 72, 73, 196, 197, 255, 257

Brie de Melun ／默倫布里乳酪 30, **72**, 196, 197, 253

Brie de Montereau ／蒙特羅布里乳酪 **72**, 196, 197, 255

Brie de Provins ／普羅凡布里乳酪 **72**, 196, 197

Brie noir ／黑布里乳酪 **72**, 196, 197

Brigid's Well ／布里吉之井乳酪 **58**, 232

Brillat-savarin ／布里亞－薩瓦蘭乳酪 **73**, 76, 198, 199, 254

Brocciu ／布洛丘乳酪 26, 28, **52**, 201, 250

Brousse de la Vésubie ／維蘇比布魯斯乳酪 **52**, 201, 254

Brousse du Rove ／洛夫布魯斯乳酪 12, 26, 27, **43**, 200, 201

Bryndza Podhalan Ńska ／波德哈勒軟質乳酪 **43**, 224, 225

Buffalina ／布法林那乳酪 **103**, 230

Buffalo Brie ／水牛布里乳酪 **74**, 228, 229, 243, 255

Burrata di Andria ／布拉塔乳酪 26, 35, **184**, 213, 214, 215, 243, 254

Buxton Blue ／巴克斯頓藍紋乳酪 **171**, 216, 217

C

Cabrales ／卡布拉雷斯藍紋乳酪 **171**, 206, 243, 251

Caciocavallo silano ／卡丘卡瓦洛席拉諾乳酪 35, **184**, 213, 214, 215

Camembert de Normandie ／諾曼地卡蒙貝爾乳酪 14, 26, 30, **74**, 75, 76, 194, 195, 243, 250, 256

Cancoillotte ／康庫約特乳酪 26, 36, **188**, 189, 198, 199, 255

Canestrato Pugliese ／普利亞卡內斯特拉托乳酪 **103**, 213, 214, 215

Cantal ／康塔爾乳酪 8, 13, 39, **104**, 112, 146, 151, 202, 203, 238, 243, 255

Casatella Trevigiana ／特雷維索軟質乳酪 **44**, 210, 211

Casciotta d'Urbino ／烏比諾卡丘塔乳酪 **104**, 212, 213

Cashel Blue® ／凱雪藍紋乳酪® **172**, 216, 217, 253

Castelmagno ／卡斯特曼紐藍紋乳酪 **172**, 210

Cathare® ／卡塔爾®乳酪 **58**, 200, 201

Caussenard ／科斯納爾乳酪 **105**, 169, 202, 203, 255

Cebreiro ／賽布列洛乳酪 **105**, 206, 255

Ceridwen ／瑟瑞德溫乳酪 **58**, 232

Cervelle de canut ／卡努之腦乳酪 26, 37, **190**, 198, 199, 252

Chabichou du Poitou ／普瓦圖夏畢舒乳酪 11, 26, 29, **59**, 204, 205

Chaource ／夏烏斯乳酪 30, 71, **75**, 196, 197, 255

Charolais ／夏洛萊乳酪 **59**, 60, 198, 199, 248, 255

Chaumine ／小茅屋乳酪 **105**, 228, 229

Cheese Barn Cottage Cheese ／起司農莊茅屋起司 **44**, 233

Chevrotin ／雪芙洛坦乳酪 **106**, 199, 255

Clacbitou ／克拉比圖®乳酪 **60**, 198, 199, 252

Clandestin ／走私乳酪 **81**, 230, 231

Coeur de figue ／無花果夾心乳酪 **44**, 204, 205, 253

Compass Gold ／黃金羅盤乳酪 **82**, 232

Comté ／康堤乳酪 13, 14, 23, 25, 26, 33, 39, 55, 117, **156**, 198, 199, 239, 243, 246, 248, 249, 250, 258

Cooleeney ／庫利尼乳酪 **75**, 76, 216, 217

Cornebique ／柯諾比克乳酪 29, **60**, 230, 243, 253

Coulommiers ／庫洛米耶乳酪 8, **75**, 196, 197, 254

Couronne lochoise ／洛什環狀®乳酪 **60**, 204, 205

Crayeux de Roncq ／宏克白堊乳酪 **82**, 85, 196, 197, 255

Crémeux de Carayac ／卡拉亞克綿滑乳酪 **82**, 202, 203, 252

Crottin de Chavignol ／夏維諾克魯坦乳酪 **61**, 204, 205

Crozier Blue® ／克羅奇耶藍紋乳酪® 25, **172**, 216, 251

Cupidon ／邱比特乳酪 11, **83**, 90, 124, 202, 203, 253

D

Danablu ／丹麥藍紋乳酪 **173**, 220, 254

Danbo ／丹波乳酪 **106**, 220

Dancing Fern ／舞動之蕨乳酪 **106**, 229

Deauville ／多維爾乳酪 **83**, 194, 195

Dent du chat ／夏特之牙乳酪 **156**, 198, 199, 250

Distinction Blue ／對比藍紋乳酪 **173**, 233

Dorset Blue Cheese ／朵賽特藍紋乳酪 **173**, 216, 217

Dovedale Cheese ／朵夫戴爾藍紋乳酪 **174**, 216, 217

Écume de Wimereux ／溫莫洛之沫乳酪 **76**, 196, 197

Edam Holland ／荷蘭艾登乳酪 **107**, 218, 219

Emmental de Savoie ／薩瓦艾曼塔乳酪 13, 16, **157**, 198, 199

Emmental français est-central ／法國中部－東部艾曼塔乳酪 **157**, 197, 198, 199, 200

Emmentaler ／艾曼塔乳酪 113, **153**, 157, 222

Encalat ／恩卡拉乳酪 **76**, 202, 203, 251

Époisses ／艾普瓦斯乳酪 8, 13, 15, 25, 26, 31, **84**, 94, 198, 199, 237, 243, 254

Esrom ／艾斯洛姆乳酪 **107**, 220

Étivaz (L') ／列提瓦乳酪 25, 153, **162**, 222, 223, 243, 250

Étoile bleue de Saint-Rémi ／聖雷米藍星藍紋乳酪 **174**, 230, 231, 243, 254

Everton ／艾佛頓乳酪 **158**, 229

Exmoor Blue Cheese ／艾斯穆藍紋乳酪 **174**, 216, 217

Feta ／費塔乳酪 24, 26, 27, **45**, 227, 243, 253

Fiore Sardo ／薩丁尼亞之花乳酪 **107**, 212, 213, 214

Fontina ／馮提納乳酪 **108**, 210

Formaella Arachovas Parnassou ／帕那索斯阿拉霍乳酪 **158**, 226, 227

Formaggella del Luinese ／盧伊諾半硬質乳酪 **108**, 210

Formaggio d'Alpe ticinese ／提契諾阿爾帕乳酪 **108**, 222

Formaggio di fossa di Sogliano ／索利亞諾洞穴乳酪 **109**, 210, 211

Formai de Mut dell'alta Valle Brembana ／布倫河谷山乳酪 **109**, 210, 211

Fort de Béthune ／貝蒂訥強勁乳酪 26, 36, **188**, 196, 197

Fourmagée ／弗瑪傑乳酪 **188**, 194, 195

Fourme d'Ambert ／昂貝爾圓柱藍紋乳酪 16, 26, 34, **175**, 178, 202, 203, 253

Fourme de Montbrison ／蒙布里松圓柱藍紋乳酪 24, **175**, 202, 203, 243, 255

Fumaison ／煙燻乳酪 **109**, 115, 202, 203, 252

Gailtaler Almkäse ／蓋爾塔阿爾姆乳酪 **158**, 222, 223

Galactic Gold ／銀河之金乳酪 **84**, 233, 243, 255

Galotyri ／加洛提利乳酪 **45**, 226, 227

Gamonedo ／加蒙內多藍紋乳酪 **176**, 206, 251

Gaperon d'Auvergne ／奧維涅加佩隆乳酪 37, **191**, 202, 203, 255

Glarner Alpkäse ／加拉瑞斯阿爾帕乳酪 **110**, 222

Gorgonzola ／戈貢佐拉藍紋乳酪 34, **176**, 178, 182, 210

Gortnamona ／戈爾那莫納乳酪 30, **76**, 216, 243, 252

Gouda Holland ／荷蘭高達乳酪 **110**, 218, 219

Gour noir ／黑古爾乳酪 12, **61**, 202, 203, 250

Grana Padano ／格拉納帕達諾乳酪 **159**, 210, 211

Gratte-Paille® ／格拉特派耶 ® 乳酪 **77**, 196, 197

Graviera Agrafon ／阿格拉封格拉維拉乳酪 **159**, 226, 227

Graviera Kritis ／克里特格拉維亞乳酪 55, **159**, 227, 252

Graviera Naxou ／納索斯格拉維耶乳酪 **160**, 226, 227

Greuilh ／葛耶爾乳酪 28, **52**, 202, 251

Grevenbroecker ／格列文布洛克藍紋乳酪 **176**, 218, 219, 252

Gros lorrain ／大洛林乳酪 **85**, 197

Gruyère ／格律耶爾乳酪 26, 33, 113, 153, 154, **160**, 161, 222, 237

Gruyère français ／法國格律耶爾乳酪 **160**, 198, 199, 237

Halloumi ／哈羅米乳酪 **45**, 227, 251

Handeck ／漢戴克乳酪 **161**, 230

Harbison ／哈比松乳酪 31, **85**, 230, 231

Havarti ／哈瓦蒂乳酪 **110**, 220

Heidi ／海蒂乳酪 33, **161**, 232, 243

Henri IV ／亨利四世乳酪 **161**, 202, 250

Herve ／艾沃乳酪 **85**, 218, 219, 251

Hessischer Handkäse ／黑森手工乳酪 **53**, 218, 219

Hollandse Geitenkaas ／荷蘭山羊乳酪 **111**, 218, 219, 254

Holsteiner Tilsiter ／荷斯坦提爾斯特乳酪 **111**, 218, 219

Horizon ／地平線乳酪 30, **77**, 232, 251

Hushållsost ／家庭乳酪 **111**, 220, 221

Idiazabal ／伊迪亞札巴爾乳酪 **112**, 206, 207, 255

Imokilly Regato ／依摩基利瑞嘉多乳酪 **112**, 216

Isle of Mull ／穆爾島乳酪 **112**, 216, 217

Itxassou ／伊查蘇藍紋乳酪 10, **177**, 202, 250

Jānu siers ／賈努乳酪 37, **191**, 220, 221

Jihočeská Niva ／尼合切斯卡尼瓦藍紋乳酪 **177**, 224, 225

Jihočeská Zlatá Niva ／尼合切斯卡茲拉塔尼瓦藍紋乳酪 **177**, 224, 225

Jonchée ／草蓆乳酪 27, **46**, 204, 243, 254

Kalathaki Limnou ／利姆洛斯卡拉塔奇乳酪 **46**, 226, 227

Kaltbach ／卡特巴赫乳酪 **113**, 222, 223

Kanterkaas ／坎特乳酪 **113**, 218, 219

Kasséri ／卡瑟利乳酪 **162**, 226, 227

Katiki Domokou ／多摩科斯卡提基乳酪 **46**, 226, 227

Kau Piro ／考皮洛乳酪 **86**, 233

Kefalograviera ／凱法洛格拉維耶乳酪 **113**, 226, 227

King River Gold ／國王河之金乳酪 **86**, 232, 253

Klenovecký syrec ／克蘭諾維奇席瑞克乳酪 **114**, 224, 225

Kochkäse ／料理乳酪 36, **189**, 219

Kopanisti ／柯帕尼斯提藍紋乳酪 **177**, 226, 227

Ladotyri Mytilinis ／拉多提米提里尼斯乳酪 **114**, 227

Laguiole ／拉吉歐乳酪 15, 112, **114**, 202, 203, 253

Langres ／朗格勒乳酪 13, 31, **86**, 196, 197

Lavort ／拉沃爾乳酪 **115**, 202, 203, 243, 252

Le Curé nantais® ／南特神父 ® 乳酪 **83**, 204

Lietuviškas varškės sūris ／立陶宛夸克乳酪 **47**, 220, 221

Lil' Moo ／小哞乳酪 **47**, 229

Liliputas ／利利普塔斯乳酪 **115**, 220, 221

Livarot ／立伐洛乳酪 14, 26, 31, **87**, 194, 195, 237, 243

Lou claousou ／路卡露蘇乳酪 **87**, 202, 203

Lucullus ／路庫路斯乳酪 **77**, 194, 195

Mâconnais ／瑪貢內乳酪 **61**, 198, 199, 243, 255

Mahón Menorca ／馬昂－梅諾卡乳酪 **115**, 206, 207, 253

Manouri ／馬努利乳酪 28, **53**, 226, 227, 254

Maroilles ／瑪華乳酪 8, 15, 31, 37, **88**, 89, 97, 188, 190, 196, 197, 237, 243

Mégin ／梅真乳酪 36, **189**, 197

Metsovone ／梅索沃恩乳酪 **184**, 226, 227, 253

Milawa Blue ／米拉瓦藍紋乳酪 **178**, 232, 255

Mimolette ／米摩雷特乳酪 15, **116**, 136, 196, 197, 248, 252

Mohant ／莫罕洛乳酪 **47**, 223

Mont-d'or ／金山乳酪 13, 14, 83, 87, **88**, 96, 198, 199, 247, 248

Montasio ／蒙塔席歐乳酪 **116**, 210, 211

Monte Veronese ／維洛納山乳酪 **117**, 210, 211

Morbier ／莫比耶乳酪 13, 14, 26, 32, **117**, 137, 198, 199

Mothais-sur-feuille ／葉片莫泰乳酪 11, **62**, 204, 205

Mozzarella ／莫札瑞拉乳酪 17, 35, **185**, 210, 213, 214

Mozzarella di bufala Campana ／坎佩納水牛莫札瑞拉乳酪 17, 26, 35, **185**, 212, 213, 214, 215, 243

Munster ／芒斯特乳酪 16, 26, 31, 85, **89**, 100, 197, 243, 251, 254

Murazzano ／穆拉札諾乳酪 **62**, 210, 243

Nanoški sir ／那諾斯乳酪 **118**, 223

Neige de brebis ／綿羊之雪乳酪 28, **53**, 230, 231

Neufchâtel ／新堡乳酪 14, 30, **78**, 194, 195, 248, 253, 261

Nieheimer Käse ／尼海姆乳酪 28, **54**, 218, 219

Noord-Hollandse Edammer ／北荷蘭艾登乳酪 **118**, 218, 219

Noord-Hollandse Gouda ／北荷蘭高達乳酪 **118**, 218, 219

Nostrano Valtrompia ／特隆皮亞河谷諾斯特拉諾乳酪 **119**, 210, 211

Oak Blue ／橡樹藍紋乳酪 **178**, 232

Odenwälder Frühstückskäse ／歐登森林早餐乳酪 **89**, 218, 219

Old Grizzly ／老灰熊乳酪 **119**, 228, 229

Olomoucké tvarůžky ／奧洛摩次乳酪 **119**, 224, 225

Oravský korbáčik ／鞭子乳酪 **185**, 224, 225

Orkney Scottish Island Cheddar ／奧克尼蘇格蘭島切達乳酪 **119**, 216, 217

Oscypek ／歐塞佩克乳酪 **120**, 224, 225

Ossau-iraty ／歐索－伊拉提乳酪 10, 11, 102, **120**, 202, 252

Ossolano ／歐索拉諾乳酪 **121**, 210

Ovčí hrudkový syr-salašnícky ／夏季牧場農場乳酪 **48**, 224, 225

Ovčí salašnícky údený syr ／歐維奇薩拉希尼基伊德尼乳酪 **121**, 224, 225, 253

Parmigiano reggiano ／帕馬森乳酪 **163**, 210, 211

Pecorino crotonese ／克羅托內佩科里諾乳酪 **121**, 214, 215, 251

Pecorino delle Balze volterrane ／巴澤沃泰拉內佩科里諾乳酪 **122**, 212, 213

Pecorino di Filiano ／費里安諾佩科里諾乳酪 **122**, 213, 214, 215

Pecorino di Picinisco ／皮希尼斯科佩科里諾乳酪 **122**, 213

Pecorino romano ／羅馬諾佩科里諾乳酪 32, **123**, 212, 213, 214, 243, 255

Pecorino sardo ／薩丁尼亞佩科里諾乳酪 **123**, 212, 213, 214, 253

Pecorino siciliano ／西西里佩科里諾乳酪 **123**, 214, 215, 253

Pecorino toscano ／托斯卡尼佩科里諾乳酪 **124**, 212, 213

Pélardon ／佩拉東乳酪 12, **62**, 200, 201, 255

Pérail des Cabasses ／佩雷卡巴斯乳酪 10, 29, **63**, 64, 202, 203, 243, 250

Persillé de Tignes ／蒂涅藍紋乳酪 **178**, 199

Petit fiancé des Pyrénées ／庇里牛斯小費昂雪乳酪 **90**, 124, 202, 203, 250

Petit Grès ／小格雷斯乳酪 16, **90**, 197

Phébus ／費比斯乳酪 **124**, 202, 203

Piacentinu ennese ／皮亞桑提努艾尼斯乳酪 **124**, 214

Piave ／皮亞維乳酪 **125**, 210, 211

Pichtogalo Chanion ／哈尼亞奶酪 **48**, 227

Picodon ／皮科東乳酪 9, 11, **63**, 200, 252

Picón Bejes-Tresviso ／維荷斯－特雷斯維索藍紋乳酪 **179**, 206

Pied-de-vent ／風之腳乳酪 31, **90**, 230, 231, 253

Pionnier ／先鋒乳酪 33, **163**, 230, 231, 243, 255

Pitchounet ／皮楚內乳酪 10, **125**, 169, 202, 203, 253

Pithiviers ／皮堤維耶乳酪 **78**, 196, 197, 254

Pleasant Ridge ／快樂山脊乳酪 **163**, 229

Pont-l'évêque ／主教橋乳酪 8, 14, 83, **91**, 194, 195, 258

Pôt corse ／科西嘉乳酪缽 26, 36, **189**, 200, 201, 253

Pouligny-saint-pierre ／普里尼－聖皮耶乳酪 11, **63**, 204, 205, 243, 254, 260

Prinz von Denmark ／丹麥王子乳酪 **125**, 220

Provolone del Monaco ／修士普沃隆乳酪 26, 35, **186**, 212, 213, 214, 215

Provolone Valpadana ／瓦帕達納普沃隆乳酪 **186**, 210, 211

Pure Goat Curd ／純山羊凝乳乳酪 **48**, 232, 255

Puzzone di Moena ／Spretz tzaori ／莫埃那普佐內乳酪／斯普列恣茲瓦利乳酪 **126**, 210, 211

Pyengana ／皮恩加納乳酪 **126**, 232

Quartirolo lombardo ／倫巴底夏季乳酪 **49**, 210, 211

Queijo da Beira Baixa ／下貝拉乳酪 **126**, 208

Queijo de Azeitão ／阿澤唐乳酪 **91**, 208, 253

Queijo de cabra transmontano ／後山山羊乳酪 **127**, 208

Queijo de Évora ／艾弗拉乳酪 **127**, 208

Queijo de Nisa ／尼薩乳酪 **127**, 208

Queijo do Pico ／皮科乳酪 **128**, 208, 251

Queijo mestiço de Tolosa ／梅斯提索托羅薩乳酪 **128**, 208

Queijo rabaçal ／哈巴薩爾乳酪 **128**, 208

Queijo São Jorge ／聖若熱乳酪 **129**, 208

Queijo Serpa ／塞爾帕乳酪 **91**, 208, 209

Queijo Serra da Estrela ／艾斯特雷拉山乳酪 **92**, 208, 209

Queijo Terrincho ／特林丘乳酪 **129**, 208, 254

Queso camerano ／卡美拉諾乳酪 **129**, 206, 207

Queso Casín ／卡辛乳酪 **130**, 206, 255

Queso de flor de Guía ／吉亞之花乳酪 **130**, 208, 209

Queso de l'Alt Urgell y la Cerdanya ／亞特烏爾傑和塞爾達涅乳酪 **130**, 206, 207

Queso de la Serena ／瑟雷納乳酪 **131**, 209

Queso de Murcia ／莫夕亞乳酪 **131**, 208, 209, 254

Queso de Murcia al vino ／莫夕亞葡萄酒洗皮乳酪 **131**, 208, 209, 255

Queso de Valdeón ／瓦德昂藍紋乳酪 **179**, 206, 255

Queso Ibores ／伊波雷斯乳酪 **132**, 209

Queso Los Beyos ／洛斯貝約斯乳酪 **132**, 206

Queso majorero ／馬荷雷洛乳酪 **132**, 208, 209

Queso manchego ／曼徹格乳酪 32, **133**, 208, 209, 250

Queso nata de Cantabria ／坎塔布里亞奶油乳酪 **133**, 206

Queso palmero ／帕梅洛乳酪 **133**, 208, 209, 254

Queso Tetilla ／乳房乳酪 35, **186**, 206, 255

Queso Zamorano ／札莫拉諾乳酪 **134**, 206

Quesucos de Liebana ／列瓦那小乳酪 **134**, 206

Raclette de Savoie ／薩瓦哈克列特乳酪 **134**, 198, 199

Raclette du Valais ／瓦雷哈克列特乳酪 **135**, 222, 223

Ragusano ／哈古薩諾乳酪 **135**, 214, 215

Raschera ／拉斯凱拉乳酪 **135**, 210

Reblochon ／侯布洛雄乳酪 13, 16, 38, 90, 106, **136**, 198, 199

Recuite ／瑞克特乳酪 10, 28, **54**, 125, 169, 202, 203, 243

Red Leicester ／紅萊斯特乳酪 **136**, 216, 217, 254

Redykołka ／瑞迪柯瓦卡乳酪 **187**, 224, 225

Ricotta di bufala Campana ／坎佩納水牛瑞可塔乳酪 **54**, 212, 213, 214, 215

Ricotta romana ／羅馬諾瑞可塔乳酪 26, 28, **55**, 212, 213, 243, 252

Ridge Line ／脊線乳酪 **137**, 229

Rigotte de Condrieu ／孔德里奧乳清乳酪 **64**, 98, 99

Robiola di Roccaverano ／洛卡維拉諾洛比歐拉乳酪 **64**, 210

Rocaillou des Cabasses ／洛凱卡巴斯乳酪 **64**, 202, 203

Rocamadour ／侯卡莫杜爾乳酪 **65**, 202, 203

Rocket's Robiola ／洛基的洛比歐拉乳酪 **65**, 229

Rogue River Blue ／羅格河藍紋乳酪 **180**, 228, 229, 255

Rollot ／侯洛乳酪 **92**, 196, 197

Roncal ／洪卡爾乳酪 **137**, 206, 207

Roquefort ／洛克福藍紋乳酪 8, 9, 10, 25, 26, 34, 63, 169, **180**, 183, 202, 203, 238, 243, 248, 250

Rouelle du Tarn ／塔恩圓片乳酪 **65**, 202, 203

Rove des Garrigues ／地中海草原洛夫乳酪 26, 27, **49**, 50, 200, 243, 248

Rovethym ／百里香洛夫乳酪 12, **66**, 200, 255

Sabot de Blanchette ／白蹄乳酪 **66**, 230, 243

Saint-félicien ／聖菲利錫安乳酪 **79**, 200, 201, 252

Saint-John ／聖約翰乳酪 **49**, 230, 231, 253

Saint-marcellin ／聖馬瑟蘭乳酪 **67**, 79, 200, 201

Saint-nectaire ／聖涅克塔爾乳酪 13, 14, 16, 38, 39, **137**, 202, 203, 238, 252

Saint-nicolas de la Dalmerie ／達馬利聖尼可拉乳酪 **67**, 200, 201

Sainte-maure de Touraine ／杜蘭聖莫爾乳酪 29, **66**, 204, 205, 243, 248, 259

Salers ／薩勒乳酪 26, 32, 99, 112, **138**, 146, 151, 202, 203, 238, 254

Salva cremasco ／薩爾瓦乳酪 **138**, 210, 211, 243

San Michali ／聖米卡利乳酪 **139**, 226, 227

San Simón da Costa ／聖西蒙乳酪 **139**, 206

Saveurs du maquis ／科西嘉風味乳酪 27, **50**, 201, 251

Sawtooth ／鋸齒乳酪 **93**, 228, 229

Sbrinz ／斯賓茨乳酪 **164**, 222, 223

Selles-sur-cher ／謝爾塞勒乳酪 11, 12, 29, **68**, 204, 205, 252

Ser koryciński swojski ／科雷欽鄉村乳酪 **139**, 224, 225

Sérac ／塞哈克乳酪 26, 28, **55**, 199, 252

Sfela ／史費拉乳酪 **140**, 226, 227

Shearer's Choice ／剪羊毛人的選擇乳酪 **93**, 232, 243, 255

Shropshire ／施洛普郡藍紋乳酪 **181**, 216, 217, 253

Silk ／銀絲乳酪 **50**, 232, 254

Silter ／席爾特乳酪 **140**, 210, 211

Simply Sheep ／就是綿羊乳酪 **68**, 230, 252

Single Gloucester ／單一格魯斯特乳酪 **140**, 216, 217

Sire de Créquy à la bière ／克雷基啤酒大人物

乳酪 31, **93**, 196, 197, 255

Slovenská bryndza ／斯洛伐克軟質乳酪 **50**, 224, 225

Slovenský oštiepok ／斯洛伐克歐斯提波克乳酪 **141**, 224, 225

Smokey Oregon Blue ／煙燻奧勒岡藍紋乳酪 **181**, 228, 229, 254

Soumaintrain ／蘇馬特朗乳酪 15, **94**, 198, 199

Spressa delle Giudicarie ／朱地卡利耶斯普烈沙乳酪 **141**, 210, 211

Squacquerone di Romagna ／羅馬涅斯夸克洛涅乳酪 **51**, 210, 211

Staffordshire Cheese ／史塔福郡乳酪 **141**, 216, 217

Stelvio ／史戴維歐乳酪 **142**, 210, 211

Stilton Cheese ／史提頓藍紋乳酪 **181**, 216, 217

Strachitunt ／史塔基頓藍紋乳酪 **182**, 210, 255

Sunrise Plains ／日出平原乳酪 **94**, 232

Svecia ／斯維席亞乳酪 **142**, 220

Swaledale Cheese ／斯維爾戴爾乳酪 **142**, 143, 216, 217

Swaledale Ewes Cheese ／斯維爾戴爾綿羊乳酪 **143**, 216, 217

Taleggio ／塔雷吉歐乳酪 **143**, 210, 211, 254

Taupinière charentaise® ／夏朗鼴鼠窩®乳酪 **68**, 204, 205

Tekovský salámový syr ／特克沃里乳酪 **143**, 224, 225

Telemea de Ibăneşti ／伊巴內斯提特雷米亞乳酪 **51**, 225

Tête de moine ／修士頭乳酪 154, **164**, 222, 223

Teviotdale Cheese ／特維歐戴爾乳酪 **144**, 216, 217

Timanoix ／提瑪胡桃乳酪 **95**, 194, 252

Tiroler Almkäse ／提洛阿爾姆乳酪 **164**, 223

Tiroler Bergkäse ／提洛貝格乳酪 **165**, 223

Tiroler Graukäse ／提洛灰藍紋乳酪 **182**, 223

Tolminc ／托爾明克乳酪 **144**, 223

Toma piemontese ／皮蒙乳酪 **144**, 210, 251

Tomme aux artisons ／亞提松乳酪 **145**, 202, 203

Tomme crayeuse ／白堊乳酪 **146**, 199

Tomme de Rilhac ／里亞克乳酪 **146**, 202, 203, 251

Tomme de Savoie ／薩瓦乳酪 16, 23, **147**, 198, 199

Tome des Bauges ／博日山乳酪 13, 16, 26, 32, 96, **145**, 198, 199, 255

Tomme des Pyrénées ／庇里牛斯乳酪 10, 12, **147**, 202, 203

Tomme marotte ／瑪侯特乳酪 **148**, 202, 203, 243, 264

Torta del Casar ／艾爾卡薩蛋糕乳酪 **148**, 208, 209, 247, 254

Traditional Ayrshire Dunlop ／傳統艾爾郡登洛普乳酪 **149**, 216, 217

Traditional Welsh Caerphilly ／傳統威爾斯卡菲利乳酪 **149**, 216, 217

Tricorne de Picardie ／皮卡第三角乳酪 **95**, 196, 197

Truffe de Ventadour ／凡塔度松露乳酪 **69**, 202, 203, 251

Urban Blue ／都會藍紋乳酪 **182**, 230, 231, 243

Vacherin des Bauges ／博日瓦雪杭乳酪 83, **96**, 199, 254

Vacherin fribourgeois ／佛利堡瓦雪杭乳酪 **149**, 222, 223

Vacherin mont-d'or ／金山瓦雪杭乳酪 88, **96**, 222, 223, 254

Valençay ／瓦倫賽乳酪 12, 29, **69**, 204, 205, 248, 255, 260

Valle d'aosta Fromadzo ／奧斯塔河谷乳酪 **150**, 210

Valtellina Casera ／瓦特里納卡瑟拉乳酪 **150**, 210

Vastedda della valle del Belice ／貝利切河谷瓦斯代達乳酪 **187**, 214, 254

Venaco ／維納科乳酪 80, **97**, 201, 254

Venus Blue ／維納斯藍紋乳酪 **183**, 232

Verzin® ／維奇恩®藍紋乳酪 **183**, 210, 253

Volcano ／火山 30, **79**, 233

Vorarlberger Alpkäse ／弗拉爾貝格阿爾帕乳酪 **165**, 223

Vorarlberger Bergkäse ／弗拉爾貝格伯格乳酪 **165**, 223

Wangapeka ／瓦加佩卡乳酪 **150**, 233

Waratah ／瓦拉塔乳酪 **97**, 232, 255

West Country Farmhouse Cheddar Cheese ／西部鄉下農舍切達乳酪 24, **151**, 216, 217, 254

Wielkopolski ser smażony ／耶科波斯基澤爾斯馬哲內乳酪 **191**, 224, 225, 253

Windsor Blue ／溫莎藍紋乳酪 **183**, 233, 253

Woolamai Mist ／烏拉麥之霧乳酪 **79**, 232, 243, 254

Xygalo Siteias ／西加洛席泰亞乳酪 **51**, 227, 253

Xynomyzithra Kritis ／克里特乳清乳酪 **55**, 227

Yorkshire Wensleydale ／約克郡溫斯雷戴爾乳酪 **151**, 216, 217

Zázrivský korbáčik ／查拉維斯基柯爾巴奇克乳酪 **187**, 224, 225, 253

Zázrivské vojky ／查拉維斯凱沃爾基乳酪 **187**, 224, 225

目錄

乳酪的起源：歷史與製造

乳酪簡史	**8-9**
乳源動物品種	**10-17**
綿羊	10-11
山羊	11-12
乳牛	13-16
水牛與其他乳源動物	17
乳源動物吃什麼？	**18-19**
反芻	19
乳汁，最重要的原料	**20-21**
乳汁的殺菌方式	21
乳酪的製造	**22-25**
擠乳與集乳	22
凝乳	22
入模	23
瀝水	23
抹鹽	24
熟成	25
十一個乳酪家族	**26-37**
1. 新鮮乳酪	27
2. 乳清乳酪	28
3. 天然外皮軟質乳酪	29
4. 白黴外皮軟質乳酪	30
5. 洗皮軟質乳酪	31
6. 壓製生乳酪	32
7. 壓製熟乳酪	33
8. 藍紋乳酪	34
9. 紡絲乳酪	35
10. 融化乳酪	36
11. 再製乳酪	37
標籤	**38**
標章	**39**

世界各地的乳酪

新鮮乳酪	**42-51**
乳清乳酪	**52-55**
天然外皮軟質乳酪	**56-69**
白黴外皮軟質乳酪	**70-79**
洗皮軟質乳酪	**80-97**
壓製生乳酪	**98-151**
壓製熟乳酪	**152-165**
藍紋乳酪	**166-183**
紡絲乳酪	**184-187**
融化乳酪	**188-189**
再製乳酪	**190-191**

風土與產區

法國	**194-205**
布列塔尼和諾曼地	194-195
東北部	196-197
中部－東部	198-199
東南部	200-201
奧維涅和西南部	202-203
中部－西部	204-205
西班牙（北部）	**206-207**
西班牙（南部）和葡萄牙	**208-209**
義大利	**210-215**
北部	210-211
中部	212-213
南部	214-215
英國和愛爾蘭	**216-217**
比利時、荷蘭和德國	**218-219**
丹麥、瑞典、拉脫維亞和立陶宛	**220-221**
瑞士、奧地利和斯洛維尼亞	**222-223**
波蘭、捷克、斯洛伐克和 羅馬尼亞	**224-225**
希臘和塞浦路斯	**226-227**
美國和加拿大	**228-231**
澳洲和紐西蘭	**232-233**

品嘗乳酪

風味哪裡來？	**236-239**
細菌	237
黴菌	238
酵母	239
乳酪的香氣與風味	**240-241**
與飲品的搭配	**242-245**
葡萄酒	242
啤酒	243
威士忌	244
茶	244
果汁	245
蘋果或洋梨氣泡酒	245
乳酪盤組合	**246-249**
該用哪些刀具和工具呢？	247
該以何種順序品嘗呢？	247
切割乳酪的藝術	248
乳酪盤	
三種乳酪盤的經典搭配	250
三種乳酪盤的創意搭配	251
五種乳酪盤的經典搭配	252
五種乳酪盤的創意搭配	253
七種乳酪盤的經典搭配	254
七種乳酪盤的創意搭配	255
如何包裝乳酪	**256-261**
圓形乳酪	256
角形乳酪	257
方形或長方形乳酪	258
圓柱形乳酪	259
金字塔形乳酪	260
心形乳酪	261
專有名詞	**262-263**
乳酪索引	**264-267**
參考書目	**270**
鳴謝	**271**

參考書目

期刊

Magazines *Profession fromager*, Éditions ADS, 2016-2018.

Le Courrier du fromager, Les fromagers de France, 2015-2018.

書籍

Philippe Olivier, *Fromages des pays du Nord*, Tallandier, 1998.

Monique Roque, Pierre Soissons, *Auvergne, terre de fromages*, Quelque part sur terre, 1998.

Roland Barthélemy, Arnaud Sperat-Czar, *Fromages du monde*, Hachette, 2001.

Jean Froc, *Balade au pays des fromages : les traditions fromagères en France*, éditions Quæ, 2006.

Michel Bouvier, *Le fromage, c'est toute une histoire : petite encyclopédie du bon fromage*, Jean-Paul Rocher, éditeur, 2008.

Kazuko Masui, Tomoko Yamada, *Fromages de France*, Gründ, 2012.

Kilien Stengel, *Traité du fromage : caséologie, authenticité et affinage*, Sang de la Terre, 2015.

Philippe Olivier, *Les Fromages de Normandie hier et aujourd'hui*, Éditions des falaises, 2017.

網站

http://ec.europa.eu/agriculture/quality/door/list.html （AOP、STG、IGP 標章網站）

http://www.racesdefrance.fr（關於法國乳源動物的網站）

https://www.inao.gouv.fr（法國 AOP 原產地與品質國家機構網站）

鳴謝

我要感謝我的太太 Alicia Sauze，還有我們的孩子 Elisa 和 Owen（他們是全世界最棒的孩子！），
在這本書的進行過程中，對我付出無盡的愛與支持。

我要感謝亞尼斯·伐洛茨科斯（他可不只畫了幾塊乳酪！）的天賦才華，
以及 Emmaneul Le Vallois 在編輯這本書時對我充滿信心。

我也要熱烈感謝 Agathe Legué 和 Zarko Telebak，謝謝他們給我許多充滿建設性的建言，
讓這本書如此美麗又深入淺出。

感謝 Claire Jaubert 的友誼和編輯才華。

大大感謝侯訥的 Laurent Mons，謝謝他總是不吝分享關於乳酪微生物的一切知識。

同時也感謝我的兄弟 Morgan，還有里爾 Crémerie des frères Delassic 的兩位出色員工
（Aurélie Minne 和 Cécile Touzé），沒有他們，我絕對不可能完成如此豐富的著作。

最後感謝魁北克的饕客友人們。特別感謝 Gaëlle Lussiaà-Berdou、Julie Cuisinier 和她的「風之腳」、
Jérôme Labbé、Thierry Watine 和妙趣橫生的 Sidonie Watrigant！

最後謝謝手中捧著本書的諸位讀者。希望你們好好享用美味的乳酪，這就是本書的唯一宗旨！

崔斯坦·希卡爾

乳酪聖經

歷史、風土、餐搭，全面介紹 400 款世界知名乳酪的用乳來源、製作祕方與產區地圖

原 書 名	L'ATLAS PRATIQUE DES FROMAGES
作 者	崔斯坦·希卡爾（Tristan Sicard）
插 畫	亞尼斯·伐洛茨科斯（Yannis Varoutsikos）
譯 者	韓書妍
審 訂	陳彥伯
總 編 輯	王秀婷
責任編輯	洪淑暖
美術編輯	張倚禎

國家圖書館出版品預行編目資料

乳酪聖經：歷史、風土、餐搭,全面介紹400
款世界知名乳酪的用乳,來源、製作祕方與
產區地圖 / 特利斯坦.希卡(Tristan Sicard)著
; 韓書妍譯. -- 初版. -- 臺北市：積木文化出
版：家庭傳媒城邦分公司發行, 2020.05
一 面； 公分. -- (五味坊；112)
譯自：Atlas pratique des fromages
ISBN 978-986-459-227-2(平裝)

1.乳品加工 2.乳酪

439.613　　109004825

發 行 人	凃玉雲
出 版	積木文化
	104台北市民生東路二段141號5樓
	電話：(02) 2500-7696｜傳真：(02) 2500-1953
	官方部落格：www.cubepress.com.tw
	讀者服務信箱：service_cube@hmg.com.tw
發 行	英屬蓋曼群島商家庭傳媒股份有限公司城邦分公司
	台北市民生東路二段141號11樓
	讀者服務專線：(02)25007718-9｜24小時傳真專線：(02)25001990-1
	服務時間：週一至週五09:30-12:00、13:30-17:00
	郵撥：19863813｜戶名：書虫股份有限公司
	網站：城邦讀書花園｜網址：www.cite.com.tw
香港發行所	城邦（香港）出版集團有限公司
	香港灣仔駱克道193號東超商業中心1樓
	電話：+852-25086231｜傳真：+852-25789337
	電子信箱：hkcite@biznetvigator.com
馬新發行所	城邦（馬新）出版集團 Cite（M）Sdn Bhd
	41, Jalan Radin Anum, Bandar Baru Sri Petaling, 57000 Kuala Lumpur, Malaysia.
	電話：(603) 90563833｜傳真：(603) 90576622
	電子信箱：services@cite.com.my
製版印刷	上晴彩色印刷製版有限公司

城邦讀書花園
www.cite.com.tw

2020年5月28日　初版一刷　　　　　　　　Printed in Taiwan.
2023年4月15日　初版二刷（數位印刷版）　　Printed in Taiwan.
售 價／NT$880
ISBN 978-986-459-227-2